SOLIDWORKS
ではじめる
応力・熱・流体
シミュレーション

SOLIDWORKS
Simulation/Flow Simulation 入門

八戸俊貴　若嶋振一郎　伊藤一也　共著

森北出版株式会社

SOLIDWORKSで作成したモデルのデータを下記ページに用意しています.
ダウンロードして解析にご利用いただけます.

https://www.morikita.co.jp/books/mid/069151

本書に掲載されている解析結果評価については，SOLIDWORKS社では監修していないため保証できません．その点につきましては，あらかじめご留意ください.

●本書のサポート情報を当社Webサイトに掲載する場合があります.
下記のURLにアクセスし，サポートの案内をご覧ください.

https://www.morikita.co.jp/support/

●本書の内容に関するご質問は，森北出版 出版部「(書名を明記)」係宛に書面にて，もしくは下記のe-mailアドレスまでお願いします．なお，電話でのご質問には応じかねますので，あらかじめご了承ください.

editor@morikita.co.jp

●本書により得られた情報の使用から生じるいかなる損害についても，当社および本書の著者は責任を負わないものとします.

はじめに

現在，コンピュータ上で実施するシミュレーションは非常に発達してきており，国内外で実にさまざまな種類のソフトが販売されています．

一方，企業では製品サイクルが非常に短くなっていることから開発期間の短縮が必要であり，そのためにシミュレーションソフトを多用するということはいまや常識になりつつあります．

そのようななか，SOLIDWORKS に付随しているシミュレーション用アドインの利用の要望が比較的大きくなっていると考えられます．つまり，もともと 3D-CAD のために SOLIDWORKS を導入している企業などが，そのままシミュレーションも実施してみたいという要望が強くなっているように感じています．ほかのコンピュータシミュレーションソフトウェアでは，SOLIDWORKS を含む各種ＣＡＤソフトで作成したモデルデータをそのまま読み込むことができるようにしている場合もありますが，すべてのソフトウェアで SOLIDWORKS のモデルを読み込むことができるというわけではありません．また，読み込むことが可能であっても一部モデルが正しく表示されない，SOLIDWORKS のバージョンによっては正しく読み込むことができないといったトラブルが発生することも予想できます．そのような問題に対処するためにも，多くのシミュレーションソフトウェアでは独自の CAD ソフトが付属しており，そちらでモデルを作成することも可能になっている場合が多いのですが，新たにその操作方法を覚えなくてはいけないという問題も生じます．

しかしながら，SOLIDWORKS のシミュレーションについては，オンラインヘルプは存在するものの，利用に際してはいまだ敷居が高い点もあり，実際の利用に躊躇してしまう部分も多々あるように感じています．また，SOLIDWORKS による造形用の書籍は非常に多く出版されているにもかかわらず，シミュレーションの解説本が皆無であるという状況も実際の利用における障害になっているように感じています．

そこで，本書はすでに SOLIDWORKS を導入している企業や教育機関などにおいてシミュレーション機能も利用してみたいという初等技術者や学生を対象に，どのように操作するのか，どのような解析ができるのかを説明しています．

シミュレーションは，対象を何にするかに応じてその分野の専門知識が必要になります．たとえば，流体力学や熱力学，材料力学などです．それらについては専門書が多く出版されていることから，本書では取り扱いません．ただし，専門用語は多く出てきますので，わからない場合は専門書で確認することをお勧めします．

本書に掲載された内容を読んでシミュレーションの第一歩を踏み出す技術者がより多くなり，より活発化してほしいと考えています．

本書では，SOLIDWORKS 教育版 2018-2019 を利用しています．ここで紹介する「SOLIDWORKS Simulation」「SOLIDWORKS Flow Simulation」（ともに有償）のライセンスや体験機能などについて，本書の 1.3 節にまとめています．ぜひご確認ください．

2019 年 8 月　　　　　　　　　　　　　　　　著　者

目　次

Part Ⅲ　熱・流体解析―SOLIDWORKS Flow Simulation―

Part Ⅰ

基礎編

この章には数値解析，ニンピュータシミュレーションに対する理解をより深めるための基礎知識を集約しています．すべてを完全に理解する必要性はありませんが，実際に着手する際の注意事項なども記載していますので，初めてシミュレーションを行う場合には確認していただきたいと考えています．なお，手法などに関しては概略的な説明にとどめていますので，より詳細に知りたい場合には専門書で確認してください．SOLIDWORKS でシミュレーションを行う際の概略や注意事項も記載しています．

1 SOLIDWORKSシミュレーションとは？

SOLIDWORKSは（米）ダッソー・システムズ・ソリッドワークス社の，いわゆるミッドレンジに位置づけられる3D-CADソフトウェアです．SOLIDWORKSは豊富なアドイン・ソフトウェアを有し（サードパーティ製もあります），3D-CAD機能を用いたモデリング後，アドイン・ソフトウェアを起動することで，シームレスに数値解析（CAE）を実施することができ，設計者がさまざまな検討に用いることができます．

一方で，設計者向けCAEソフトウェアのように，専門的な解析パラメータをそれほど多く設定することはできません．あくまで，設計者が設計の可否を検討しやすいかどうかを前提につくられたソフトウェアです．

SOLIDWORKSのアドイン・ソフトウェアには，構造解析，モーション解析，流体解析，樹脂流動解析，電気設備設計などのほか，ライフサイクルアセスメント（LCA）などができるアドインが含まれます．また，レンダリングによる意匠設計なども実施できるアドインも含まれていますが，本書のユーザーが実際に使用できるかは契約ライセンスによりますので，各組織の担当者に確認してみてください．

これらのなかで，本書で主に取り扱うSOLIDWORKS SimulationおよびFlow Simulationの計算機能の概略を以下に簡単に説明します．これらのようなCAEソフトウェアをその解析能力の限界を把握しつつ使いこなすことは，とくにこれからの機械系技術者には必須のスキルといえるかもしれません．

1.1 SOLIDWORKS Simulation

SOLIDWORKS Simulationは，現段階で広く行われている各種コンピュータシミュレーションの実施を可能とするためのアドインソフトウェアです．基本的に，シミュレーションを実施するためには対象とするモデルが不可欠になりますが，そのモデルをSOLIDWORKSで作成し，そのままシミュレーションを行うことができることから，スムーズにシミュレーションを実施することが可能になるという利点があります．SOLIDWORKS Simulationにもいくつかのグレードがありますが，たとえば教育用ライセンスに含まれるSOLIDWORKS Simulation Premiumには，以下の代表的な解析機能が含まれます．

- 線形応力解析
- 非線形応力解析
- 固有値解析
- 振動解析
- 熱伝導・熱応力解析
- 落下衝撃試験解析
- 疲労解析・座屈および破壊解析

1.2 SOLIDWORKS Flow Simulation

SOLIDWORKS Flow Simulationは計算流体力学（CFD）に基づく流体解析アドインです．空気や水といった流体が，物体内外をどのように流れるかをシミュレーションすることができます．もちろん，熱や物質の移動も考慮することができます．SOLIDWORKS Flow Simulation

には代表的に以下の解析機能が含まれます．さらに，HVAC（Heat and Ventilation Air Conditioning）や電子部品の発熱・冷却解析機能も追加することができます．

- 内部・外部流れ解析
- 定常・非定常解析
- 層流・乱流モデルの解析
- 亜音速・遷音速・超音速流れの解析
- 湿度や物質移動の解析
- 非ニュートン流体を含む流体解析
- 回転メッシュ（グローバル回転，ローカル回転（時間平均，非定常））
- 固体熱伝導・熱伝達，温熱環境指標，空気質シミュレーション
- さまざまな流入・流出境界条件（ふく射や太陽日射なども含む）
- さまざまな流体物性（液体，気体 / 蒸気，非ニュートン流体，圧縮性流体）
- 自動メッシュ分割（境界層メッシュ生成を含む）

このように，設計者向けといっても膨大な機能があります．一方で，専任者向け CFD ソフトウェアと異なり，いくつかできないことも存在します．筆者が気付いた点では，

- 乱流モデルを任意に選択できない（Lam and Bremhorst k-ε 乱流モデルしか使えない）
- 燃焼などの化学反応計算はできない
- 動的なメッシュは回転移動のみ
- メッシュの回転は，回転数を直接指定することが必要で，たとえば風車のように，風の力で自立的に回転して最高回転数が結果的に決まるような受動的な解析ができない

などがありました．

一方，2018-2019 から新たに追加された機能として，以下があります．

- 自由表面を伴う流れ

このように，着実にアップグレードされていることから，今後のバージョンアップにも期待できます．

1.3 ライセンスと機能

本書で扱うシミュレーションを実行するには，「SOLIDWORKS Simulation」および「SOLIDWORKS Flow Simulation」のライセンス（ともに有償）が必要になります[†1]．教育機関・学校に導入されている SOLIDWORKS ライセンスの場合は，アドインを購入しなくても Flow Simulation までの機能を使用することが可能です[†2]．

†1 本書では，SOLIDWORKS 教育版 2018-2019（SOLIDWORKS 2018 SP と同等）を利用しています．バージョンの詳細については，SOLIDWORKS 社の Web ページをご確認ください．

†2 本書はあくまで SOLIDWORKS Simulation/Flow Simulation のユーザを対象に書いています．ここに記載されている SOLIDWORKS Simulation ライセンス，FloXpress，オンライントライアルなどでは，本書に掲載されている解析が行えない可能もあります．2019 年 7 月現在の情報につき，今後内容が変更されていく場合もありますのでご注意ください．

●SOLIDWORKS 教育版

大学・高等専門学校・工業高校等の教育機関，各種の職業訓練施設・大学校等で導入されているライセンスです．教育版ライセンスは，SOLIDWORKS Simulation/Flow Simulation までの機能を含みます．

●SOLIDWORKS Premium ライセンス

SOLIDWORKS Premium は，線形静解析を利用することができます．本書の Part II では線形静解析の例を主に扱っていますので，対応できるものも多いかと思います．

熱流体解析 SOLIDWORKS Flow Simulation は，一般企業の場合には別途購入が必要です．ただし，Flow Simulation の簡易版である「FloXpress」を使って一部の機能に限定した流体解析を試してみることは可能です．FloXpress については，本書では扱っていません．

●SOLIDWORKS オンライントライアル

https://www.solidworks.com/ja/product/Simulation_trial

上記 SOLIDWORKS Premium ライセンスを導入していない場合でも，SOLIDWORKS 社が提供する「オンライントライアル」を利用し，Web ブラウザ経由でシミュレーションを行うことが可能です．オンライントライアルで使える機能は SOLIDWORKS Premium/SOLIDWORKS Simulation ライセンスです．オンライントライアルで Flow Simulation の機能を試すことはできません．オンライントライアルを利用するには，ユーザとしての利用条件を満たすとともに，ユーザ登録が必要になります．また，使用時間の制限があります．

各ライセンスの詳細などについては，SOLIDWORKS 社の Web ページをご参照ください．

なお，教育機関ではなく，一般企業に所属の方が SOLIDWORKS Simulation/Flow Simulation の購入をご検討される場合は，ソフトウェア販売代理店へお問い合わせください．

2 数値解析（シミュレーション）の概要

2.1 シミュレーションの利点と欠点

コンピュータが流行し始めた時期，詳しく知らない人からすれば，コンピュータは“何でもできる”という印象をもたれていたようです．それと同様に，シミュレーションについても非常に精密な事例をいくつも見せられると“何でもできる”といった印象をもつ場合もあるようですが，実際にはいろいろと制約や注意事項があります．

ここではSOLIDWORKSに限らず，シミュレーション全般での注意事項などについて説明します．

数値解析の利点としては以下のようなものがあげられます．

（1）物理現象を表す非線形の偏微分方程式の近似解を求めることができる（後述）
（2）実験を行うことが困難なミクロな状態あるいはマクロな状態を検討することができる
（3）実験に要する機材が必要ない
（4）実験に要する場所が必要ない
（5）解析条件を容易に変更することができる
（6）短時間で行うことができる
（7）状態の可視化も容易に行うことができる
（8）実験と比較して総合的なコストの低減を図ることができる

（2）：たとえば実験が困難なマイクロメートル単位での現象のコンピュータシミュレーションや，同様に実験が非常に困難な地球規模のコンピュータシミュレーション，低重力下でのコンピュータシミュレーションを行うことが可能となります．

（3）：本来であれば個々の実験に際して必要な機材は異なりますが，それらを個別に用意する必要がありません．また，実験によっては非常に高価な機材を要しますが，それらが不要になります．

（4）：実験の規模により，その実験を行うために必要な設置場所は異なりますが，コンピュータシミュレーションに関しては，端的に言うとコンピュータを設置するためだけのスペースがあればかまいません．

（5）：実験を行う際には実験条件を変えてさまざまなデータを取得する必要があります．実験によってはデータ取得に多大な時間を要すること，および多大なデータを要することが想定されますが，数値解析においては，解析条件を容易に変えることができるため，解析条件を変化させてさまざまなデータを短時間で取得することが可能になります．

（6）：実験によっては定常状態，非定常状態などさまざまな場合を想定する必要があり，1回の実験に要する時間がまちまちであったり，さらに，多大な時間を要することもあります．また，パラメータを変化させて実験を行うことまで考えると，総実験時間が膨大になることもままあります．数値解析においては，コンピュータの能力に左右されますが，高速なコンピュータを利用することができれば，１回の実験に要する時間の数～数十分の１まで短縮することができるため，１回の実験時間の短縮を図ることができます．そのため，解析条件を変えてさまざまなパラメータ変化に伴う状態を想定する場合でも，総時間を非常に短縮することができます．

(7)：流体力学などの分野では，流れの可視化を実験的に行う場合，個別の高価な機材が必要になる場合が多々ありますが，数値解析においてはそれらは通常標準の状態で完備されているため，数値解析結果を即座に可視化することが可能になります．

(8)：(3)～(7)の利点を総合して考えた場合，実験と比較して機材の利用および実験時間が大幅に低減されることになるため，企業などで利用する場合においては総合的なコストの低減につながります．

一方，数値解析の欠点は以下のようなものがあげられます．

個人でプログラムを行う場合

(1) 対象によっては解析が非常に困難になるため，プログラムの作成に時間がかかる
(2) 方程式の確定からプログラミングまでに多大な時間を要する
(3) 対象を３次元で行う際には，作成に非常に多大な時間を要する

市販のソフトウェアを利用する場合

(4) ソフトウェア自体の制限事項に注意する必要がある
(5) これから数値解析を行おうとする対象が，購入しようとしているソフトウェアで実現できるかどうかを判断する必要がある
(6) 必要なコンピュータのスペックに注意し，さらにこれから数値解析を行おうとする対象を実行した場合，どれだけの時間を要するかに注意する必要がある
(7) 市販のソフトウェアを利用する場合であっても，数値解析条件などに関して把握しておく必要があるため，数値解析に関してその手法的な理解を深めておく必要がある

そのほか

(8) 容易に解析条件を変化させることができるという利点があるが，その点に起因して設定が間違っている場合において，その判断を行いにくい
(9) 解析結果がどの程度信頼性をもっているかという検証がそのままでは行えない

2.2　実験とシミュレーション

2.1 節で示したように，個人でプログラミングを行う場合には，対象によっては非常に時間がかります．また，市販のソフトウェアを利用する場合においても注意すべき点は多くなります．とくに市販のソフトウェアの場合，複雑な解析を行う場合においてはソフトウェア使用における習得までに比較的多くの時間を要する場合もあり，通常のアプリケーションを利用するようなレベルでの利用ではなくなります．また，数値解析結果の妥当性を検証する場合にはどうしても同様の実験と比較検証する必要が多いため，それらの実験データの検索や，必要に応じて自己で実験を行うことなどが必要になります．

以上のような点から，現在において行われている数値解析の多数では

(1) 数値解析により，さまざまな状態を想定して結果を算出
(2) 類似の実験データを検索して，その結果との比較，あるいは自己での実験結果との比較
(3) 必要に応じて再度条件を変化させて数値解析を実施

という方法が採用されています．つまり，数値解析によってさまざまなデータを採取し，条件変化による結果の変化の傾向を掴み，その後，同条件の実験をいくつか行ってその妥当性を検証し，現象をきちんと捉えている場合には継続して数値解析を行い，異なる場合には，数値解析および実験を見直した後，再度比較するという方法です．この方法の場合，実験を行うにあたってはすべての条件を行う必要はなく，数値解析によって得られた結果から，特徴がある条件のみを実験で行う，あるいは比較的広い実験条件のなかから，いくつか選択して実験を行うということだけでよいため，実験を行うといっても，その実験回数自体を大幅に削減することができます．

2.3 シミュレーションの基本

シミュレーションソフトはほかのアプリケーションと同様，ブラックボックス化されています．つまり，内部でどのようなことを行っているのかはまったくわかりません．しかし，シミュレーションを実施していくにあたり，シミュレーションがどのように実施されているのかといった予備知識をもっておかないと，シミュレーション実行における各種パラメータの設定などの意味がわからず，その結果，不適切な設定をして，得られた結果が信頼できないということになってしまいます．

数値解析は古くから実施されていることから，関連する専門書は非常に多く出版されています．そのため，必要になった場合やより理解を深めたい場合などはそれらの書籍を参照してもらうこととし，ここでは基礎的な部分のみを扱います．

シミュレーションはコンピュータで行っているということはわかりますが，ではなぜコンピュータを利用することで実現できるのかという疑問が生じます．そのため，シミュレーションがどのように実現されているのかについてこれから説明します．

流体の場合を例にとって説明します．流体の場合，古くから理論的な解析がなされてきました．そのため，ある大きさの立方体を考えて，その立方体の各面（6 面）に流体が流入，流出する場合の運動エネルギーのバランスを数式化したうえで，立方体全体の運動エネルギーの収支がどのようになっているのかを偏微分方程式で表現しています．これは有名なナビエ・ストークス方程式とよばれます．

ナビエ・ストークス方程式の詳細は流体などの書籍を参考にしてもらうとして，ここで重要なことは，“流体の運動を偏微分方程式で表現している”ということです．熱の場合に関しても同様になっていますし，ほかの分野でも似たような形になっています．

つまり，現在いろいろな分野において理論解析がなされているものについては，その挙動を“偏微分方程式”で表現していることになります．

微分方程式については数学の分野になるため，かつて大学などで学んだことも多いはずです．ただし，その場合の微分方程式は解くためのものであるため，“解析解が存在するもの”を対象としていたはずです．つまり，数学的な手計算の手法で解を得ることができる場合を対象として

います．

一方で，前述したような偏微分方程式は“非線形であり解析解が存在しないもの”になります．つまり，数学的に解くことができない方程式ということです．

数学の分野では古くからこのような方程式が存在することは知られていました．そこで，数学者は解析解（厳密解）を導出できなくてもなんとか解を出したいと考えました．その結果，近似解を導出するという方法を考案しました．数学や数値計算でも習うことがあるニュートン法が有名です．

このように，正確な解ではないが真の解に近いようなものを近似的に導出するための手法を偏微分方程式に対して行うことで，シミュレーションが成り立っています．つまり，シミュレーションはあくまで確からしい“近似解”を示しているに過ぎません．

前出のニュートン法では，複数の点を順次計算していき，それらを組み合わせて曲線や直線を作成するという方法をとっています．つまり，順次近似値としての値を計算してそれを組み合わせるという作業を行うことで，コンピュータでシミュレーションを実施できるようになっています．

2.4　離散化

2.3 節では複数の点を順次計算するという説明をしました．ここではそれをより具体的に説明します．

シミュレーションにおいては，曲線を「点をつないだもの」で表現します（これを離散化といいます）．それぞれの点に対して計算して値を求め，それをつなぐことで曲線を再現します（図Ⅰ-2-1）．そのため，実際にはもとの曲線ではなく近似したものになります．

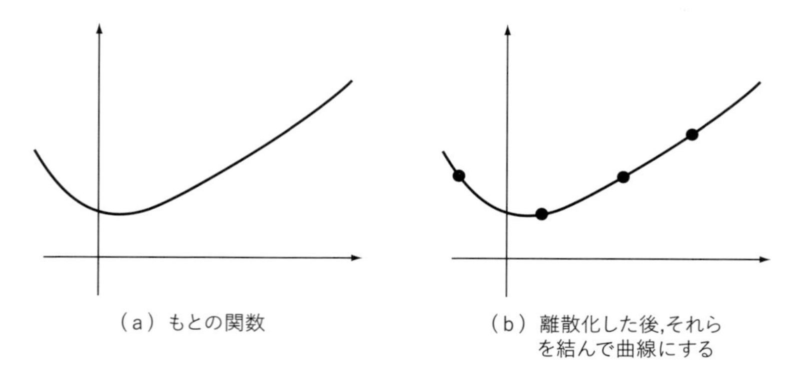

図Ⅰ-2-1　離散化の概念

各点での値を求めるには偏微分方程式を解く必要がありますが，そのままでは困難であるため，テイラー展開，マクローリン展開という数学の手法を用いることになります．これらはもとの関数を無限に続く多項式で表すものですが，無限個の項を計算するわけにはいきませんので，比較的影響力が大きい項（最初の項からいくつかの項）を選択して計算することになります．影響力が小さい項は計算しない（省略する）ため，ここでも近似しているということが理解できると思います．

このように，影響力が小さいものを計算しないということは，計算結果に影響します．これを計算精度と表現します．計算精度を上げるためにはより多くの項の計算をする必要性がありますが，それにはより時間がかかります．そのため，実際に行う際には計算する項の数を多少変更してそれらの計算結果を見て判断し，どの程度までなら近似してよいかと考えていけばよいことになります．ただし，市販のソフトを利用する場合にはこの計算精度を変更できる場合とできない場合があるため，注意が必要です．

2.5 解析メッシュ

シミュレーションを実施するためには複数の点を順次計算していくという説明をしました．ではその点をどのようにして決めるのかというものが解析メッシュとよばれるものです．

これは，簡単に表現すると‘空間を格子状（立方体）に細かく分割”したものということになります．

細かく分割することでそれらの交点が存在することになるため，その交点が先に示した“点”に相当します．

上記の説明では“格子状”という説明をしましたが，これはわかりやすく説明するためのものであり，現在のシミュレーションでは立方体以外の形状をしているものも多数あります．そのため，形状というよりは“空間を細かく分割する”という認識をしてもらえばよいと思います．また，交点で計算するという表現をしましたが，計算手法によっては点ではなく，立方体内部の中心点を定義してそこで考える場合もあります．より詳しく知りたい場合には，数値解析関連の書籍を参照してください．

図Ⅰ-2-2 に示したように，領域を分割する場合，通常であれば均等な形にすることをまず思い浮かべるはずです．しかしながら，たとえば図Ⅰ-2-2 では，球の表面付近の流れとそこからかなり離れた箇所の流れでは，流れが異なるはずです．さらに，球後方の流れにおいて多数の渦が発生する場合などでは，その渦の状況を正確に捉えることができない可能性があります．

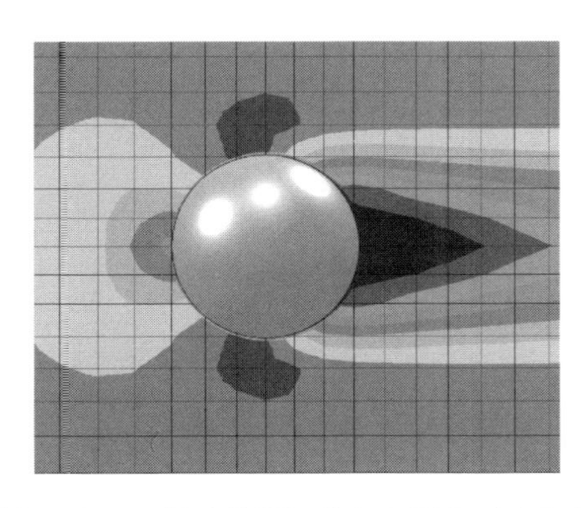

図Ⅰ-2-2　解析メッシュの例（球周囲の流れの解析，左から右へ流れている）

このように，急激な変化がある場所や複雑な状況になると想定される場所の場合，その場所のみもっと細かいメッシュにしたほうがよいことがわかります．

それであれば，単に全体を細かい解析メッシュにすればよいのではと考えるかもしれませんが，細かい解析メッシュにすると計算するための点が飛躍的に増加することになるため，結果的に計算時間が急激に増大します．そのため，計算時間を節約し，かつ現象をより捉えたい場合には，場所によって解析メッシュの細かさを変更するという手法が効率的であるといえます（図Ⅰ-2-3）.

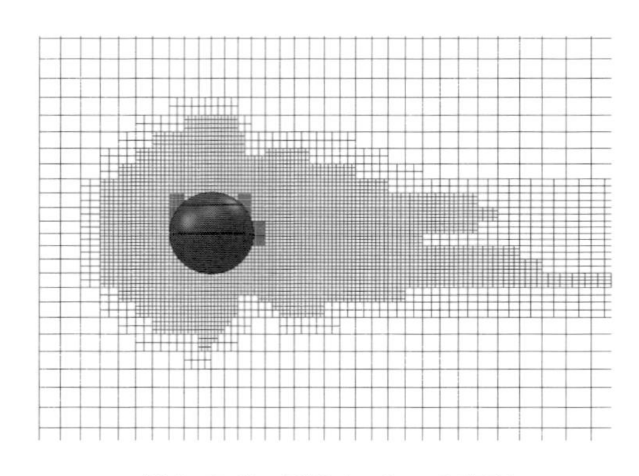

図Ⅰ-2-3　解析メッシュの変更

2.6　初期条件・境界条件

解析を進めるにあたり，初期条件や境界条件を決定する必要性があります.

初期条件とはその名のとおり，計算の最初の状態を示すための条件のことです．たとえば，流れが非定常（時間的に変動する）の現象を解析する場合には，時間経過ごとに状態が徐々に変化していくことになりますので，最初の状態を設定してそこから徐々に時間が経過するように計算していくことにより，時間変化を観察することができます．そうすると，最初の状態を設定する必要性が生じるため，それを初期条件として設定します（図Ⅰ-2-4）.

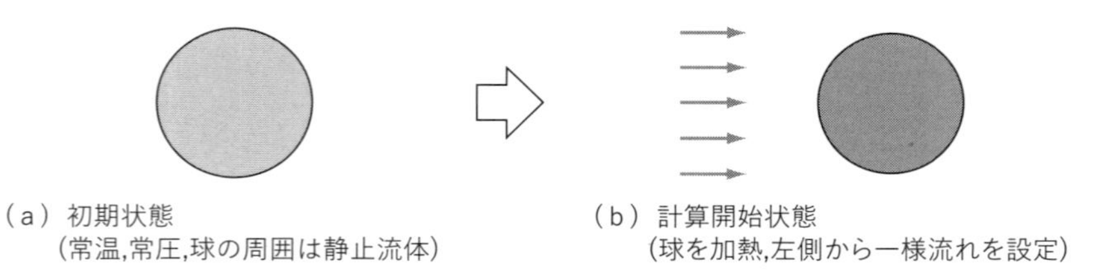

図Ⅰ-2-4　初期条件から計算開始までのイメージ

境界条件とは，その名のとおり境界面の条件を示します．図Ⅰ-2-5を例にとると，解析は球の周囲の流れを対象としており，解析したいのはその流体側の挙動です．しかしながら，流体には粘性があるため，物体表面ではその粘性の影響を受けることになります．つまり，物体表面とそのほかの場所とでは状況が異なることになります.

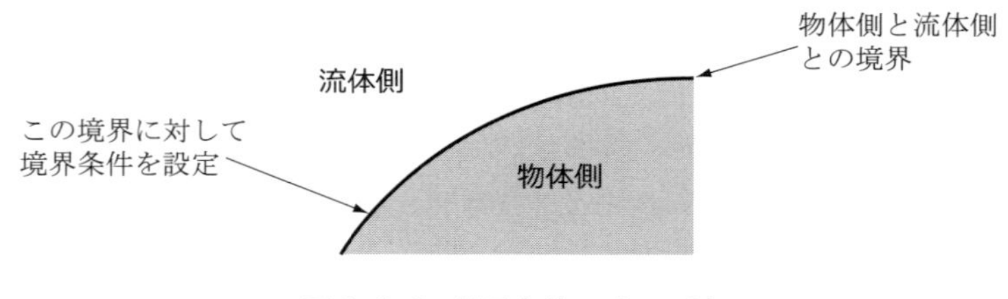

図Ⅰ-2-5　境界条件のイメージ

このように境界面での条件を指定するものが境界条件です．境界条件は解析結果に多大な影響を及ぼす場合が多いため，その設定にはとくに注意が必要です．

初期条件，境界条件の具体的な設定方法などについては後の実例の際に示します．

2.7　収束判定

実際のシミュレーションでは，2.3 節，2.4 節で説明したように，もとの偏微分方程式を離散化して計算することになります．その際，各種物理量は未知数となるものが多く，1 つの方程式で複数の未知数を含んでいる場合には解を出すことができません．そのため，複数の方程式を用いて解析することになります．つまり，未知数の数だけ方程式を用意する必要性があります．

シミュレーションには，大きく分けて定常計算と非定常計算とがあります．定常計算とは，定常状態になった場合を想定した方程式を複数用意し，それらの方程式を満足するような条件を繰り返し計算によって求める方法です．一方，非定常計算とは，2.6 節で触れたように，実際の現象と同様に時間を進めて計算する方法になります．非定常計算であっても，時間が経てばある程度現象は落ち着くことになるため，そこで計算を終了することになります．

定常計算でも非定常計算でもどちらにもいえるのは，計算自体は繰り返し行われるということです．そのため，どのような場合になったら計算を終了せよといった形で指定しないと，ずっと計算を繰り返してしまいます．

このように計算を終了させるための条件を収束判定といいます．収束とは計算結果がある程度の範囲内に収まることを意味しており，それはとりもなおさず現象が落ち着いてきた（ほぼ確定されてきた）ことを意味します（図 I -2-6（a））．

この収束判定は計算結果や計算時間に大きく影響します．収束判定が不適切な場合，実際の現象

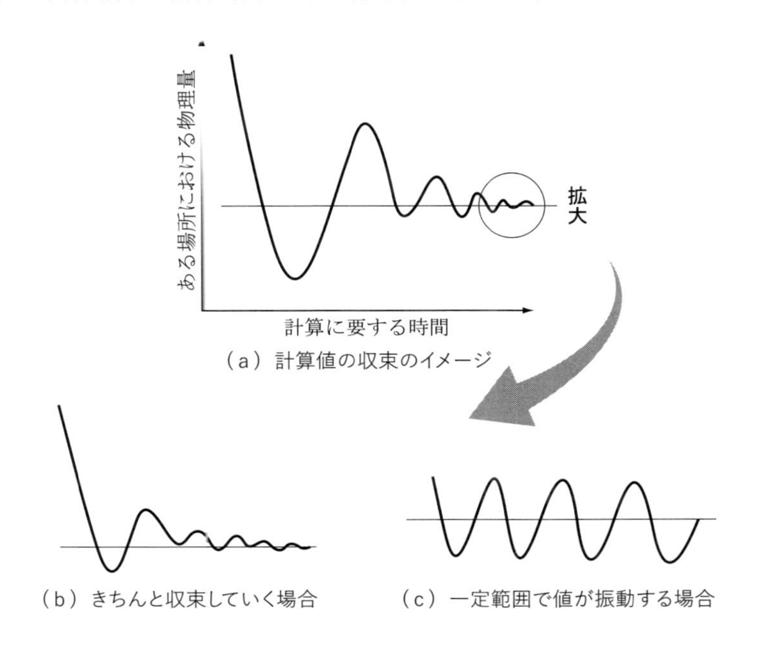

（a）計算値の収束のイメージ

（b）きちんと収束していく場合　（c）一定範囲で値が振動する場合

図 I -2-6　計算値の収束と収束状況の違い

を正しく表現しない場合があります．あるいは，計算時間のみが膨大にかかってしまう場合もあります．

収束判定の設定は本来は複雑なものですが，市販のソフトウェアでは非常に簡単な指定方法を採用している場合が多くなります．実際の指定方法については後の実例の際に示します．

なお，図Ⅰ-2-6（c）のようになった場合，計算側の問題で値が収束しない場合と，物理現象として振動しているような場合（例 カルマン渦列など）の両方が考えられます．そのため，結果を可視化して物理的な状況を把握する，収束判定条件をもっと緩やかにする（厳しくしない），初期条件や境界条件などの解析条件を見直すといった形での確認が必要になる場合があります．

2.8　解析の流れ

本書のPart Ⅱ，Part Ⅲでは，SOLIDWORKS Simulation/Flow Simulation を用いて解析を行っていきます．図Ⅰ-2-7，Ⅰ-2-8 に，それぞれのアドインでの手順および各種設定の流れを示します．以降では，このフローチャートに従ってシミュレーションを進めていきます．

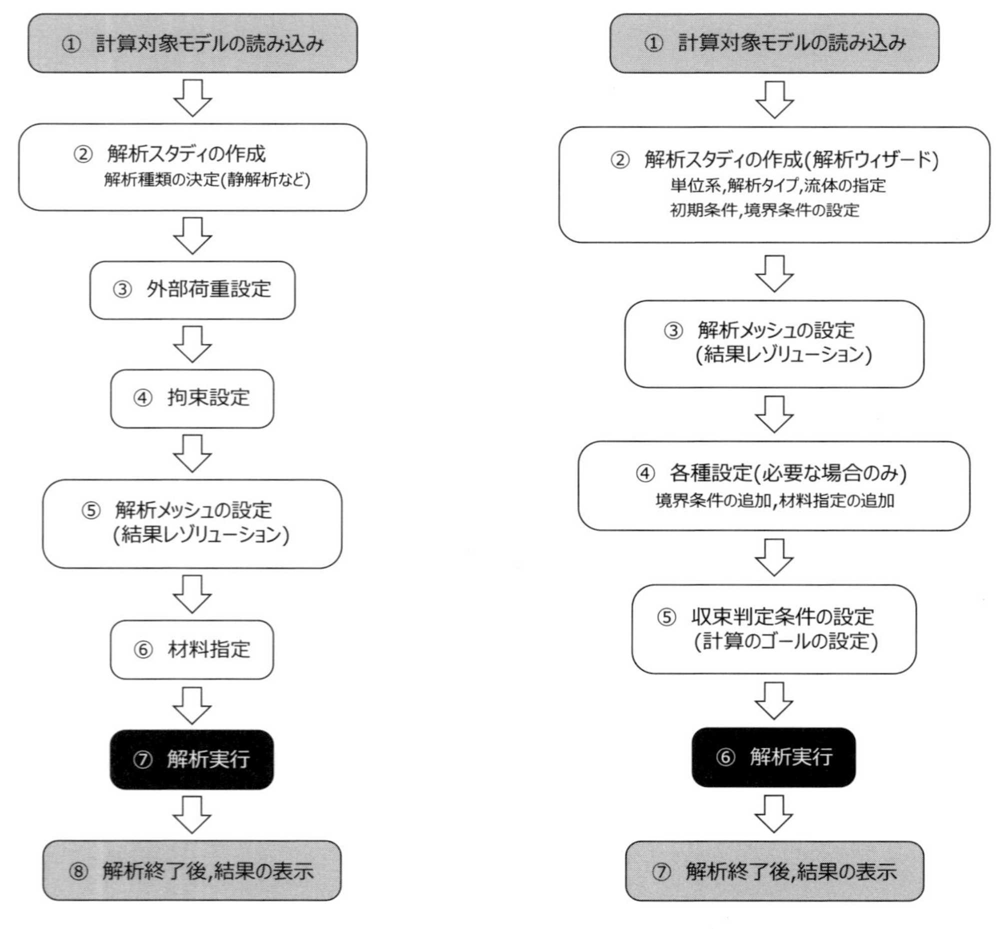

図Ⅰ-2-7　解析時におけるフローチャート（SOLIDWORKS Simulation）

図Ⅰ-2-8　解析時におけるフローチャート（SOLIDWORKS Flow Simulation）

Part Ⅱ

応力解析
―SOLIDWORKS Simulation―

応力解析は，ある構造材に力が作用した場合に，その構造材の各場所にはどのように応力が作用しているのかを確認するために実施します．

実施においては，単一の部品にある一定以上の力が作用しても壊れないか確認するような場合と，複数の部品などが取り付けられた構造体に対して力が作用した際に壊れないか確認する場合の２通りが考えられます．破損する場合の多くは応力集中が原因であるため，ここではとくに応力集中に着目して取り扱っています．

事例としては，材料力学などで取り上げられる単純なものから多少複雑な形状のもの，実用的な事例，複数の部品が取り付けられた構造体の場合と順を追って取り上げ，解説します．

Case 1　応力集中 1：円孔を有するプレート

製品の構造上の問題により，局所的に力が集中する場合を応力集中といいます．製品全体としてはその荷重に耐えることができても，一部に応力集中が発生するとその部分のみが破壊されることになります．この現象により特定の部品が破壊された場合，とくに乗り物などによっては重大な事故につながることがあります．

応力集中はその名のとおりほかの場所と比較して数倍近い応力が特定の 1 ないしは 2 か所に集中することを指します．そのため，そこから亀裂やクラックが生じ，部品の破壊につながります．このことから，製品設計においては応力が集中する箇所をなくして破損を防ぐという設計が必要になります．

1．解析モデル

ここでは応力集中の基本として，材料力学などの書籍でも紹介されている円孔を有するプレートを題材として取り扱います．

図Ⅱ-1-1 に示すように，ある長方形の板の中心に穴が開いている状態を想定します．その場合，板の幅および厚さ，上下に引っ張る際の力を一定とした場合，穴の直径をパラメータとして考えることができます．

ここでは，以下のような疑問点を解析によって評価・考察してみます．

Question

- 穴の直径のみを変化させた場合，作用する応力の最小値はどの点になるのか（場所が変化するのか）？
- 作用する応力の最大値・最小値は単純に直径に比例した値になるのか？

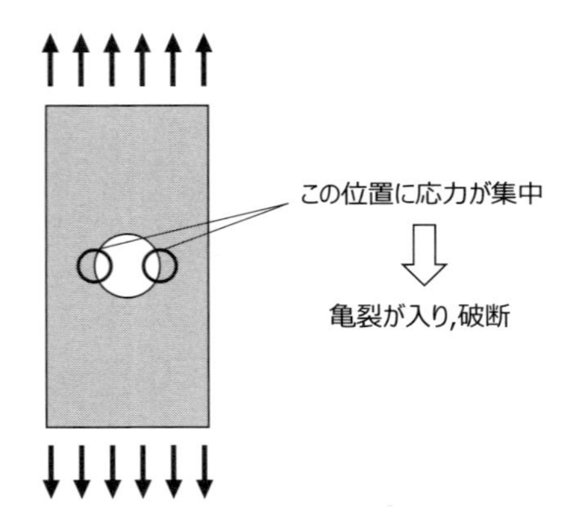

図Ⅱ-1-1　薄板の応力集中（円孔を有する場合）

2．解析条件

解析においては各種寸法（板厚，幅，高さ，穴の直径）が重要であることはもちろんですが，今回のような対象の場合，形状が同一であっても材質により特性が変化してしまう可能性があることには注意が必要です．さらに，外部荷重の大きさによっても傾向が変化する可能性があります．

一方，今回のような場合では応力集中が発生する箇所がほぼ特定できているため，より詳細な解析を行いたい場合には，メッシュパラメータを積極的に使用したほうがよいことになります（☞ p.26，Tips 1 解析によるメッシュ変更）．

基本的な解析の流れを把握する目的で，表Ⅱ-1-1 のような条件で解析を進めてみます．

表Ⅱ-1-1　解析条件

板の材質	1023 炭素鋼板（SS）
板の寸法	幅 50 mm，高さ 100 mm，板厚 3 mm
穴の寸法	20 mm
外部荷重	10 N
メッシュ密度	細い（もっとも細かい状態）
メッシュパラメータ	設定せず（標準のメッシュを使用）

3．操作の流れ

Part Ⅰ の図Ⅰ-2-7（☞ p.12）の手順に従って解析を進めましょう．

① 計算対象モデルの読み込み

SOLIDWORKS で作成したモデルを「PartⅡ」→「Case1」フォルダ内に用意していますので，それを使って解析を行います†．

② 解析スタディの作成

●ファイルを開く

1. 上記フォルダにある部品ファイル「plate.SLDPRT」を開きます．

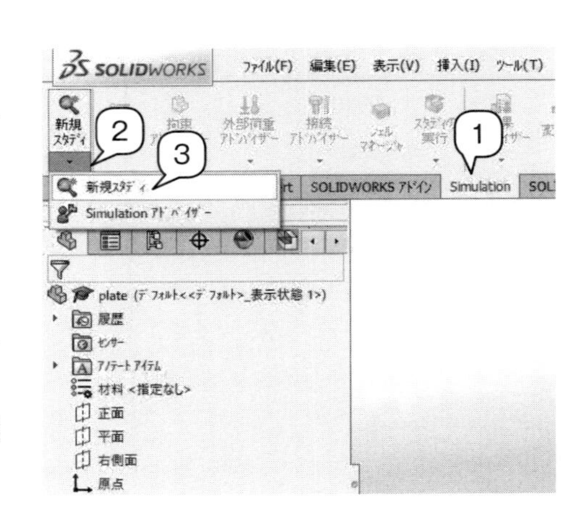

●解析準備

1. 「Simulation」タブを選択します．
2. 「新規スタディ」の下の逆三角形をクリックします．
3. プルダウンメニューから「新規スタディ」を選択してクリックします．

† 本書では，解析用ファイルを書籍の Web ページ（https://www.morikita.co.jp/books/mid/069151）に用意しています．

4. プロジェクトの名称を「ex2-1」とします.
5. 「静解析」を選択します.
6. 左上の ✓ をクリックします.

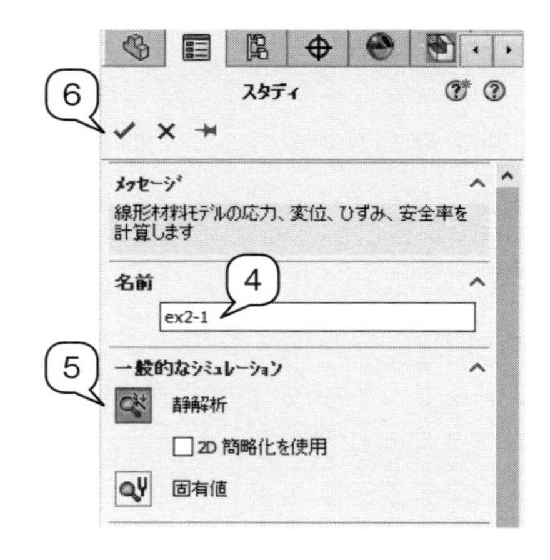

③ 外部荷重設定

外部に作用させる荷重について，その場所および大きさ，方向などを設定します.

1. 左側のウィンドウで「外部荷重」を右クリックします.
2. 「力」をクリックします.

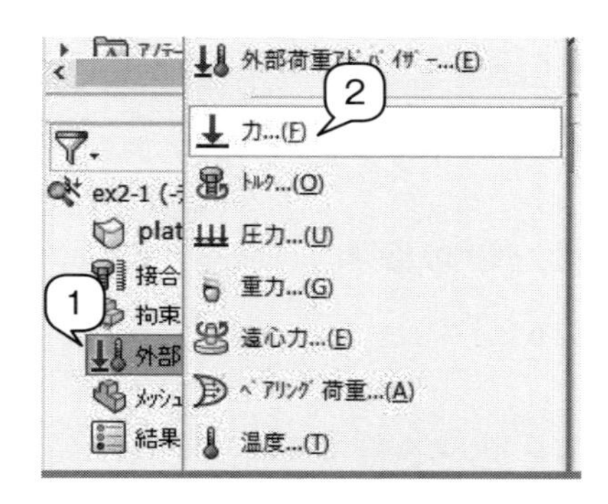

3. モデル側で力が作用する面を選択します（今回は上面）. 追加すると，左側に「面〈1〉」と表示されます.
4. 「垂直」にチェックが入っていることを確認します（デフォルトは垂直）.
5. 作用させる実際の力をニュートンで指定します. 解析条件にあわせて「10」とします.
6. 実際に作用する力が矢印で表示されたのを確認し，必要に応じて「方向を反転」にチェックを入れます.
7. 左上の ✓ をクリックします.

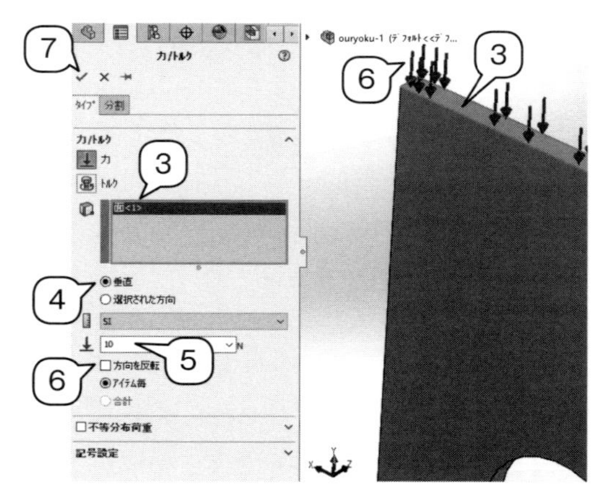

④ 拘束設定

解析対象において，固定する場所（拘束する場所）の設定を行います. 基本的には面で指定します. 拘束とは，外部荷重が作用した際でも移動しない場所のことを指します.

1. 左側のウィンドウで，「拘束」を右クリックします．
2. 「固定ジオメトリ」をクリックします．

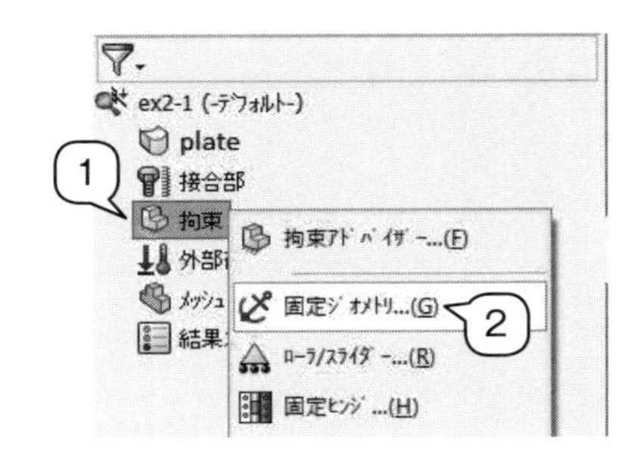

3. 「標準」の下で「固定ジオメトリ」が選択されていることを確認します（デフォルト設定）．
4. モデル側で拘束する面を選択します（今回は下面）．追加すると，左側に面〈1〉と表示されます．
5. 左上の ✓ をクリックします．

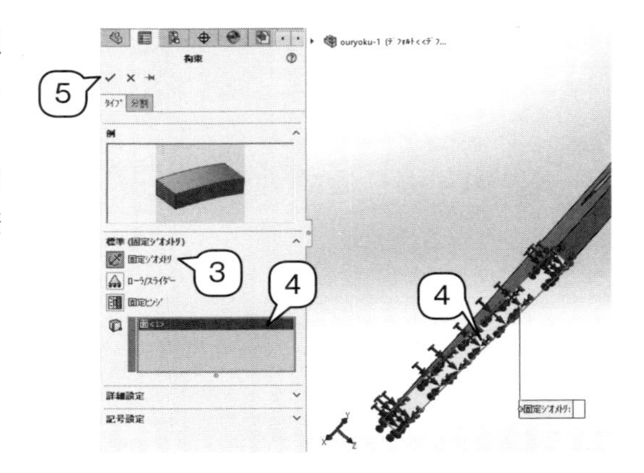

⑤　解析メッシュの設定

対象物にメッシュを作成するための設定をします．

1. 左側のウィンドウで，「メッシュ」を右クリックします．
2. 「メッシュ作成」をクリックします．

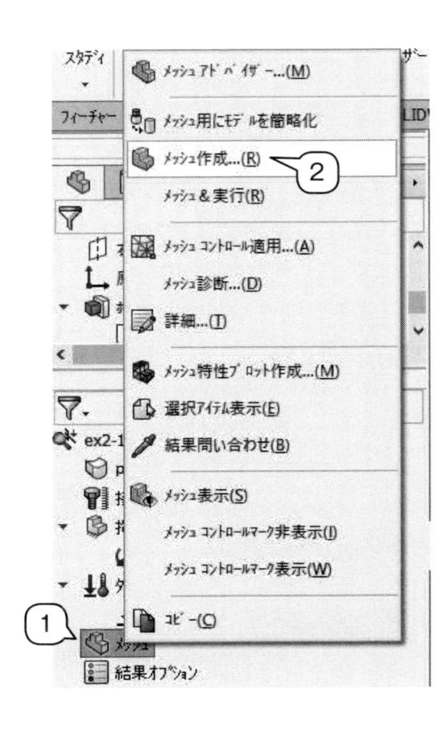

3.「メッシュ密度」下の矢印を一番右側（細い）までドラッグします．
4. 左上の ✓ をクリックします．

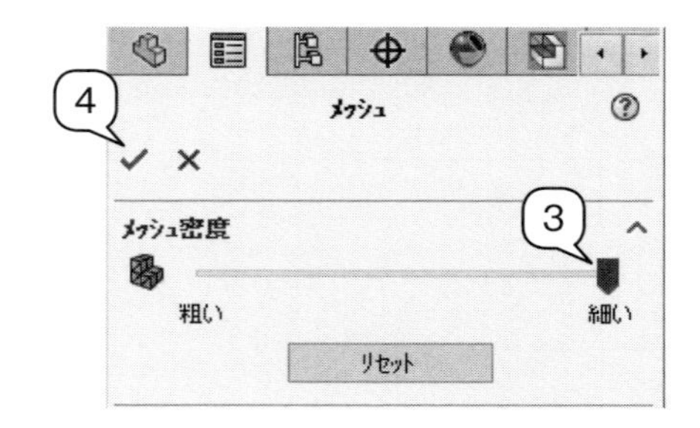

⑥　材料指定

対象物に対して使用する材料を指定します．

各種材料の基本的な特性（弾性係数やポアソン比，降伏強さなど）に関しては，ソフト側でライブラリとして準備されていますので，基本的にはその値を利用します．ここで材料を指定すれば，その特性に合わせた解析が自動的に行われます．

1. 左側のウィンドウで，モデルの名称「plate」を右クリックします．
2.「設定／編集　材料特性」をクリックします．

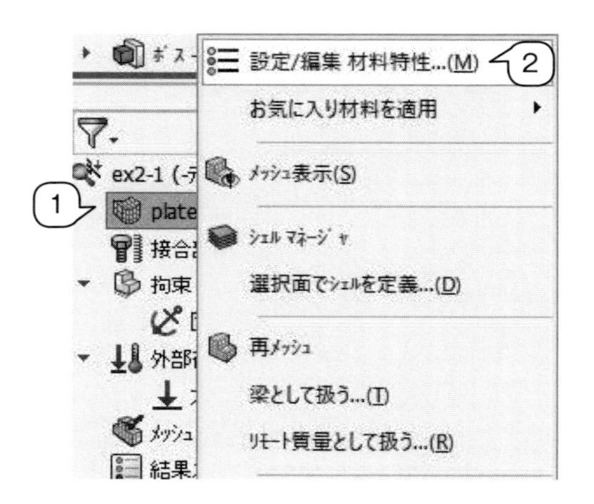

3. 使用する材料を選択します．解析条件をもとに，「鋼鉄」の中から「1023 炭素鋼板（SS）」を選びます．
4.「適用」をクリックします．
5. 右隣の「閉じる」をクリックします．

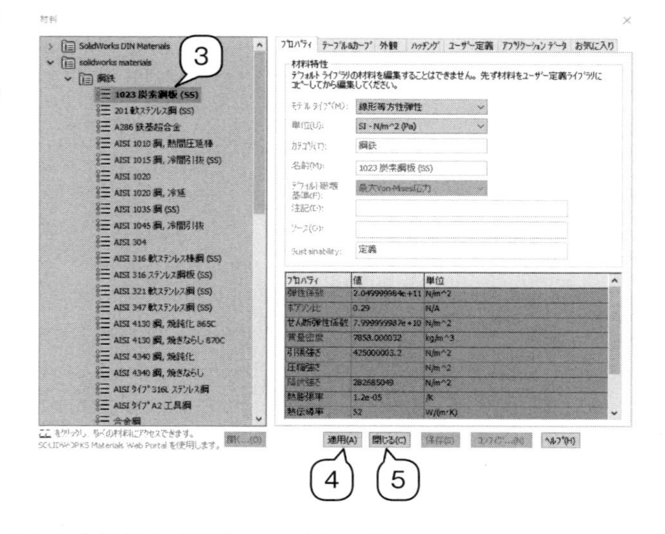

⑦　解析実行

それでは，以上で設定した条件に基づき応力解析を実行してみましょう．

1. 左側のウィンドウで，プロジェクトの名称「ex2-1」を右クリックします．
2. 「解析実行」をクリックします．

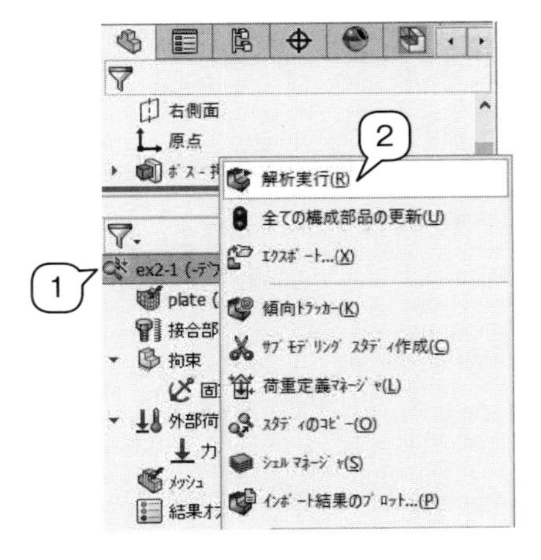

⑧ 結果の表示

解析が終了すると同時に，画面に結果が表示されます（デフォルトでは応力分布の表示）．解析結果の表示には，応力以外に変位，ひずみがあります．表示の切り替えは以下のようにして行います．

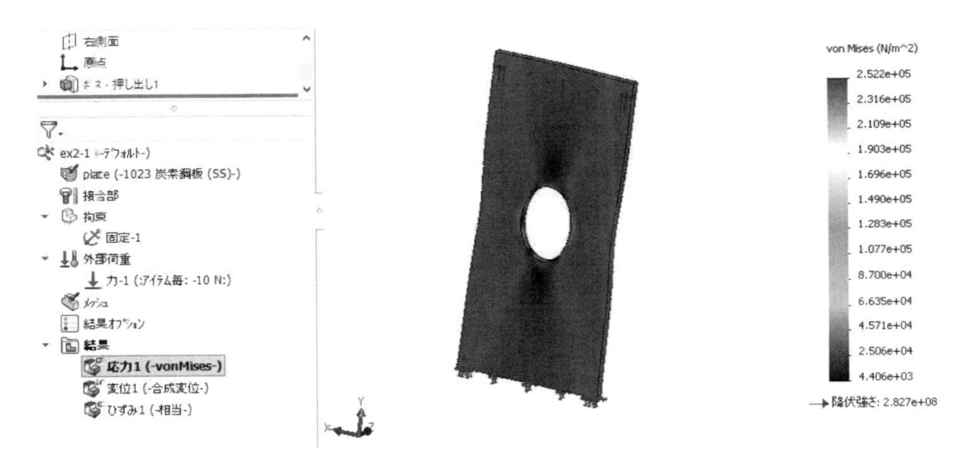

1. 結果の表示を変更したい場合，変更したい箇所で右クリックします（たとえば「変位」）.
2. プルダウンメニューから「表示」を選択してクリックします.

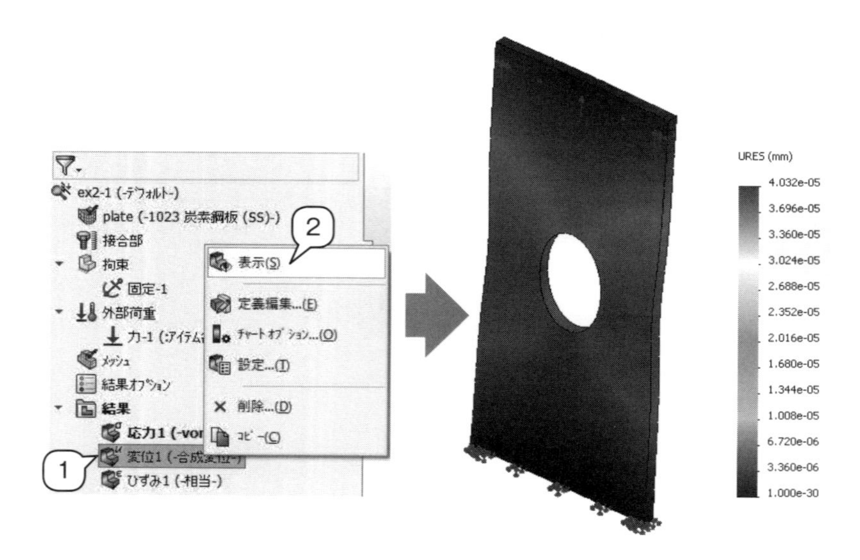

●解析結果の数値表示

上記のように応力や変位，ひずみの分布を可視化することができますが，実際の設計では，安全率の問題も含めて考えた場合，数値評価を行う必要性があります.

結果の表示には「応力，変位，ひずみリスト表示」という項目を使用します．この項目を利用すると，応力，変位，ひずみそれぞれの場所ごとの値をリストとして表示することができます．また，その値を Excel 用に CSV 形式で出力することもできます．これにより，実際の数値を評価することができます.

1. 左側のウィンドウで，「結果」を右クリックします.
2. 「応力，変位，ひずみリスト表示」をクリックします.

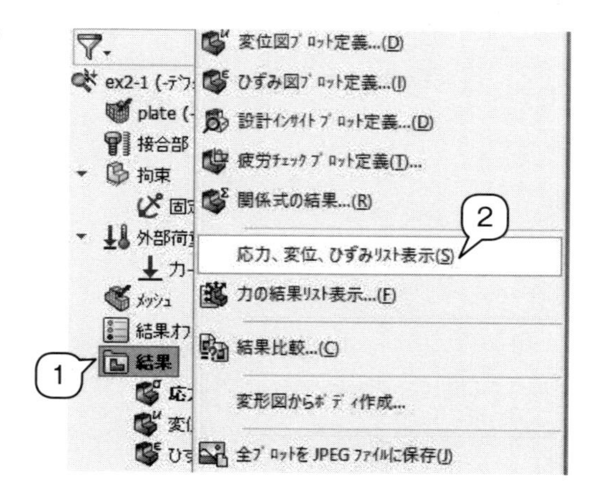

3. 対象とする成分（応力，変位，ひずみ）の左側のチェックをクリックします．
4. 「詳細設定オプション」の右側の矢印をクリックします．

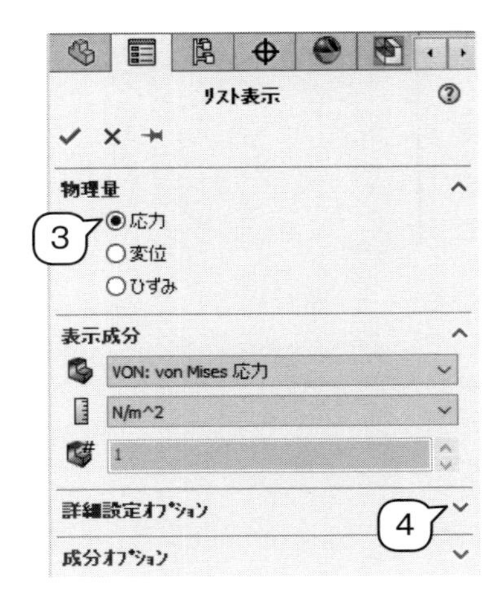

5. 右図のようなプルダウンメニューが表示されるため，必要に応じて設定します．設定内容は以下のようになります．
   - 数値として節点を利用するのか要素の中心を利用するのか
   - 表示として「絶対最大値」「相対最大値」「相対最小値」のどれを選ぶか
   - 表示範囲（節点番号で範囲指定）
6. 左上の ✓ をクリックします．

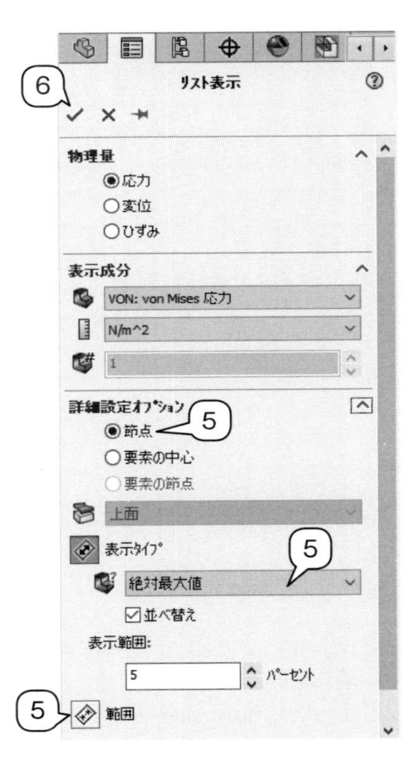

7. 新たにウィンドウが表示されるため，結果を保存したい場合には「保存」をクリックします．その後，保存のための新しいウィンドウが表示されますので，保存先を決定し，ファイル名をつけて保存します．保存が終了した場合には，左側の「閉じる」を選択してウィンドウ自体を閉じておきます．

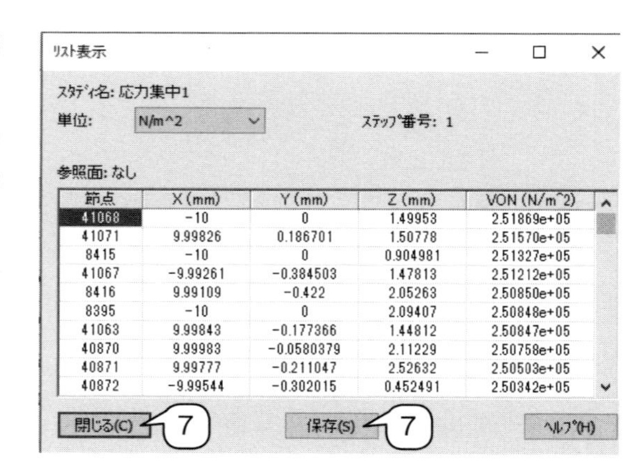

節点	X (mm)	Y (mm)	Z (mm)	VON (N/m^2)
41068	-10	0	1.49953	2.51869e+05
41071	9.99826	0.186701	1.50778	2.51570e+05
8415	-10	0	0.904981	2.51327e+05
41067	-9.99261	-0.384503	1.47813	2.51212e+05
8416	9.99109	-0.422	2.05263	2.50850e+05
8395	-10	0	2.09407	2.50848e+05
41063	9.99843	-0.177366	1.44812	2.50847e+05
40870	9.99983	-0.0580379	2.11229	2.50758e+05
40871	9.99777	-0.211047	2.52632	2.50503e+05
40872	-9.99544	-0.302015	0.452491	2.50342e+05

●最大値，最小値の表示

先の例では単なる値の表示のみ示しましたが，今回のように応力集中を取り扱う場合，最大値がどこに存在し，その値がどの程度であるかが瞬時にわかるほうが取り扱いは容易になります．

1. 左側のウィンドウで，「結果」の「応力」（表示させたい項目）を右クリックします．
2. 「チャートオプション」をクリックします．

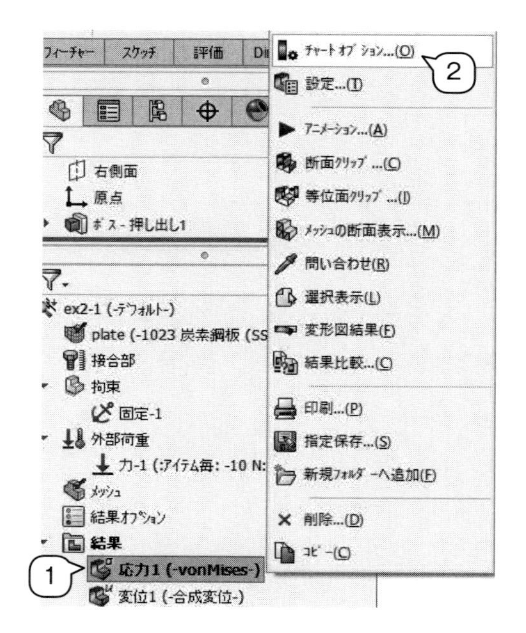

3. 新たに表示される左側のウィンドウで，「最小値の表示」「最大値の表示」にチェックを入れます．
4. 左上の ✓ をクリックします．

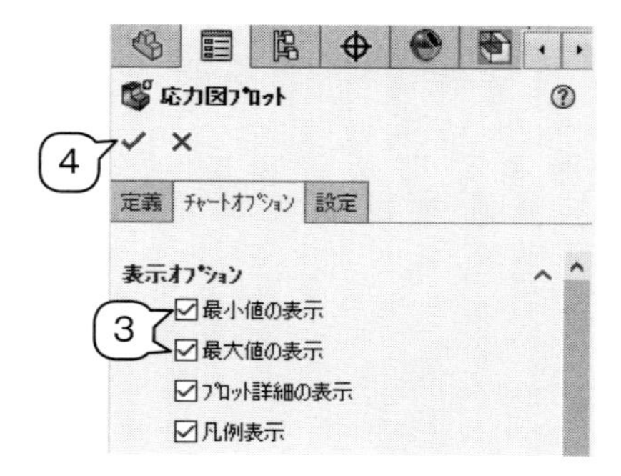

●アニメーション表示

結果を確認する際，単に数値を表示するだけではなく，アニメーションで表示したほうが，どの箇所がどのように変形しているのかについて直感的に理解しやすくなります．

1. 左側のウィンドウで，「結果」の「応力」（表示させたい項目）を右クリックします．
2. 「アニメーション」をクリックします．

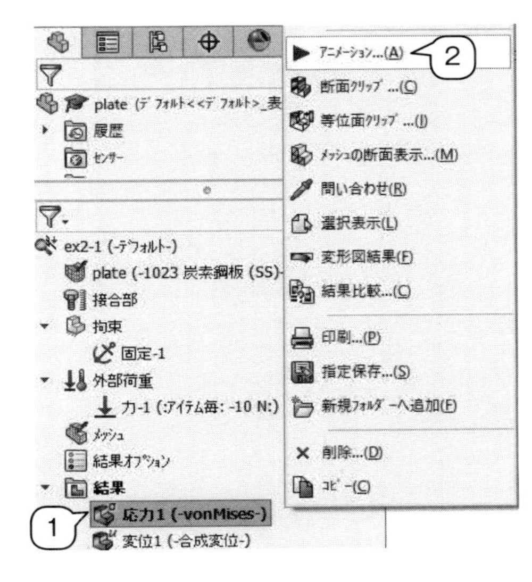

3. 左側のウィンドウが切り替わります．右側のモデルの画面では，実際に動画で表示されます．動画をファイルとして保存したい場合には，一番下にある「AVI ファイルとして保存」にチェックを入れます．
4. 「AVI ファイルとして保存」にチェックを入れた場合，その下に新たに保存先やオプションの表示が出てきます．「オプション」下，右側のボタンをクリックすると保存先を指定できますので，ファイル名および保存先を決定して「保存」をクリックします．
5. 左上の ✓ をクリックします．

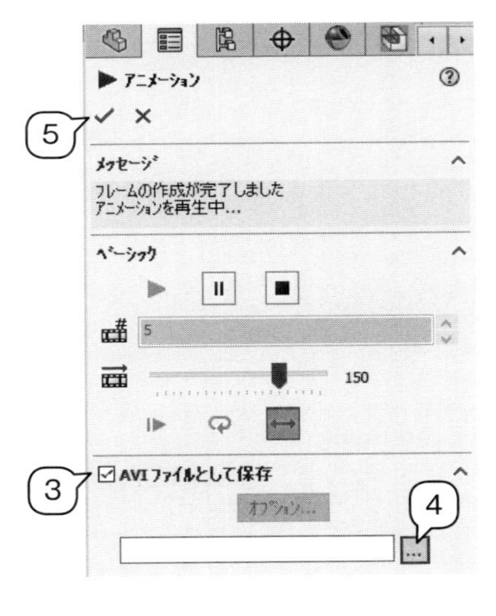

Part II　―SOLIDWORKS Simulation―

4．結果の考察

冒頭で示した疑問点について考えるために，穴の寸法を変えた解析を行います．なお，解析条件は表II-1-2のようにしました†．解析の手順は先ほどと同様です．まずは結果の可視化を行い，穴の形状がどの程度変形するのかについて確認してみます．

表II-1-2　解析条件

板の材質	アルミ合金 1060 合金
板の寸法	幅 30 mm，高さ 100 mm，板厚 3 mm
穴の寸法	20 mm，15 mm，10 mm，5 mm の 4 種類
外部荷重	1 kN
メッシュ密度	細い（もっとも細かい状態）
メッシュパラメータ	設定せず（標準のメッシュを使用）

解析結果を図II-1-2に示します．図から，穴の変形具合の違いや実際の応力分布状況の違いなどが見て取れます．

次に，冒頭で示した疑問点について，解析結果から以下のように考えることができます．

Question

- 穴の直径のみを変化させた場合，作用する応力の最小値はどの点になるのか（場所が変化するのか）？

→図II-1-2から，最小値を示す場所は穴の中心から60度ほどずれた下方（または上方）になることがわかります．さらに，穴の径が変化してもその位置はほとんど変化しないこともわかります．

Question

- 作用する応力の最大値・最小値は単純に直径に比例した値になるのか？

→上記の点を確認するため，横軸に穴の径，縦軸に応力をとったグラフを作成してみます．図II-1-3に最大値の結果を，図II-1-4に最小値の結果をそれぞれ示します．

図II-1-3から，穴径が大きくなると最大応力は単調ではなく，指数的に増加することがわかります．そのため，最小二乗法で近似したところ，3次関数で表現することができました（図の右側に式を表示）．一方，図II-1-4から，穴径が大きくなると最小応力はほぼ単調に減少していることがわかります．図II-1-3と同様に近似したところ，2次関数で表現することができました．図II-1-3，II-1-4の双方からわかることとして，穴径が大きくなるほど最大の応力値と最小の応力値との差が大きくなるということがあります．

これらの結果から，穴径と応力値は単純に比例しないことがわかります．そのため，板の材料に対して加工を行う際の穴径の決定には気をつけるべきであることもわかります．

† ここでは比較のために変形量を大きくすることを目的として，表II-1-1の解析条件とは材質と寸法，および外部荷重を変更しています．

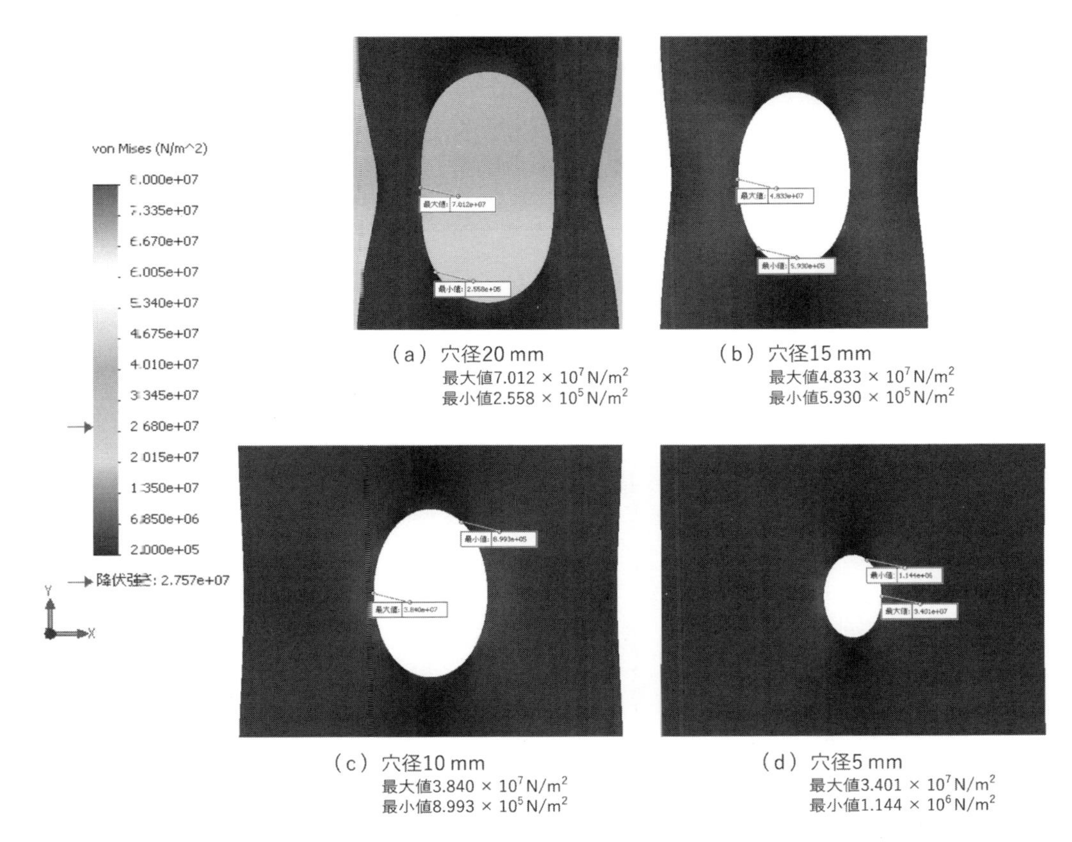

（a）穴径20 mm
最大値7.012×10^7 N/m^2
最小値2.558×10^5 N/m^2

（b）穴径15 mm
最大値4.833×10^7 N/m^2
最小値5.930×10^5 N/m^2

（c）穴径10 mm
最大値3.840×10^7 N/m^2
最小値8.993×10^5 N/m^2

（d）穴径5 mm
最大値3.401×10^7 N/m^2
最小値1.144×10^6 N/m^2

図Ⅱ-1-2　穴径の変化による応力集中の結果

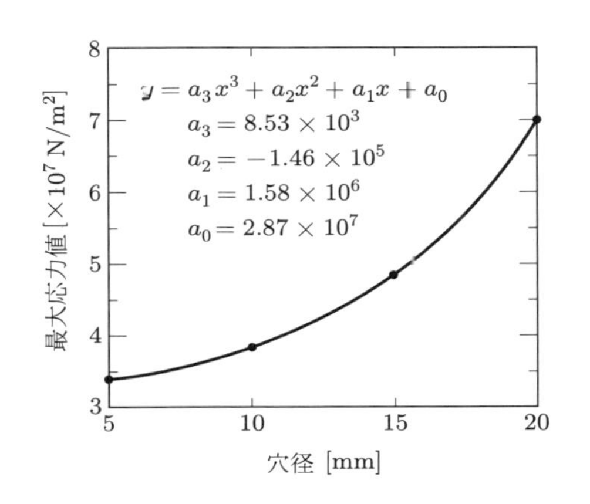

図Ⅱ-1-3　穴径と最大応力との関係

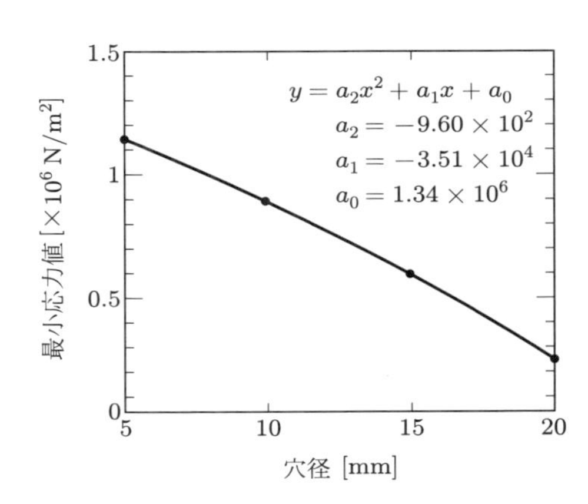

図Ⅱ-1-4　穴径と最小応力との関係

Tips 1　解析におけるメッシュ変更

Case 1 の解析結果からわかるように，応力集中は中心の穴の左右に発生しています．そのため，より詳細にかつ正確に値などを求めたい場合には，メッシュの構成を変更することが考えられます．その手順について以下で説明します．

●メッシュ設定

1. 左側のウィンドウで，「メッシュ」を右クリックします．
2. 「メッシュ作成」をクリックします．
3. 新しくウィンドウが表示されるので，「OK」をクリックします．

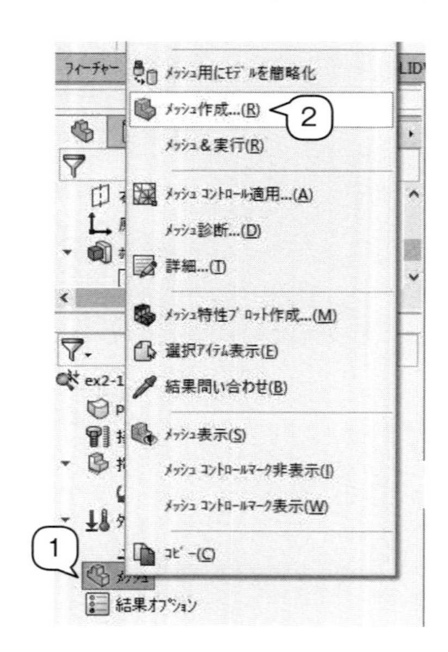

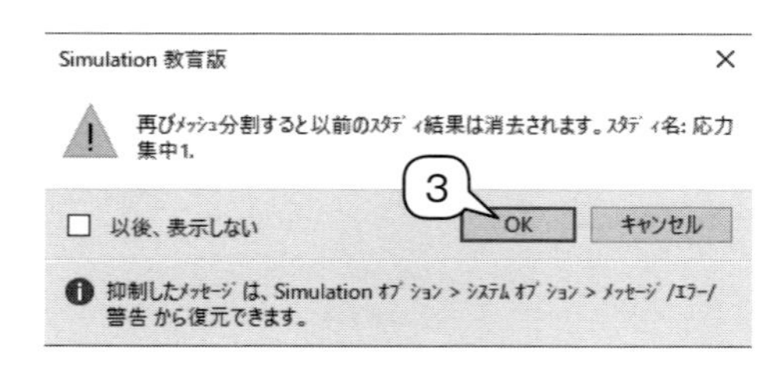

4. 「メッシュパラメータ」左側のチェックボックスをクリックします．
5. 表示されるプルダウンメニューから，メッシュの種類を選択します．メッシュを変更する場合には「曲率ベースのメッシュ」あるいは「ブレンド曲率ベースのメッシュ」を選択します．
6. 下の各種数字は，メッシュ密度のバーを動かすことで自動的に変更されます．
7. 左上の ✓ をクリックします．

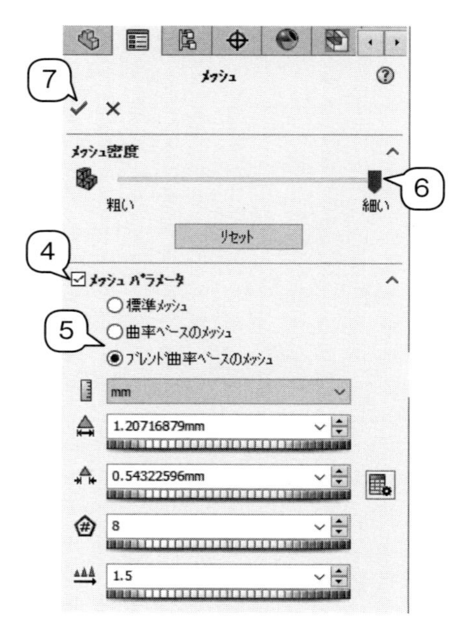

なお，メッシュの形状を変更した場合，再度解析を実行する必要があります．
曲率ベース，ブレンド曲率ベースの実際のメッシュ形状を下図にそれぞれ示します．

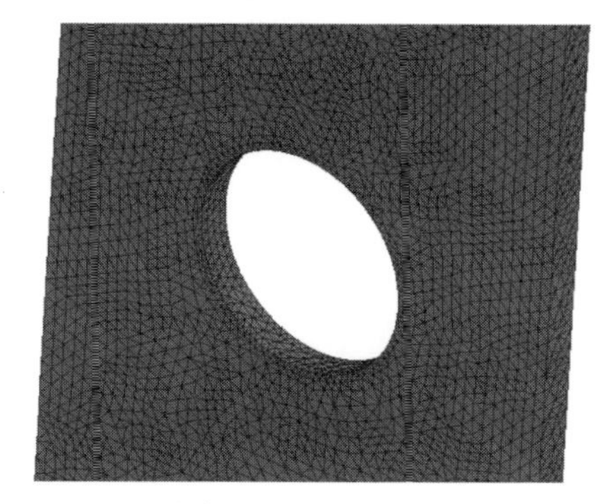

曲率ベースのメッシュ

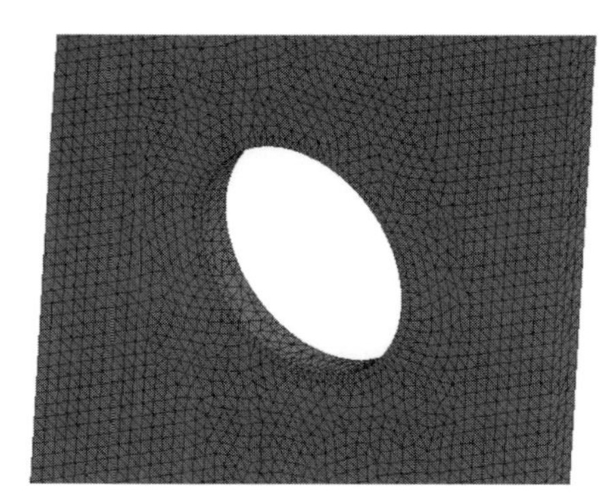

ブレンド曲率ベースのメッシュ

ここまでの説明は，メッシュの構成変更を全体に適用する方法になります．一方で，最初に指摘したように，今回の解析の場合は中央の穴の左右に応力集中が生じることから，この部分のみメッシュを細かくして詳細な解析を行う方法も考えることができます．以下ではその方法について説明します．

●メッシュコントロール設定

1. 左側のウィンドウで，「メッシュ」を右クリックします．
2. 「メッシュコントロール適用」をクリックします．
3. 「選択エンティティ」では，適用したい面やエッジを右側のモデルの該当箇所をクリックすることで選択します．今回は穴の表裏両方のエッジを選択します†．

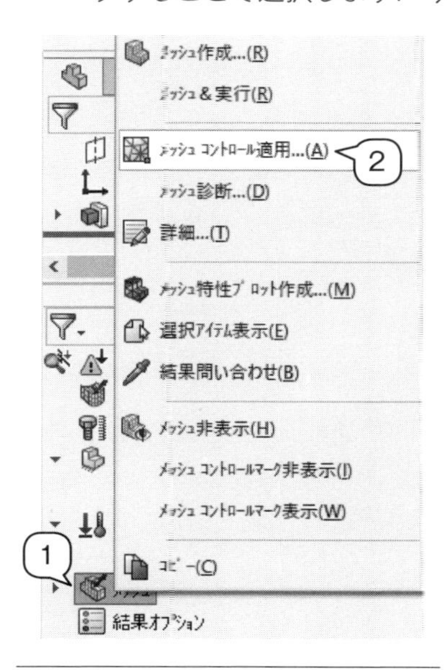

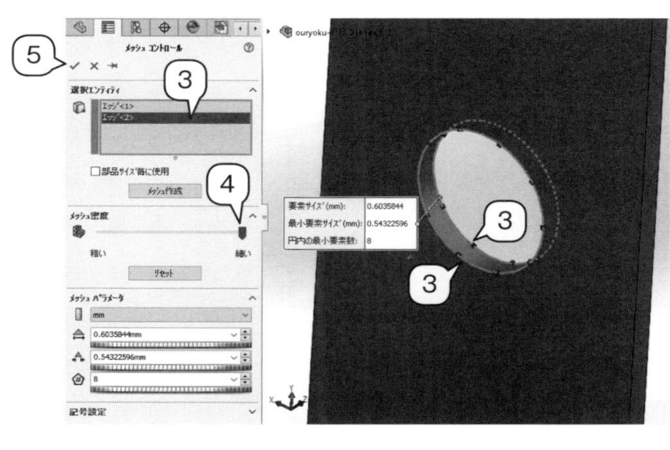

† 選択を解除したい場合には，すでに選択している箇所で右クリックし，プルダウンメニューで「削除」を選択します．ここで「選択解除」をクリックすると，選択したエンティティが削除されます．

4. 「メッシュ密度」の矢印を左右に移動して変更します．下の「メッシュパラメータ」の値は，これに連動して自動的に変更されます．
5. 左上の ∨ をクリックします．

なお，このメッシュコントロールは標準メッシュ以外でも組み合わせることができます．つまり，以下のようになります．

（1）標準メッシュ ＋ メッシュコントロール
（2）曲率ベースのメッシュ ＋ メッシュコントロール
（3）ブレンド曲率ベースのメッシュ ＋ メッシュコントロール

上記（1）～（3）の適用結果を下図に示します．いずれもメッシュはもっとも細かい設定としています．いずれの場合でも，最初にベースとなるメッシュを作成しておいたうえでメッシュコントロールを適用することになります．

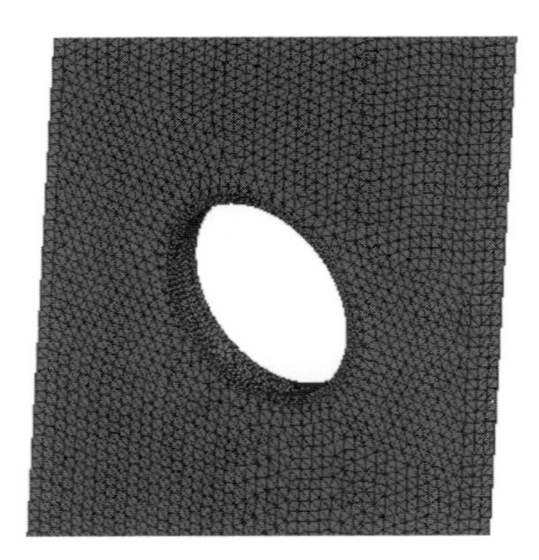

標準メッシュのみ

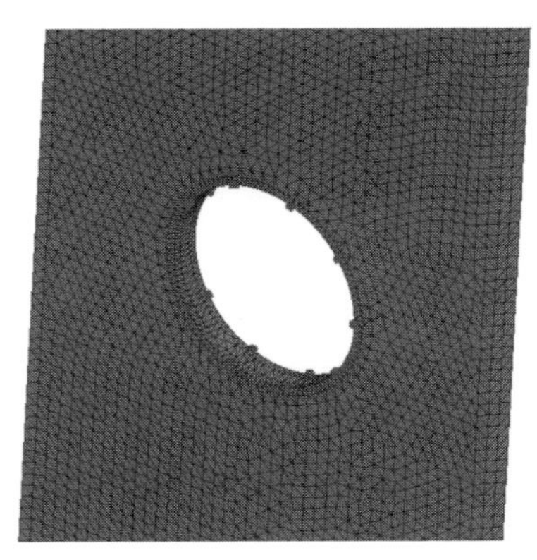

標準メッシュ
＋メッシュコントロール

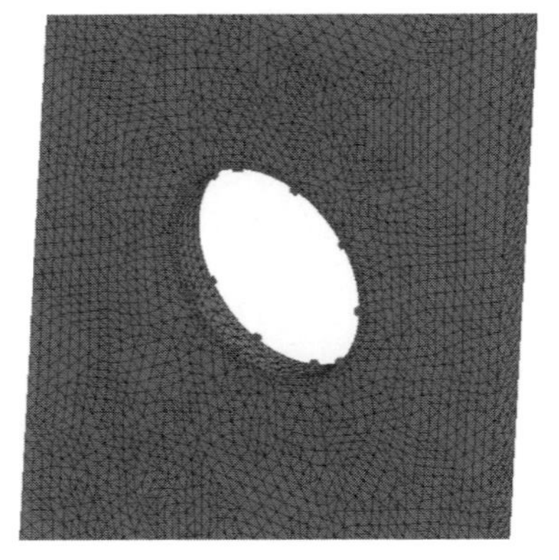

曲率ベースのメッシュ
＋メッシュコントロール

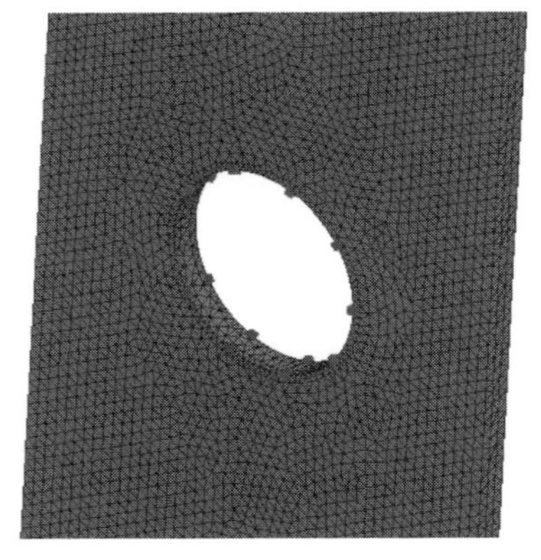

ブレンド曲率ベースのメッシュ
＋メッシュコントロール

Tips 2　各種表示や設定変更

応力解析の場合，解析結果も含めて，もとのモデルを作成したファイルにすべての情報が保存されます．そのため，再度解析結果を確認したい場合であっても，モデルのファイル（.SLDPRT）を開くことになります．ただし，モデルのファイルを開いた場合，最初はモデル作成用の表示になってしまいます．そのため，解析結果の表示や再度条件を変えて解析を行う場合，ウィンドウ下のタブ（図の例では「応力集中 1」）をクリックして切り替えます．逆に，モデルを修正する場合には「モデル」をクリックします．

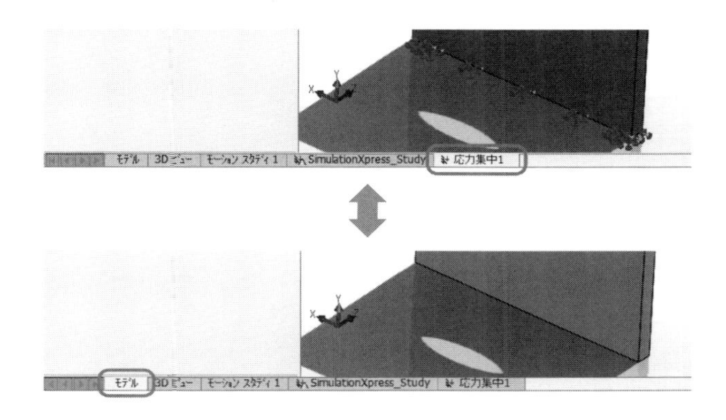

切り替えた後は，左側のウィンドウにある「結果」の左側の▼をクリックするとプルダウンメニューが出てくるため，表示したい項目のところで右クリックし，「表示」をクリックします．

一方，解析条件を変更したい場合には，左側のウィンドウの各種項目のところへマウスカーソルを移動したうえで右クリックします．表示されたプルダウンメニューから必要な事項を選択してクリックすることで変更できます．ただし，各種条件を変更した場合には再度解析を実行する必要性があります．

具体的に設定を変更するのは「材料」「拘束」「外部荷重」「接合部」「メッシュ」になります（メッシュの場合のみ，表示されるプルダウンメニューが異なります．☞ P.26，Tips 1）．

右クリックで表示されるプルダウンメニューから選択する項目は，具体的には以下のようになります．

「材料」→「設定 / 編集　材料特性」

「拘束」：修正する場合には，すでに設定されている拘束条件のところで右クリックしたうえで「定義編集」を選択．新しく拘束を追加する場合には，「拘束」のところで右クリックしたうえで必要な項目を選択（固定ジオメトリなど）．

「外部荷重」：修正する場合には，すでに設定されている力などのところで右クリックしたうえで「定義編集」を選択．新しく荷重を追加する場合には，「外部荷重」のところで右クリックしたうえで必要な項目を選択（力，トルクなど）．

「接合部」：基本的には「拘束」「外部荷重」と同様．

Tips 3　解析結果の削除

いろいろと解析条件を変えていった結果，あまりに煩雑になったため，一度すべてやりなおしたいというような場合も考えられます．そのような場合は，各種設定から計算結果まですべて削除することができます．

●解析結果の削除

1. 左側のウィンドウで一番上（図では「応力集中１」）のところで右クリックします．
2. 「削除」をクリックします．
3. 確認のためのウィンドウが新たに表示されるので，「はい」を選択します．
4. 下のタブを確認すると，結果のタブ（今回は「応力集中１」）がなくなっています．

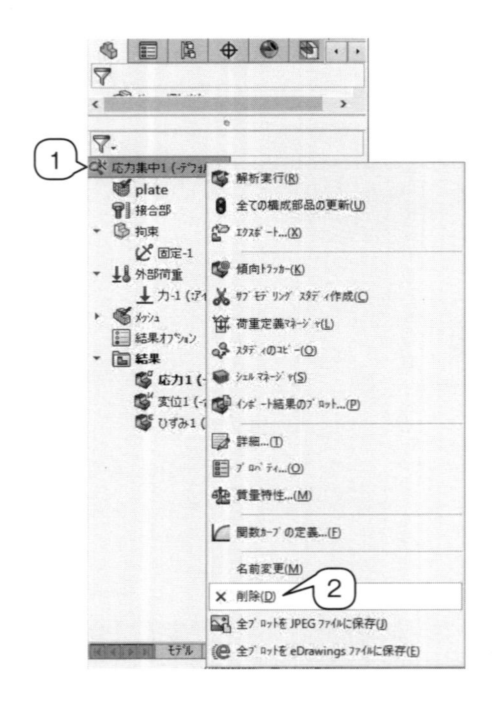

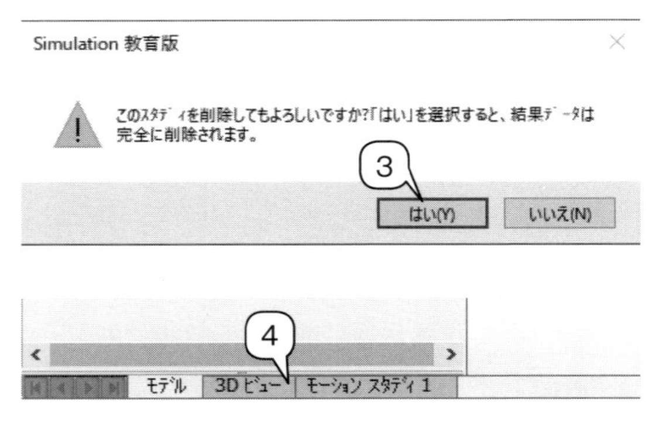

Tips 4　表示スケールの変更

結果を表示している場合，右側にスケールが同時に出てきます．これは色による閾値を示していますが，このスケール自体はドラッグすることで位置を自由に変更できますし，範囲などを細かく指定することもできます．また，表示における最大値や最小値も変更することができます．

●表示スケールの変更

1. 右側のウィンドウで表示されているスケールをダブルクリックすると，左側のウィンドウ表示が変更されます．

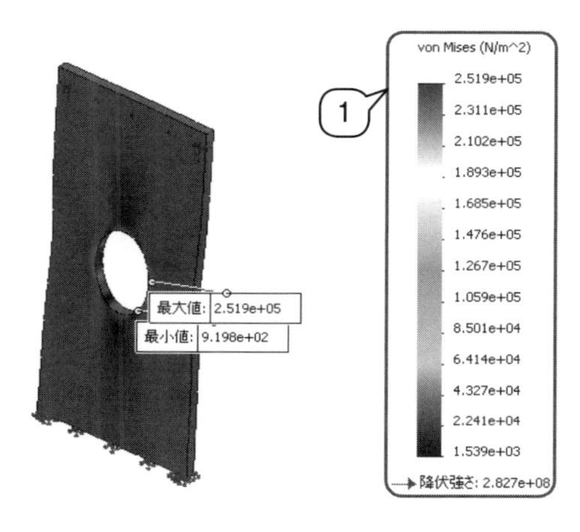

2. 「位置 / フォーマット」の「事前定義の位置」の下にある３つのアイコンは，スケールをどの位置に配置するかを指定するためのものです．
3. アイコンの下の数値は，上下左右の表示位置を数値で指定するために使用します．
4. 「表示オプション」下の各チェックに注目します．表示する最大値・最小値を任意に設定するには，「自動的に最大値を定義」および「自動的に最小値を定義」のチェックを外します．その後，下の欄に数値を直接入力します．
5. 左上の ✓ をクリックします．

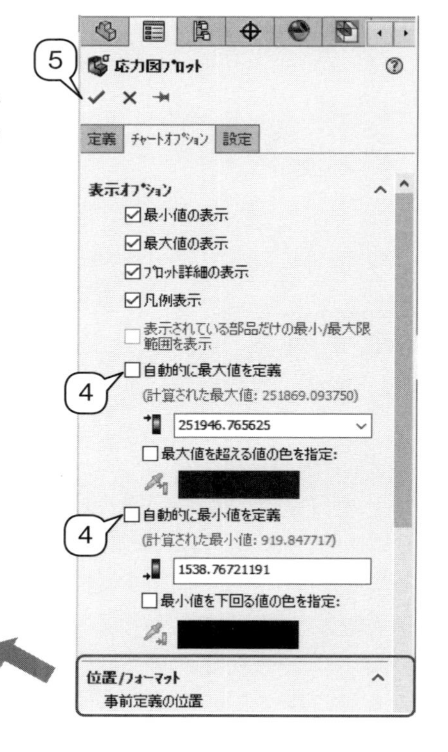

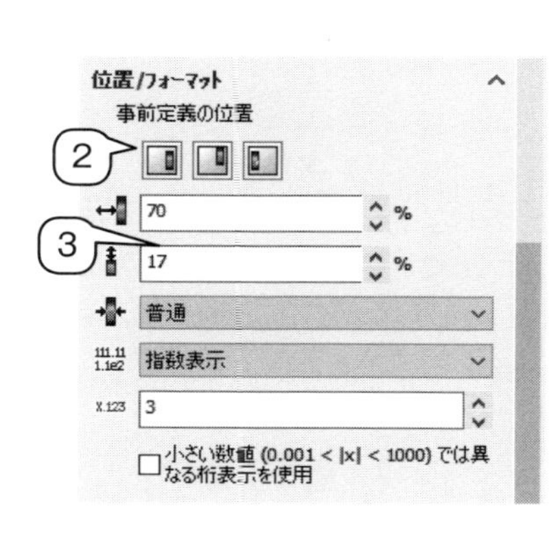

Case 2　応力集中 2：アングル

簡易な構造材としてアングル材は非常に広く用いられています．もっとも身近な例としては，ホームセンターなどで販売されている金属製の本棚があげられます．

アングルには等辺アングルと不等辺アングルの 2 種類が存在しますが，いずれにせよ荷重が作用した場合，隅に応力集中が発生することが知られています．そのため，隅に R を付加したアングルも存在します．

ここではアングルの隅に R を付けた場合の効果について，応力集中の観点から検証していきます．

1．解析モデル

ここでは，隅に R を付加した等辺アングルの応力集中について取り扱います．

図Ⅱ-2-1 に示すように，等辺アングルに力が作用する場合を想定します．その場合，板の厚さおよび一片の長さ，側面にかかる際の力を一定とした場合，隅の R の大きさをパラメータとして考えることができます．

ここでは，以下のような疑問点を解析によって評価・考察してみます．

Question

- R のみを変化させた場合，作用する応力の最大値は単純に R に比例した値になるのか？
- アングルの質量は単純に R に比例した値になるのか？
- もっとも経済的な R の値は存在するのか？ 存在する場合，その値はいくらか？

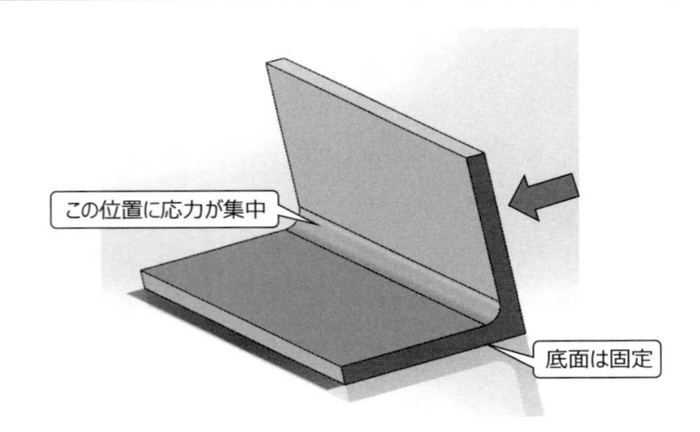

図Ⅱ-2-1　アングルの応力集中

アングルの場合，同じ力が作用するのであれば，応力集中を避ける方法として，単純に板厚を大きくする方法と，隅に R をつける方法の 2 種類が考えられます．ただし，単純に板厚を厚くする場合には，重量の問題や価格の問題のほうが大きくなると想定できます．そのため，もっとも効果的な方法は R をつける方法になります．

2. 解析条件

解析においては各種寸法（板厚，一辺の長さ，R）が重要ですが，形状が同一であっても材質により特性が変化してしまう可能性があります．さらに，外部荷重の大きさによっても傾向が変化する可能性があります．

Case 1 と同様，今回のような場合では応力集中が発生する箇所がほぼ特定できているため，より詳細な解析を行いたい場合にはメッシュパラメータを積極的に使用するとよいでしょう．

表Ⅱ-2-1 のような条件で解析を進めてみます．

表Ⅱ-2-1　解析条件

アングルの材質	アルミ合金 1060 合金
アングルの寸法	一片の長さ 30 mm，アングルの幅 100 mm，板厚 3 mm
R の寸法	3 mm
外部荷重	1000 N
メッシュ密度	細い（もっとも細かい状態）
メッシュパラメータ	設定せず（標準のメッシュを使用）

3. 操作の流れ

Part Ⅰ の図Ⅰ-2-7 の手順に従って解析を進めましょう．

① 計算対象モデルの読み込み

SOLIDWORKS で作成したモデルを「PartⅡ」→「Case2」フォルダ内に用意していますので，それを使って解析を行います．

② 解析スタディの作成

●ファイルを開く

1. 上記フォルダにある部品ファイル「angle-R3.SLDPRT」を開きます．

●解析準備

1. 「Simulation」タブを選択します．
2. 「新規スタディ」のプルダウンメニューから「新規スタディ」を選択してクリックします．

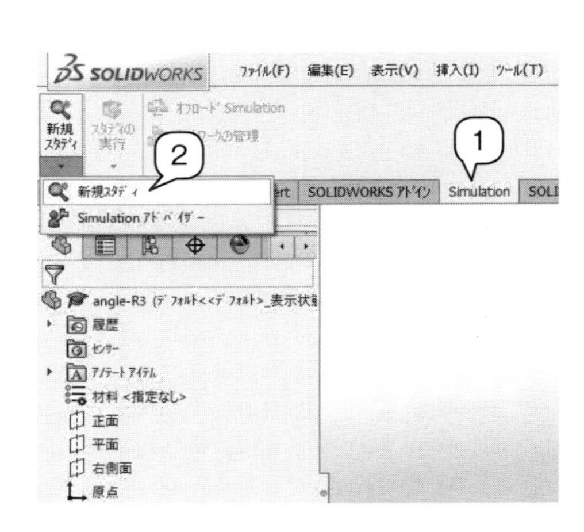

3. プロジェクトの名称を「ex2-2」とします.
4. 「静解析」を選択し，✓ をクリックします.

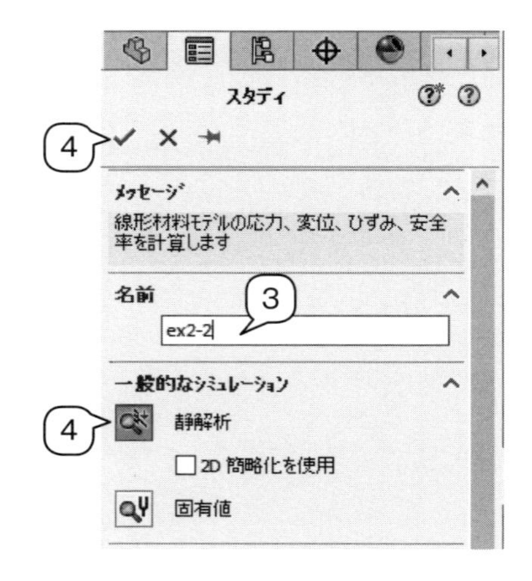

③ 外部荷重設定

外部に作用させる荷重について，その場所および大きさ，方向などを設定します.

1. 「外部荷重」を右クリックし,「力」をクリックします.

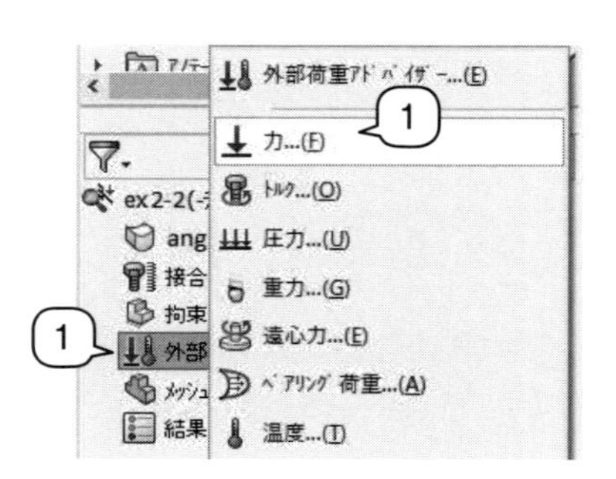

2. モデル側で力が作用する面を選択します（今回は右側面）. 追加すると左側に「面〈1〉」と表示されます.
3. 「垂直」にチェックが入っていることを確認します.
4. 作用させる実際の力を，解析条件にあわせて「1000」とします.
5. 実際に作用する力が矢印で表示されたのを確認し，必要に応じて「方向を反転」にチェックを入れます.
6. 左上の ✓ をクリックします.

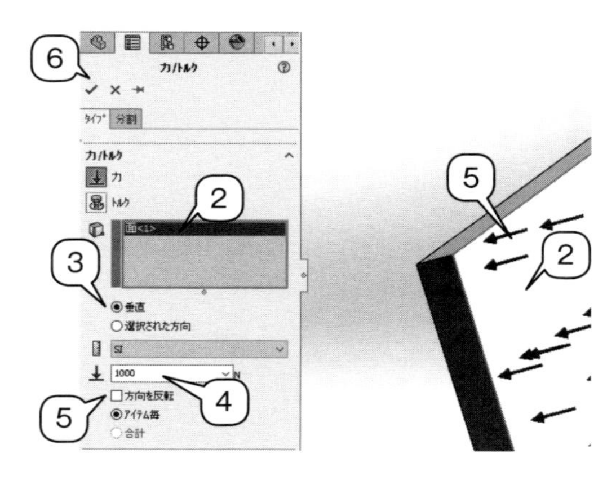

④ 拘束設定

解析対象において，固定する場所（拘束する場所）の設定を行います.

1.「拘束」を右クリックし,「固定ジオメトリ」をクリックします.

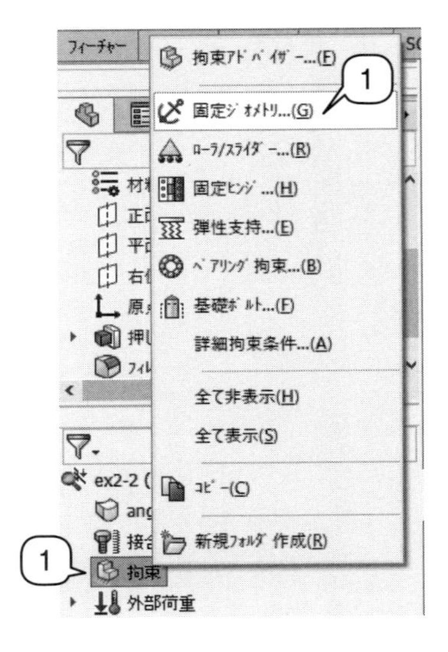

2.「固定ジオメトリ」が選択されていることを確認します.
3. モデル側で拘束する面を選択します（今回は下面）. 追加すると左側に「面〈1〉」と表示されます.
4. 左上の ✓ をクリックします.

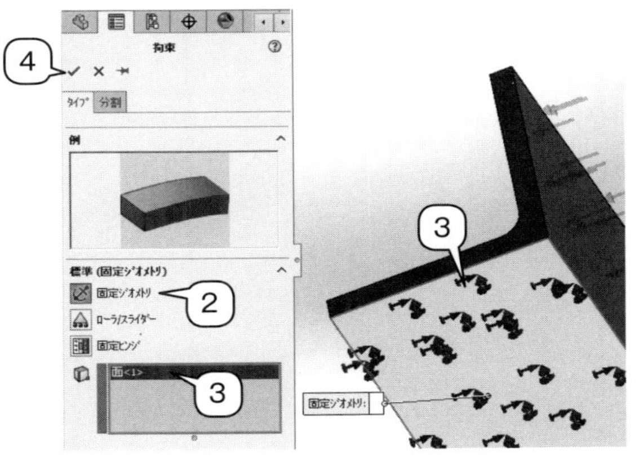

⑤ 解析メッシュの設定

対象物に対してメッシュを作成するための設定をします.

1.「メッシュ」を右クリックし,「メッシュ作成」をクリックします.

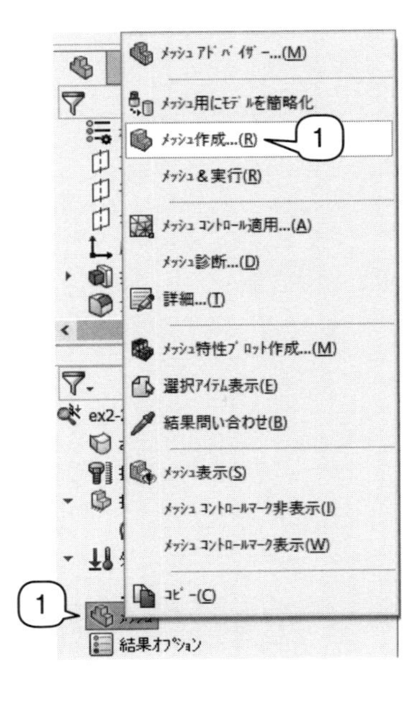

2. 「メッシュ密度」下の矢印を一番右側（細い）までドラッグします．
3. 左上の ✓ をクリックします．

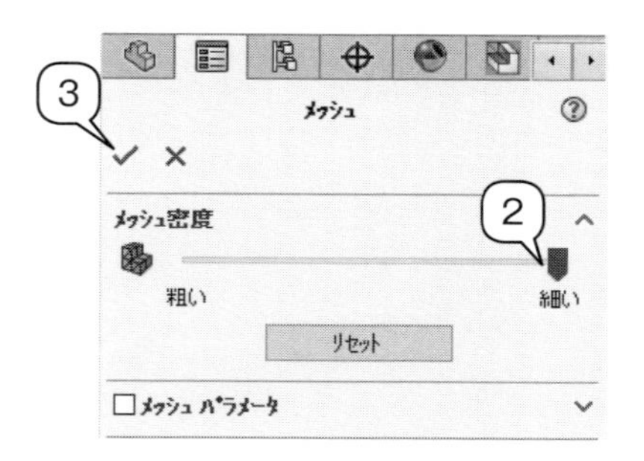

⑥　材料指定

1. モデルの名称「angle-R3」を右クリックします．
2. 「設定 / 編集　材料特性」をクリックし，使用する材料を選択します．解析条件をもとに，「アルミ合金」の中から「1060 合金」を選びます．

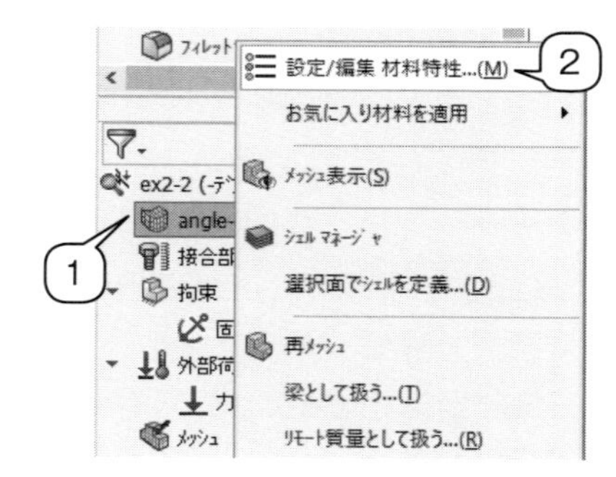

3. 「適用」をクリックし，右隣の「閉じる」をクリックします．

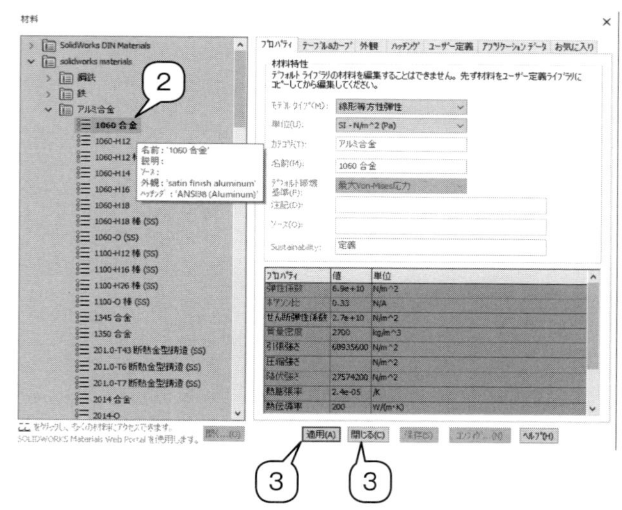

⑦　解析実行

それでは，以上で設定した条件に基づき応力解析を実行してみましょう．

1. プロジェクトの名称「ex2-2」を右クリックします.
2. 「解析実行」をクリックします.

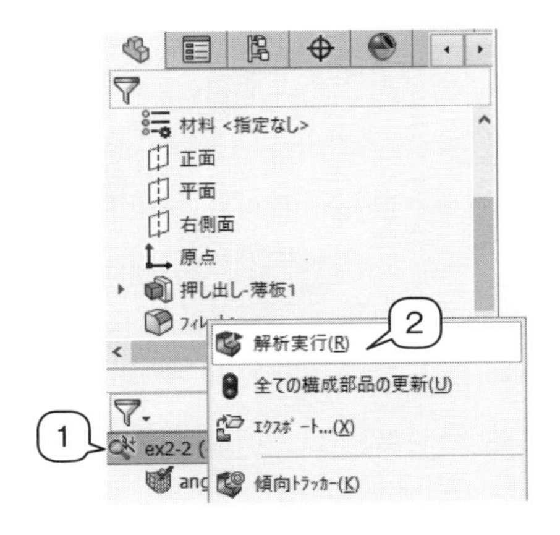

⑧ 結果の表示

解析が終了すると同時に結果が表示されます. 解析結果の表示は応力以外に変位, ひずみがあります. 目的に応じて切り替えてください（☞ Case 1）.

また, 解析結果の数値表示や最大値, 最小値の表示のしかたも Case 1 と同様です.

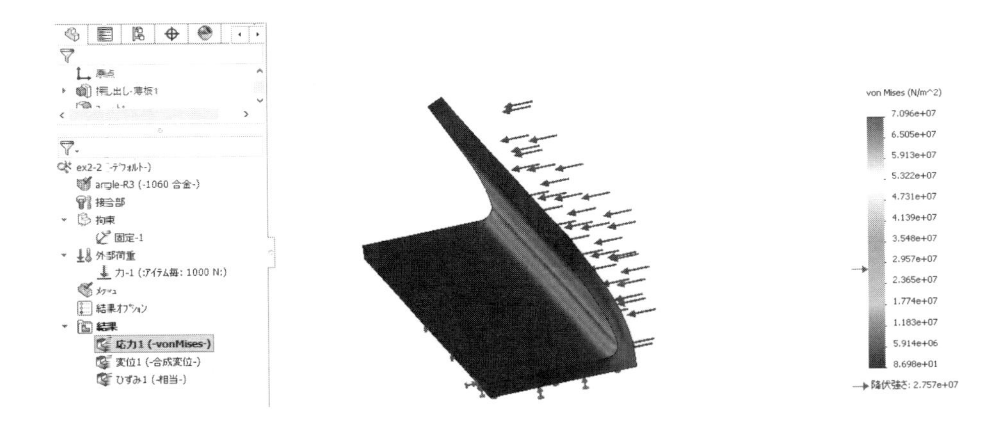

4. 結果の考察

冒頭で示した疑問点について考える前に, R の変化に伴う応力集中の変化の解析を行います. なお, 解析条件は表Ⅱ-2-2 のようにしました. R＝0, 5, 7, 9 mm の部品ファイルを「angle-R0.SLDPRT」～「angle-R9.SLDPRT」として用意しています. 解析の手順は先ほどと同様です.

表Ⅱ-2-2　解析条件

アングルの材質	アルミ合金 1060 合金
アングルの寸法	一辺の長さ 30 mm, アングルの幅 100 mm, 板厚 3 mm
R の寸法	0 mm, 3 mm, 5 mm, 7 mm, 9 mm の 5 種類
外部荷重	1000 N
メッシュ密度	細い（もっとも細かい状態）
メッシュパラメータ	設定せず（標準のメッシュを使用）

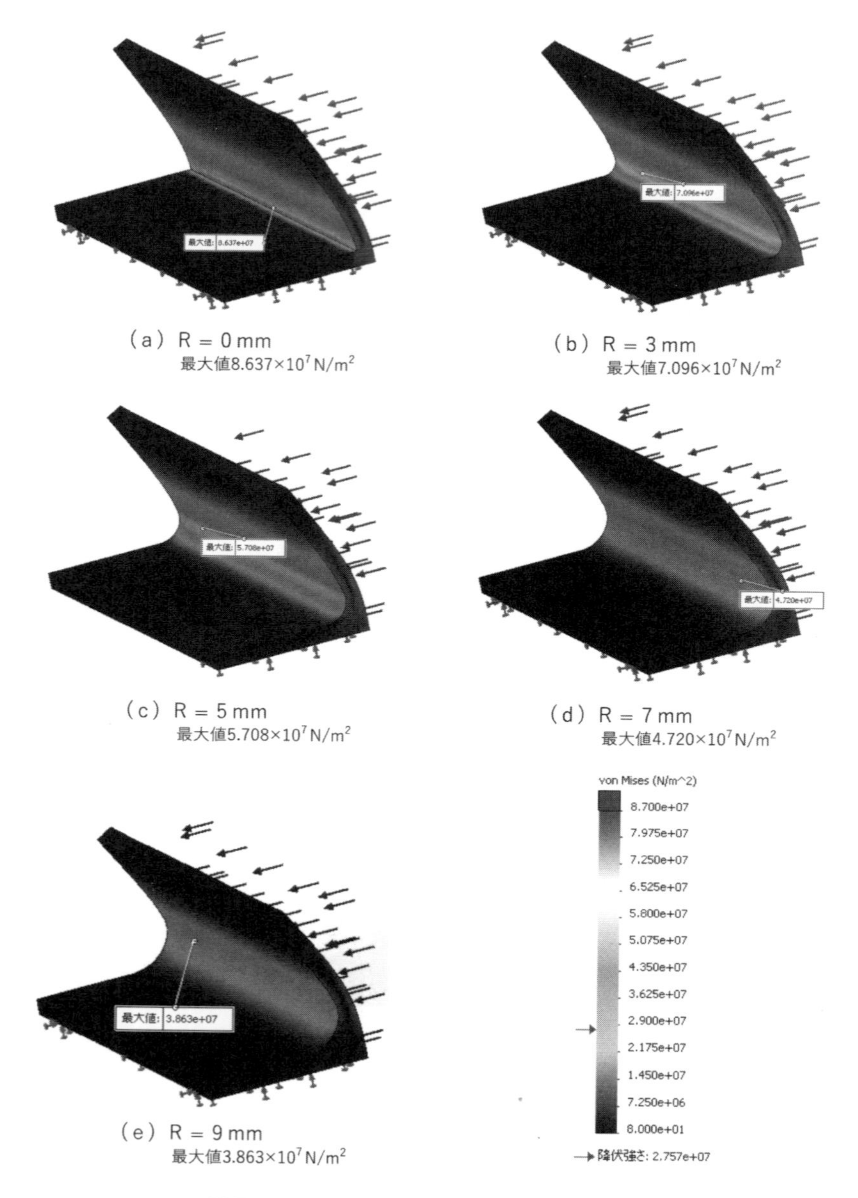

(a) R = 0 mm
最大値8.637×10^7 N/m^2

(b) R = 3 mm
最大値7.096×10^7 N/m^2

(c) R = 5 mm
最大値5.708×10^7 N/m^2

(d) R = 7 mm
最大値4.720×10^7 N/m^2

(e) R = 9 mm
最大値3.863×10^7 N/m^2

図Ⅱ-2-2　R付アングルの応力集中の結果

解析結果を図Ⅱ-2-2に示します．図から，実際の応力分布状況の違いなどが見て取れます．とくに，R＝0の場合には明確に応力集中が発生していることがわかります．

次に，冒頭で示した疑問点について，解析結果から以下のように考えることができます．

Question

- Rのみを変化させた場合，作用する応力の最大値は単純にRに比例した値になるのか？

→上記の点を確認するため，横軸にRの大きさ，縦軸に応力の最大値をとったグラフを作成してみます．図Ⅱ-2-3に結果を示します．

図から，R が大きくなると最大応力はほぼ単調に減少していることがわかります．最小二乗法で近似したところ，2 次関数で表現することができました（図の右側に式を表示）．多少外れる点がありますが，全体的にみればほぼ直線状に変化していることになります．

この結果から，R の大きさと応力の最大値は反比例し，ほぼ直線的に変化することがわかります．そうなると，実際の R の決定をどうすればよいかという問題になります．

Question

● アングルの質量は単純に R に比例した値になるのか？

→ R が大きいほど強度が増すことはわかりましたが，その分だけ重くなり，結果的にはコストもかかります．そのため，今度は質量という観点から考えていきます．

それぞれの R について，質量を確認しました（☞ p.51，Tips 5　材料指定と質量確認）．それらをもとにグラフ化したものを図Ⅱ-2-4 に示します．

図Ⅱ-2-3 同様，2 次関数で近似されました（理論的には厳密に 2 次式になります）．ただし，グラフをよく見ると R = 0 ～ 3 までと R = 3 ～ 9 までは明らかに変化の際の傾きが異なることがわかります．

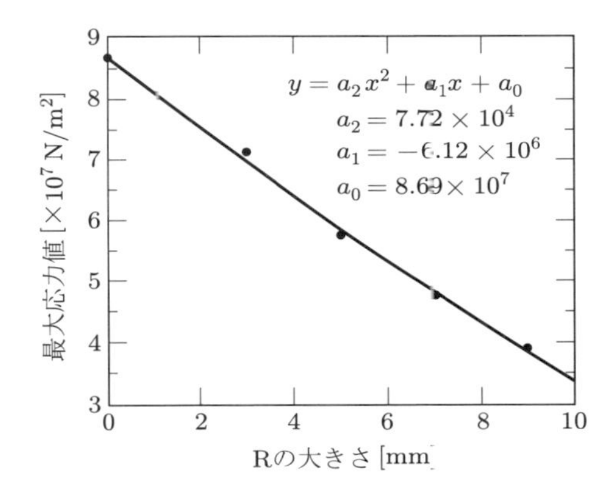

図Ⅱ-2-3　R の大きさと応力の最大値との関係

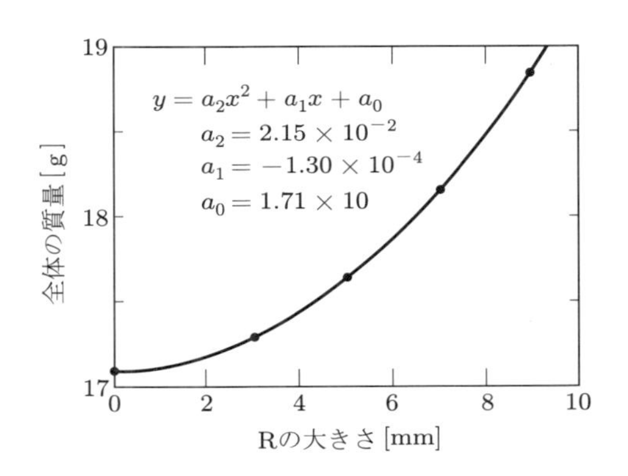

図Ⅱ-2-4　R の大きさとアングルの質量との関係

Question

● もっとも経済的な R の値に存在するのか？ 存在する場合，その値はいくらか？

→ 図Ⅱ-2-4 から，R = 0 ～ 3 の範囲と R = 3 ～ 9 の範囲について注目すると，R = 3 ～ 9 の範囲のほうがその傾きが急激に大きくなっていることがわかります．そのことから，質量に関して経済的なのは R = 3 mm になると結論づけられます．つまり，R の大きさは板厚と同じ程度がもっとも経済的と考えることができるでしょう．

このように，応力集中解消のために R を付加する場合，最終的には質量やコストといったものも含めて総合的に経済的，現実的なものを選択するということを行う必要性があることから，設計の難しさがわかるかと思います．

Case 3　応力集中 3：爪

近年の家電製品では，本体のケースなどにネジのみではなく爪（スナップフィット）も用いる場合が多くなりました．極端な場合では，ほとんど爪のみで構成されている場合もあります．また，家電製品のみならず自動車の内装部品もそのような傾向が強くなってきています．

ネジではなく爪を用いるのはデザイン上の問題のみではなく，密閉性やコストの関係も考えられますが，メンテナンス性の問題もあります．

爪を用いている場合，うまく爪の部分を外すことができれば比較的簡単に大きなものを外すことができます．つまり，多数のネジで止められている場合と比較して圧倒的に作業が楽になります．

しかしながら，爪の場合の弊害として，爪の部分が折れるという問題があります．メンテナンスの際に一か所でも爪が折れるときちんと密閉できなくなる場合が多いため，ケース全体を交換する必要が生じてしまいます．

ここでは爪が折れることを防ぐための方策として，Case 2 のように R を付けた場合だけではなく，それ以外の方法についても検討していきます．

1．解析モデル

プラスチック製の爪を製品として用いる場合には，折れにくくすることも考慮する必要性があります．

ここでは図Ⅱ-3-1 に示すような爪を取り扱います．図に示すように，爪の先端に力が作用する場合を想定します．

今回のような形状の場合，爪の根元の部分に応力集中が発生し，この箇所で破損するであろうことが予想できます．では，この応力集中をどのように改善したらよいでしょうか．

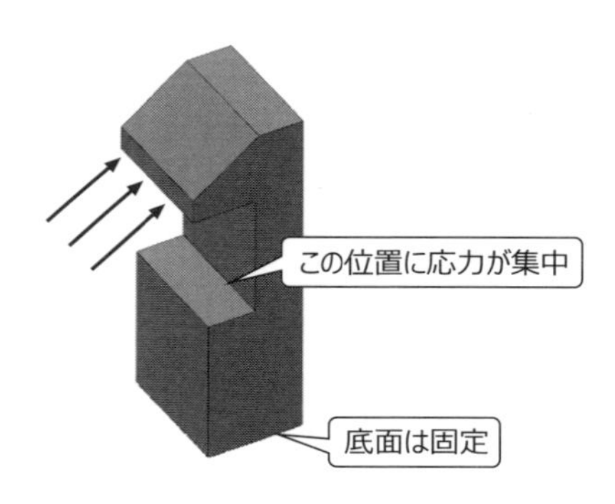

図Ⅱ-3-1　爪の応力集中

Case 2 のアングルで実施したように，隅に R を付けるという方法がもっとも簡単かと思いますが，形状を若干変化させることも考えられます．そのため，今回は図Ⅱ-3-2 に示すモデルを検討します．

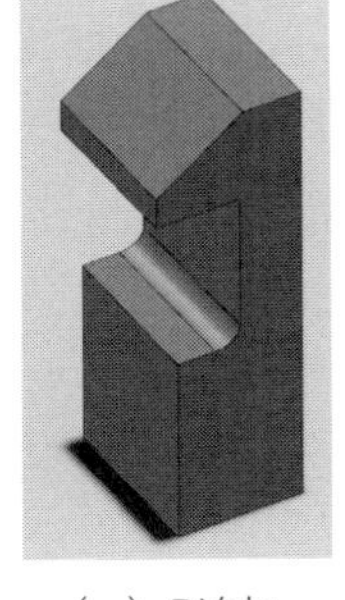
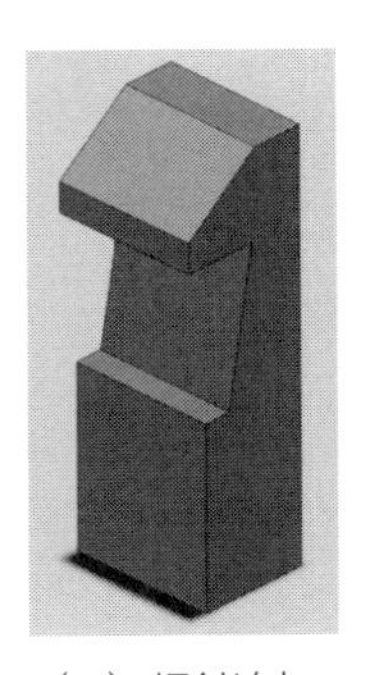

（a）ノーマル　（a）R追加　（c）傾斜追加

図Ⅱ-3-2　応力集中改善の爪のモデリング事例

このようなモデルに対して，以下のような疑問点が生じるかと思います．

Question

- Ｒの効果はどの程度期待できるのか？ また，最適な値はいくらか？
- 傾斜を追加した場合の効果はどの程度期待できるのか？ また，最適な値はいくらか？
- Ｒを追加した場合と傾斜を追加した場合とを比較すると，どちらのほうがより理想的なのか？

2．解析条件

解析においては，Case２と同様，各種寸法（Ｒの大きさ，傾斜角度）に加え，材質や外部荷重の大きさも考慮します．

また，この例も応力集中が発生する箇所がほぼ特定できているため，メッシュパラメータを積極的に使用したほうがよいでしょう．

表Ⅱ-3-1 のような条件で解析を進めてみます．

表Ⅱ-3-1　解析条件

爪の材質	プラスチック ABS
Ｒの寸法	0 mm
傾斜角度	0°
外部荷重	100 N
メッシュ密度	細い（もっとも細かい状態）
メッシュパラメータ	設定せず（標準のメッシュを使用）

3．操作の流れ

PartⅠの図Ⅰ-2-7 の手順に従って解析を進めましょう．

①　計算対象モデルの読み込み

SOLIDWORKS で作成したモデルを「PartⅡ」→「Case3」フォルダ内に用意していますので，それを使って解析を行います．

②　解析スタディの作成

●ファイルを開く

1. 上記フォルダにある部品ファイル「claw.SLDPRT」を開きます.

●解析準備

1. 「Simulation」タブを選択し,「新規スタディ」のプルダウンメニューから「新規スタディ」を選択してクリックします.
2. プロジェクトの名称を「ex2-3」とします.
3. 「静解析」を選択し,左上の ∨ をクリックします.

③　外部荷重設定

1. 「外部荷重」を右クリックし,「力」をクリックします.
2. モデル側で力が作用する面を選択します(今回は爪の先端).追加すると,左側に「面〈1〉」と表示されます.
3. 「垂直」にチェックが入っていることを確認します.
4. 作用させる実際の力を,解析条件にあわせて「100」とします.

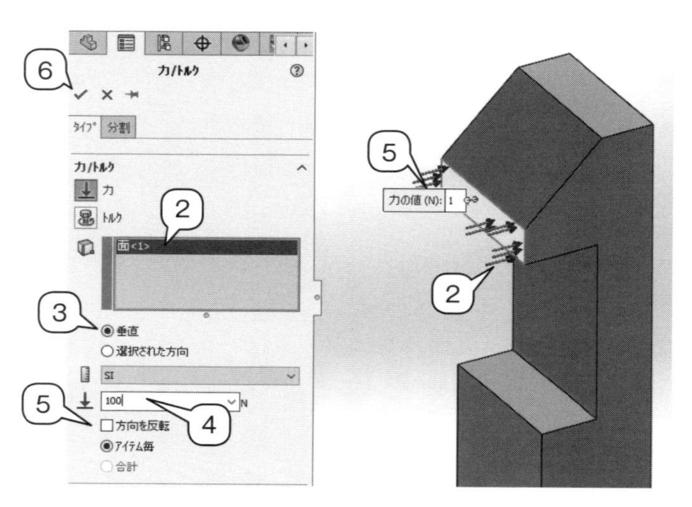

5. 実際に作用する力が矢印で表示されたのを確認し,必要に応じて「方向を反転」にチェックを入れます.
6. 左上の ∨ をクリックします.

④　拘束設定

1. 「拘束」を右クリックし,「固定ジオメトリ」をクリックします.
2. 「固定ジオメトリ」が選択されていることを確認します.
3. モデル側で拘束する面を選択します(今回は底面).追加すると左側に「面〈1〉」と表示されます.
4. 左上の ∨ をクリックします.

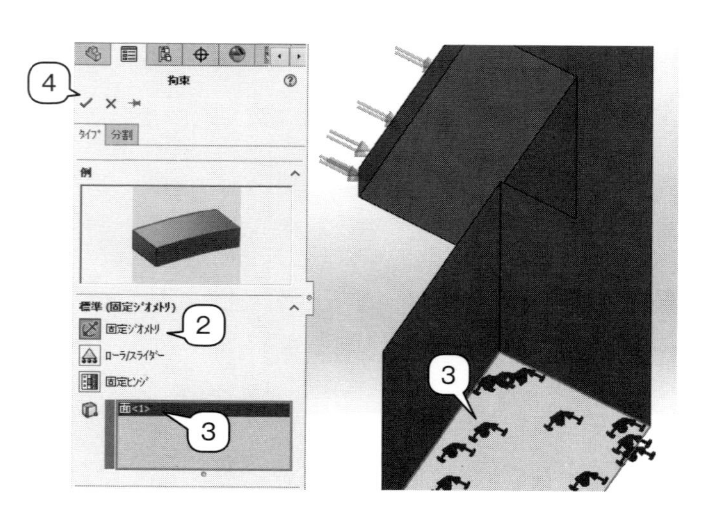

⑤ 解析メッシュの設定

1. 「メッシュ」を右クリックし，「メッシュ作成」をクリックします．
2. 「メッシュ密度」下の矢印を一番右側（細い）までドラッグします．
3. 左上の ✓ をクリックします．

⑥ 材料指定

1. モデルの名称「claw」のところで右クリックします．
2. 「設定 / 編集　材料特性」をクリックし，「プラスチック」の中から「ABS」を選択します．
3. 「適用」をクリックし，右隣の「閉じる」をクリックします．

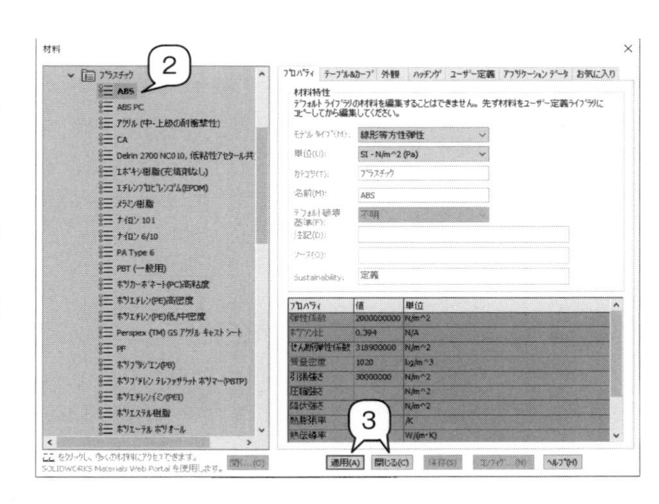

⑦ 解析実行

それでは，以上で設定した条件に基づき応力解析を実行してみましょう．

1. プロジェクトの名称「ex2-3」のところで右クリックします．
2. 「解析実行」をクリックします．

⑧ 結果の表示

解析が終了すると同時に結果が表示されます．解析結果の表示の切り替えや数値表示などについては，Case 1 と同様です．

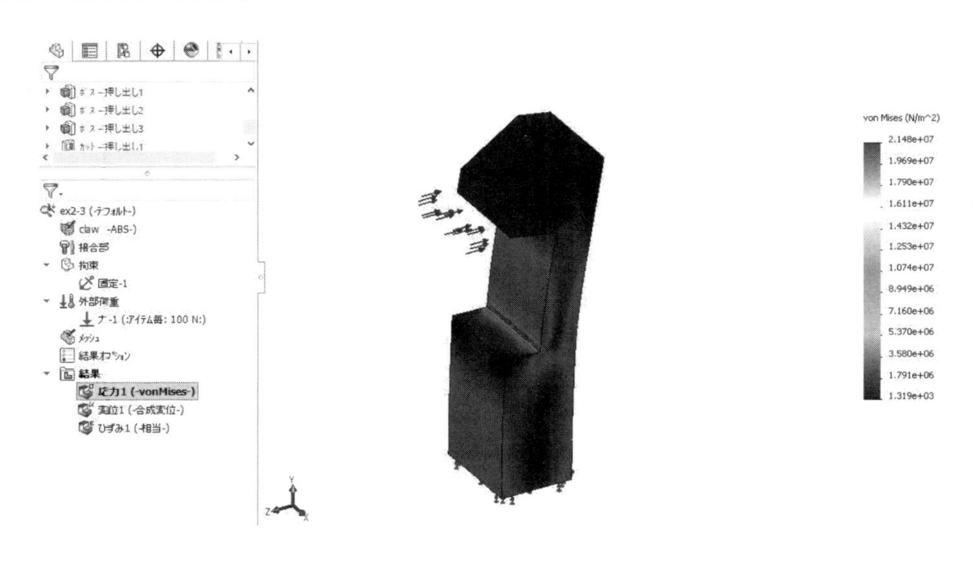

4. 結果の考察

最初に，R の変化に伴う応力集中の変化を解析してみましょう．解析条件は表Ⅱ-3-2 のようにしました．解析の手順は先ほどと同様です．部品ファイルを「claw_r0.SLDPRT」～「claw_r8.SLDPRT」として用意しています．

表Ⅱ-3-2　解析条件

爪の材質	プラスチック ABS
R の寸法	0 mm，2 mm，3 mm，4 mm，5 mm，6 mm，7 mm，8 mm
傾斜角度	0°
外部荷重	100 N
メッシュ密度	細い（もっとも細かい状態）
メッシュパラメータ	設定せず（標準のメッシュを使用）

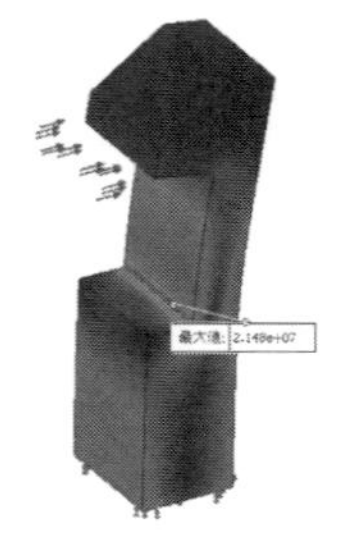

(a) R = 0 mm
最大値 2.148×10^7 N/m^2

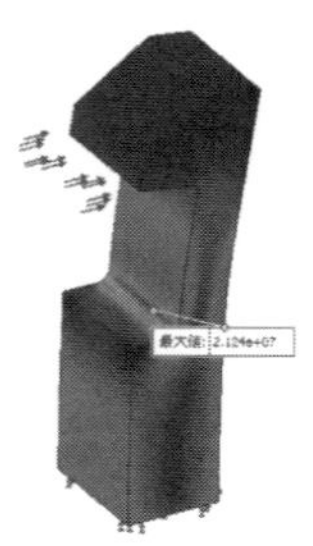

(b) R = 2 mm
最大値 2.124×10^7 N/m^2

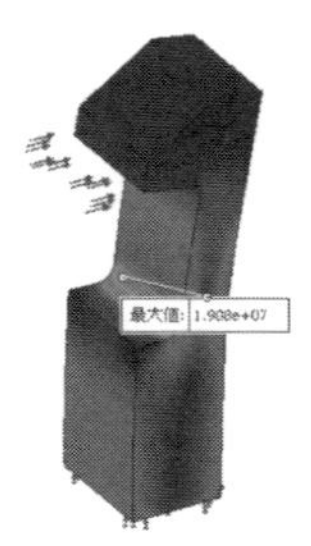

(c) R = 3 mm
最大値 1.908×10^7 N/m^2

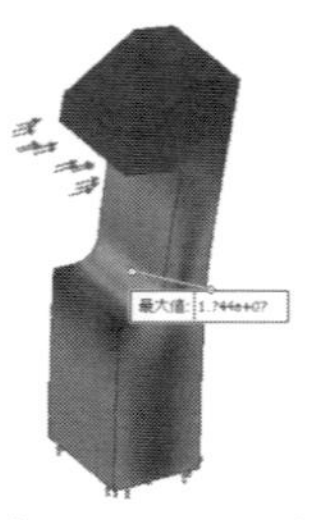

(d) R = 4 mm
最大値 1.744×10^7 N/m^2

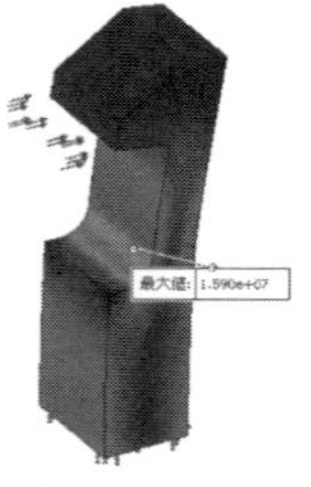

(e) R = 5 mm
最大値 1.590×10^7 N/m^2

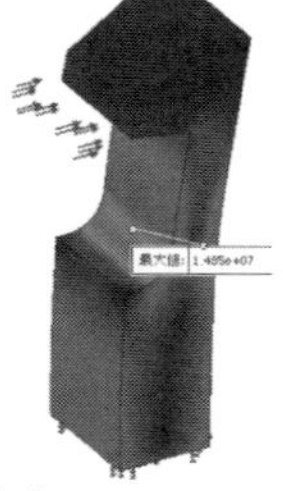

(f) R = 6 mm
最大値 1.485×10^7 N/m^2

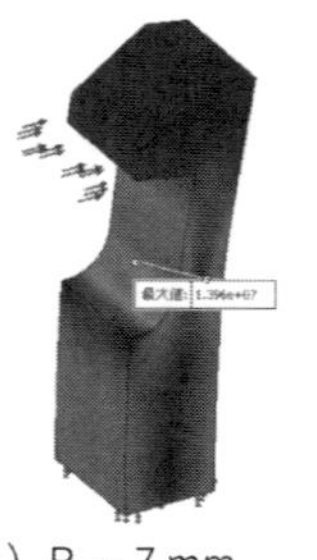

(g) R = 7 mm
最大値 1.396×10^7 N/m^2

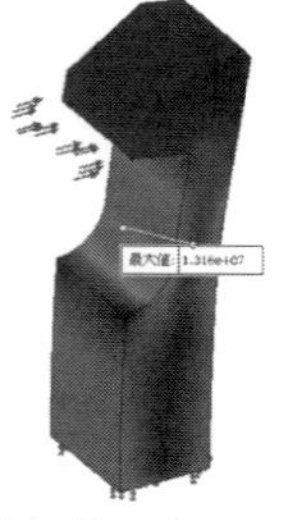

(h) R = 8 mm
最大値 1.316×10^7 N/m^2

von Mises (N/m^2)
2.200e+07
2.017e+07
1.833e+07
1.650e+07
1.467e+07
1.283e+07
1.100e+07
9.167e+06
7.334e+06
5.501e+06
3.668e+06
1.834e+06
1.000e+03

図Ⅱ-3-3　R 変化による応力集中の結果

解析結果を図Ⅱ-3-3 に示します．図から，とくに R = 0，2 mm の場合には明確に応力集中が発生していることがわかります．また，R の違いにより，側面側の応力分布の状況も若干ながら変化してくることもわかります．

冒頭で示した疑問点について，解析結果から以下のように考えることができます．

Question

- R の効果はどの程度期待できるのか？ また，最適な値はいくらか？

→上記の点を確認するため，横軸に R の大きさ，縦軸に応力の最大値をとったグラフを作成してみます．図Ⅱ-3-4 に結果を示します．

図の右側に最小二乗法で近似した式を示します．今回は 3 次近似になりました．

グラフから，R = 0 ～ 2 mm までの範囲と R = 2 ～ 5 mm までの範囲，R = 5 ～ 8 mm までの範囲の 3 つに分類することができます．これらの範囲において直線近似した場合には，傾きが異なるように見えます．そして，もっとも傾きが大きいのは R = 2 ～ 5 mm までの範囲であることがわかります．

R = 5 mm がどの程度の大きさになるのかを確認するために，図Ⅱ-3-5 に各部の寸法を示します．R = 5 mm という値は，R を追加した幅（7.5 mm）の約 67%であることがわかります．

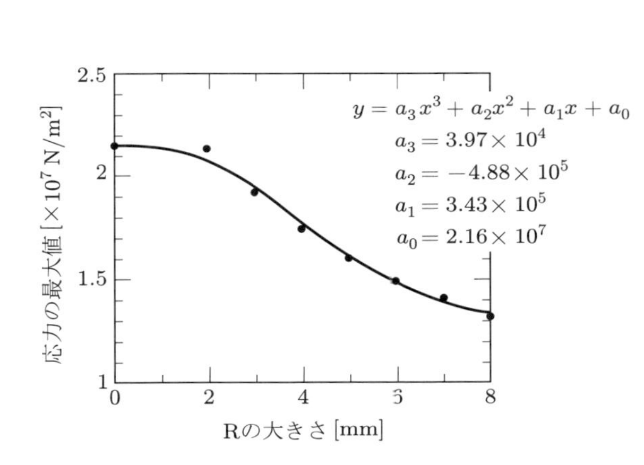

図Ⅱ-3-4　R の大きさと応力の最大値との関係

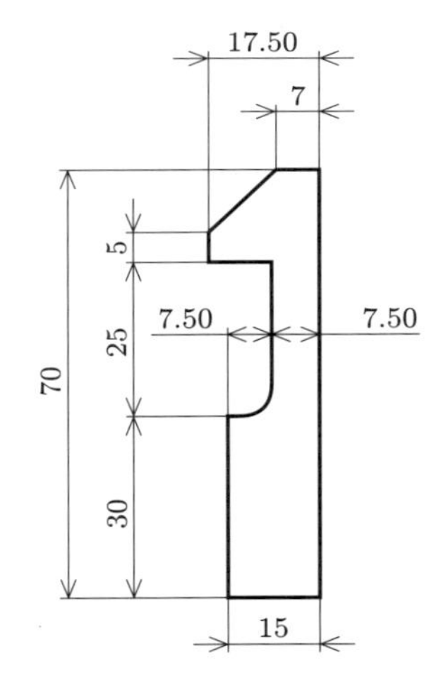

図Ⅱ-3-5　R = 5 mm のモデルの各部寸法

次に，Case 2 と同様に，R の変化に対する質量の変化について，図Ⅱ-3-6 に示します．これは理論的にも 2 次関数になります．図から，R = 0 ～ 2 ないしは 3 mm までの範囲とそれ以降とでは，直線的に考えた場合，その傾向が異なります．つまり，R が 3 mm 以上になると全体の質量の増加割合が急激になることがわかります．

このことからのみ考えると，R としては 3 mm 程度までとして考えることもできます．

さらに，これまでの結果を用いて爪全体の質量と応力の最大値との関係について考えます．そのグラフを図Ⅱ-3-7 に示します．最小二乗法で近似したところ，4 次近似になりました．図から，爪全体の質量が 17.05 g 付近までは急激に応力が低下していますが，それ以降は応力の低下が鈍化します．つまり，17.05 g までであれば応力の低下に非常に効果的であることがわかります．なお，R = 5 mm の場合の質量が 17.06 g であることから，この観点から考えると R = 5 mm がもっともよいことがわかります．

以上までの結果から，今回の場合には R = 5 mm が最適であると考えられます．また，この場合にはもとの幅（7.5 mm）の約 67%であったことから，幅に対する R の割合で表現することもできます．

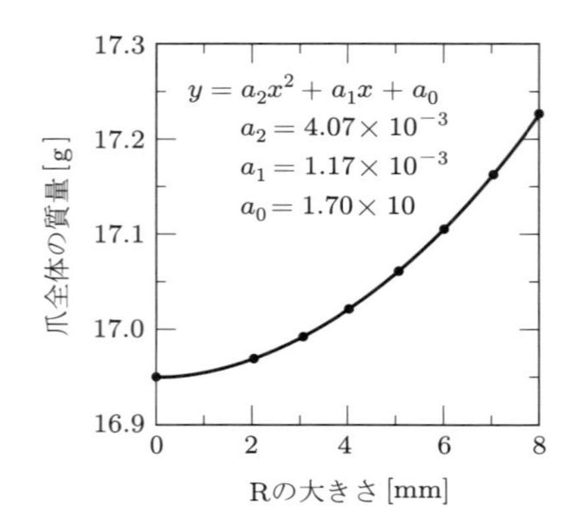

図Ⅱ-3-6　R の大きさと爪全体の質量との関係

$y = a_4x^4 + a_3x^3 + a_2x^2 + a_1x + a_0$
$a_4 = -1.38 \times 10^7$
$a_3 = -2.29\times 10^8$
$a_2 = 3.61 \times 10^{10}$
$a_1 = -7.57 \times 10^{11}$
$a_0 = 4.72 \times 10^{12}$
応力の最大値 [$\times 10^7$ N/m^2]
2.5
2.0
1.5
16.9
17.0
17.1
17.2
17.3
爪全体の質量 [g]

図Ⅱ-3-7　爪全体の質量と応力の最大値との関係

次に，傾斜角度の変化に伴う応力集中の変化を解析してみます．解析条件は表Ⅱ-3-3 のようにしました．なお，角度の定義は図Ⅱ-3-8 のようにして行いました．解析には部品ファイル「claw_s.SLDPRT」を用います．

表Ⅱ-3-3　解析条件

爪の材質	プラスチック ABS
R の寸法	0 mm
傾斜角度	0°，2°，4°，6°，8°，10°，12°，14°
外部荷重	100 N
メッシュ密度	細い（もっとも細かい状態）
メッシュパラメータ	設定せず（標準のメッシュを使用）

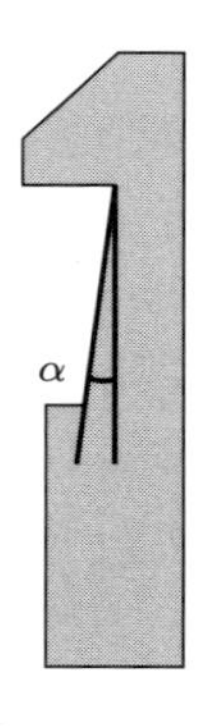

図Ⅱ-3-8　傾斜角度変更に伴う角度設定位置

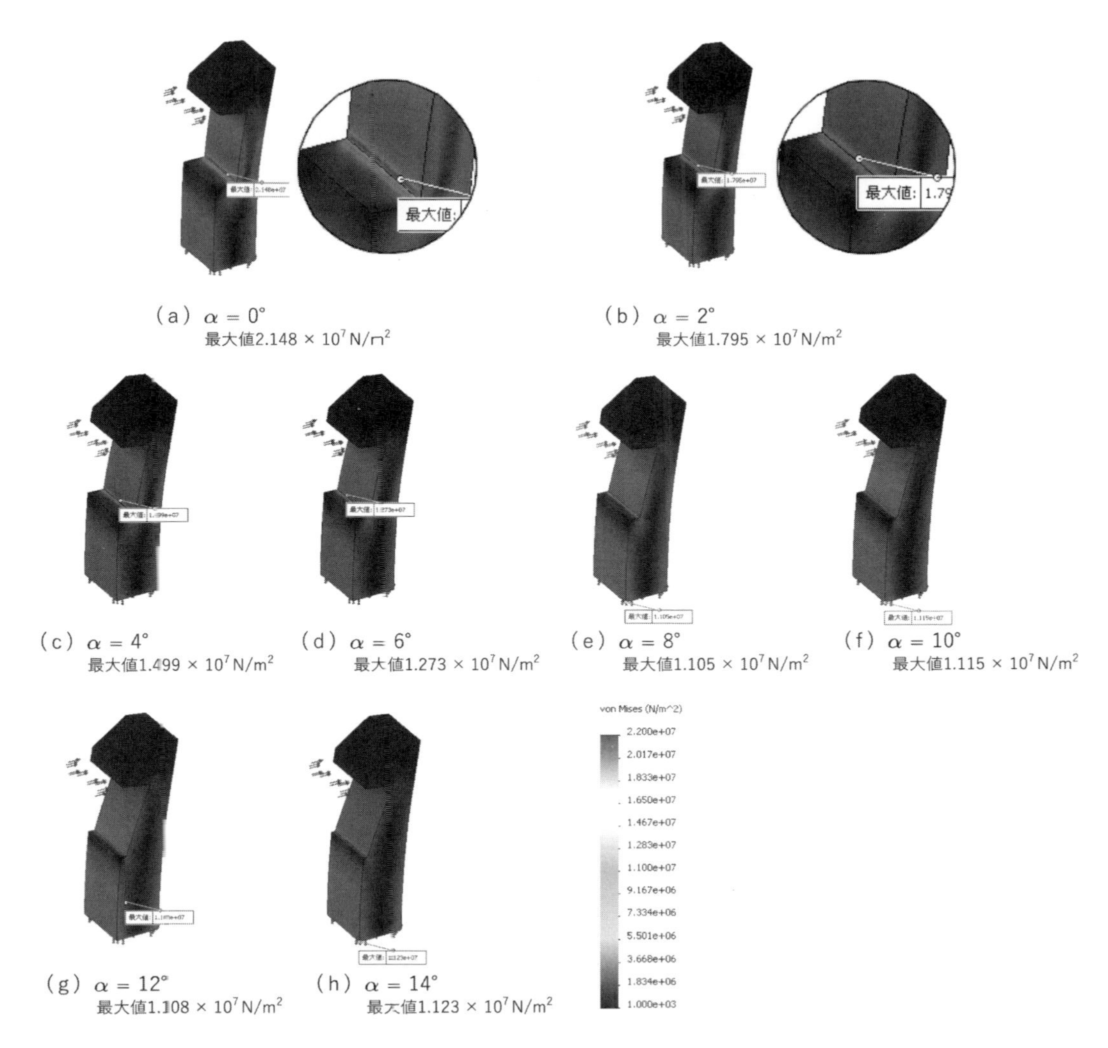

図Ⅱ-3-9　傾斜角度変化による応力集中の結果

解析結果を図Ⅱ-3-9 に示します．図から，$\alpha = 0$，2° の際には最大値の箇所で明確に応力集中が発生していることがわかります．さらに，わずかではありますが，角度の変化により側面側の応力分布も変化することがわかります．

冒頭で示した疑問点について，解析結果から以下のように考えることができます．

Question

- 傾斜を追加した場合の効果はどの程度期待できるのか？ また，最適な値はいくらか？

→傾斜を追加した場合，まず特徴的なのは応力の最大値が $\alpha = 8°$ を境にして底面側に変化することです．念のため $\alpha = 7°$ も解析してみましたが，そちらでは $\alpha = 6°$ までと同様の位置で最大値を示していました．$\alpha = 8°$ での各部の寸法を図Ⅱ-3-10 に示します．

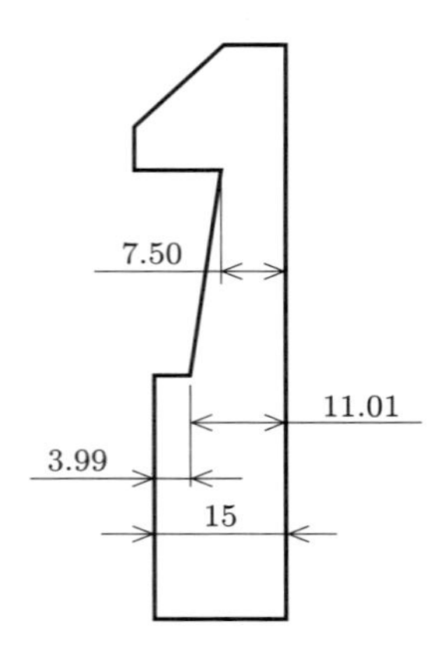

図Ⅱ-3-10　$\alpha = 8°$における各部寸法

図より，もとの基礎となる部分の寸法（15 mm）に対して 11.01 mm の位置まで傾斜が伸びていることから，基礎部分の 73% 以上になるような角度にすればよいということがわかります．あるいは，垂直部分のもとの寸法（7.5 mm）に対して底面が約 1.5 倍以上の厚さになればよいといういい方もできます．ただし，実際には作用する力や各部寸法により変化してくる可能性があるため，あくまで目安と考えるのがよいでしょう．

次に，先ほどと同様，傾斜角度と応力の最大値についてグラフ化したものを図Ⅱ-3-11に示します．最小二乗法で近似したところ，4 次近似になりました．図から，もっとも特徴的なのは，$\alpha = 8°$ 以降は応力の最大値は微小な変化のみになることです．また，$\alpha = 6$ から 8° へ変化する際，それよりも以前の場合と比較して応力の最大値の減少割合が若干下がっていることもわかります．

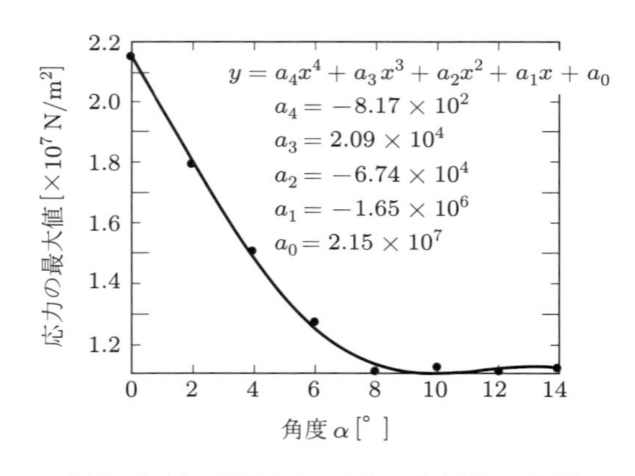

図Ⅱ-3-11　傾斜角度と応力の最大値との関係

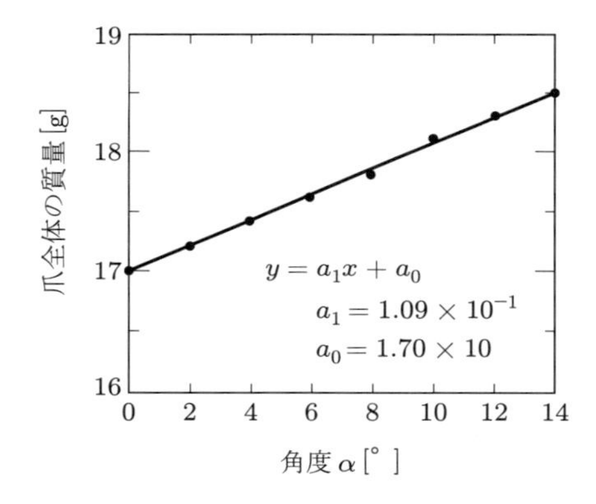

図Ⅱ-3-12　傾斜角度と爪全体の質量との関係

この結果と先の結果を合わせて考えると，角度としては$\alpha = 8°$が最適であると考えることができます．

一方で，角度が大きくなるほど質量も大きくなることから，質量の増加についても考えてみます．図Ⅱ-3-12 に傾斜角度と爪全体の質量との関係を示します．最小二乗法で近似したところ，1 次近似になりました．角度を変化させるとはいっても，傾斜が直線状のため，質量は単純増加するということは容易に想像できます．また，図を見ると，先ほど最適であると考えた$\alpha = 8°$のときの質量は最大値（$\alpha = 14°$）の6割程度になっていることがわかります．

これまで検討してきた結果を総合すると，爪に傾斜をつける場合の角度としては，今回の場合は8°が最適であると判断できました．

Rを追加した場合と傾斜を追加した場合についてこれまで検討してきました．それぞれで最適であると判断した値はありますが，ではさらにそれらを相互比較した場合どのようになるでしょうか．ここではそれを検討することで，最後の疑問の回答とします．

Question

- Rを追加した場合と傾斜を追加した場合とを比較すると，どちらのほうがより理想的なのか？

→（a）どちらもつけない場合

応力の最大値は2.148×10^7 Pa，質量は16.95 g

（b）Rをつけた場合

最適なRは$R = 5$ mm，その場合の応力の最大値は1.590×10^7 Pa，質量は17.06 g

（c）傾斜をつけた場合

最適な傾斜角は$\alpha = 8°$，その場合の応力の最大値は1.105×10^7 Pa，質量は17.8 g

そこで，比較のために以下のような式を用います．

$$\sigma_r = \frac{\sigma_n - \sigma_k}{\sigma_n}, \qquad G_r = \frac{G_k - G_n}{G_n}$$

式中の記号は以下のように定義します．

σ_r：応力の減少割合

σ_n：何もつけない場合の応力の最大値　[Pa]

σ_k：改善した場合の応力の最大値　[Pa]（Rを付けた場合と傾斜を付けた場合の両方）

G_r：爪の質量の増加割合

G_n：何もつけない場合の爪の質量　[g]

G_k：改善した場合の爪の質量　[g]（Rを付けた場合と傾斜を付けた場合の両方）

上記の計算の結果，以下のようになりました．

（b）Rをつけた場合　$\sigma_r = 0.26$，$G_r = 0.0065$

（c）傾斜をつけた場合　$\sigma_r = 0.486$，$G_r = 0.050$

上記の結果より，応力の減少割合に関しては傾斜を付けたほうがRを付けた場合よりも2倍程度大きくなっていることから，効果が大きいことがわかります．一方，爪の質量の増加割合に関しては，Rを付けたほうが小さい値を示し，傾斜を付けた場合と比較すると約

7.6 倍ほどの違いが生じています．

これらのことから，完全に一方が有利という訳ではないことがわかりました．ただし，応力の減少割合については 2 倍程度の差であったにもかかわらず，質量の増加割合は 7.6 倍程度の差があったことから，傾斜をつけた場合には質量の増加割合が大きく，効率が悪いという考え方ができます．

以上のことから，応力の減少割合および爪の質量の増加割合の両方を考慮して考えると，R を付けることがもっとも効率的であると考えることができます．

Tips 5　材料指定と質量確認

◉材料指定の各項目

SOLIDWORKS の場合，あらかじめ多数の材料が用意されていますので，材料を指定する場合はそちらから選択することがもっとも簡単です．本来の金属材料では，その材質のみではなく表面粗さや寸法公差など複数の情報が必要ですが，ここでは単に材料を指定する方法のみを紹介します．

図では，solidworks materials の「鋼鉄」―「1023 炭素鋼板（SS)」を例に説明します．

(a) プロパティ

最初に表示される項目であり，もっとも参照することが多くなります．指定した材料の各種性質（弾性係数など）が下に一覧で表示されます．

通常は SI 単位で表記されますが，単位の項目の右側の矢印をクリックするとほかの単位で表示させることも可能です．

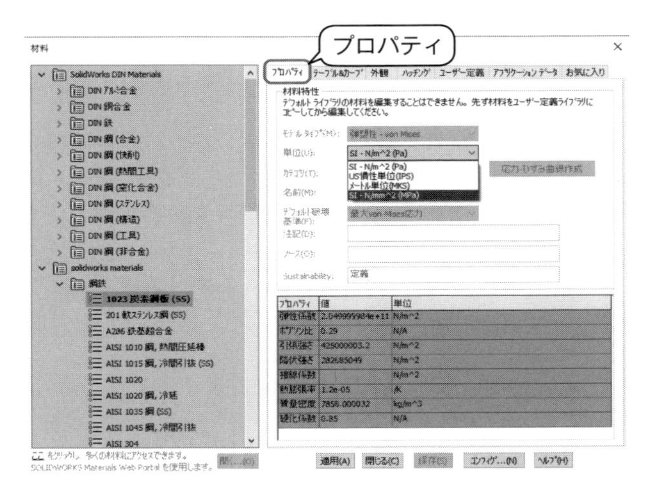

(b) テーブル＆カーブ

材料特性について，グラフとデータで表示させることができます．

「タイプ」の右側にある矢印をクリックすると，プルダウンメニューで候補が出てきます．そちらをクリックすると，「プレビュー」および「テーブルデータ」に表示されます．登録されていないデータを選択した際には表示されません（温度との関連項目が多く表示されますが，それらは登録されていません）．

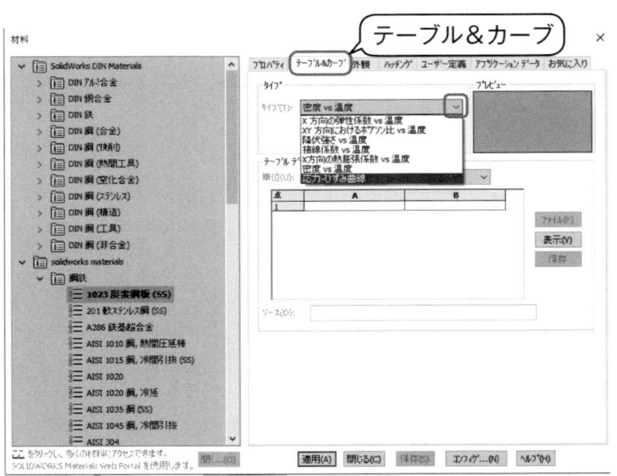

「テーブルデータ」の右側にある「表示」ボタンをクリックすると，新しいウィンドウで詳細なグラフが表示されます．さらに，図に表示する単位はプルダウンメニューから選択できます．

「タイプ」のところで表示されるプルダウンメニューを見ると，温度の項目が多いことがわかります．解析において各種材料が軟化するような高温になる場合や極低温での使用の場合などには通常とは機械的性質が異なりますので，このような項目が設けられています．

高温状態や低温状態にある部品類を解析する場合，この問題によって正しい値が出ない可能性が高くなります．そのため，その点については意識しておく必要性があります．

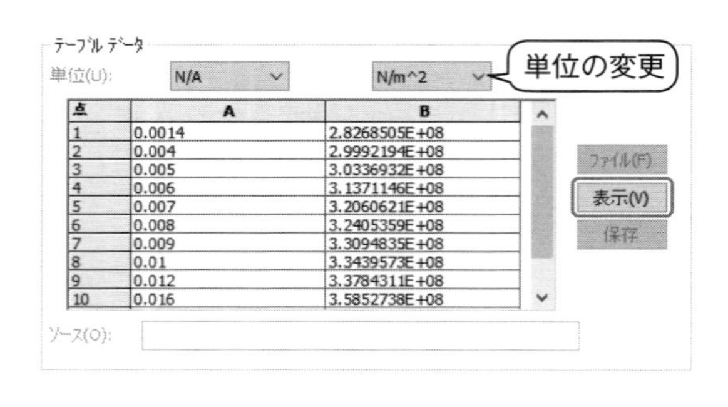

点	A	B
1	0.0014	2.8268505E+08
2	0.004	2.9992194E+08
3	0.005	3.0336932E+08
4	0.006	3.1371146E+08
5	0.007	3.2060621E+08
6	0.008	3.2405359E+08
7	0.009	3.3094835E+08
8	0.01	3.3439573E+08
9	0.012	3.3784311E+08
10	0.016	3.5852738E+08

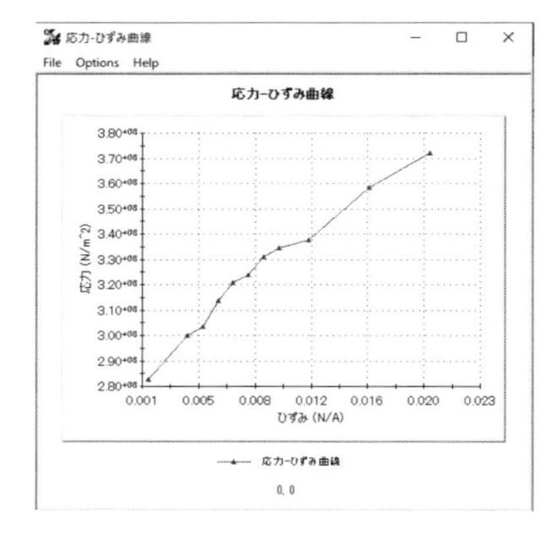

(c) 外観

選択した材料を部品に適用した場合に表示される外観（光沢や色）を示します．通常では，「次の外観を適用（P）：～」の左側にチェックが入っており，デフォルトの状態で使用するようになっていますが，このチェックを外すと色が変化します．

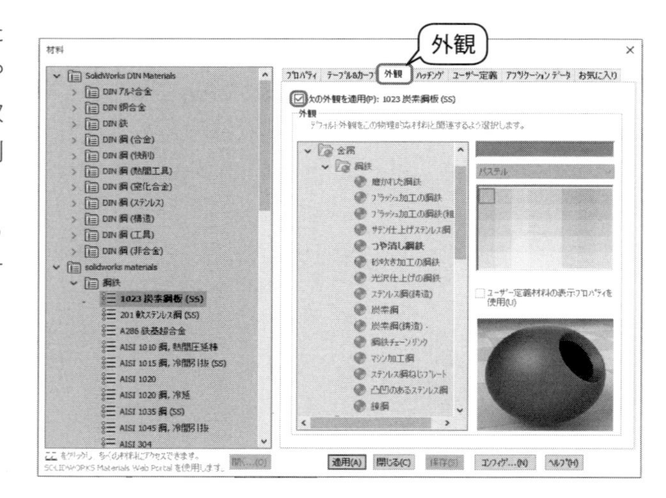

(d) ハッチング

2次元の図面を作成してその断面を表示させる場合のハッチングのパターンを示しています．

(e) ユーザー定義

各種材料の特性も含め，すべてをユーザーが定義した場合に表示されます．ユーザー定義については後ほど説明します．

(f) お気に入り

よく使用する材料などを指定することができます．説明も記載されていますが，こちらで追加した場合，材料ダイアログを使用しなくても材料指定をすることができます．不要になった場合には削除もできます．

⊙ユーザー定義材料

材料編集を選択した場合，大きな項目としては以下の 4 つがあげられます．

（a）SolidWorks DIN Materials
（b）solidworks materials
（c）Sustainability Extras
（d）ユーザー定義材料

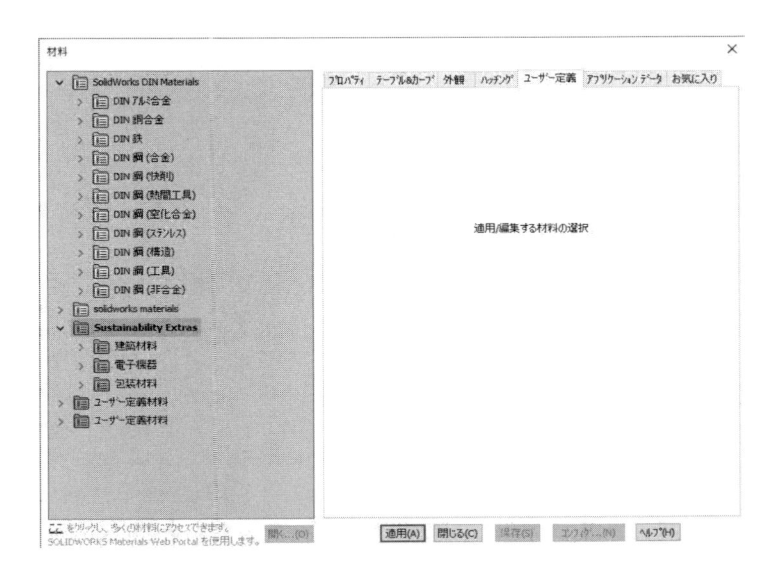

上記のうち，(a)，(b) には金属材料が多数入っています．（c）は特殊材料としてさらに（i）建築材料，（ii）電子機器，（iii）包装材料に分けられ，それらの下に複数格納されています．

ユーザー定義材料は，各種特性についてユーザーが独自に設定したものになります．

すでに格納されているデータは一般的な値が用いられていますが，たとえば非金属材料の場合，同じ名称でも組成がわずかに異なる場合には機械的性質も異なります．そのため，より正確な解析を行おうとする場合には各種特性について新たに定義し，データを入力する必要性があります．さらに，すでに登録されている材料であっても，指摘したように高温や極低温での状況を想定するため，温度依存性を考慮したデータを付加したいといった場合も考えられ，その場合にも新たに定義し，データを入力する必要があります．

このように，ユーザー側が新たに定義し，追加したものがこのユーザー定義材料の下に項目として追加されます．登録の仕方を以下で説明します．

●ユーザー定義材料の追加（カテゴリの作成）

1. 左側のウィンドウで，「ユーザー定義材料」を右クリックします．
2. 「新規カテゴリ」をクリックします．
3. 名称を入力後，エンターキーを押します．

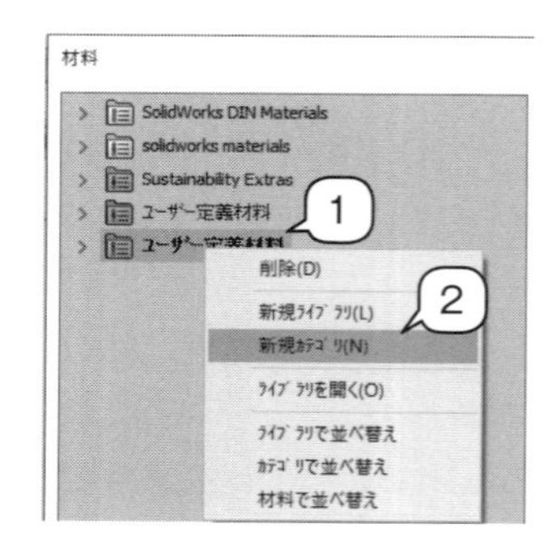

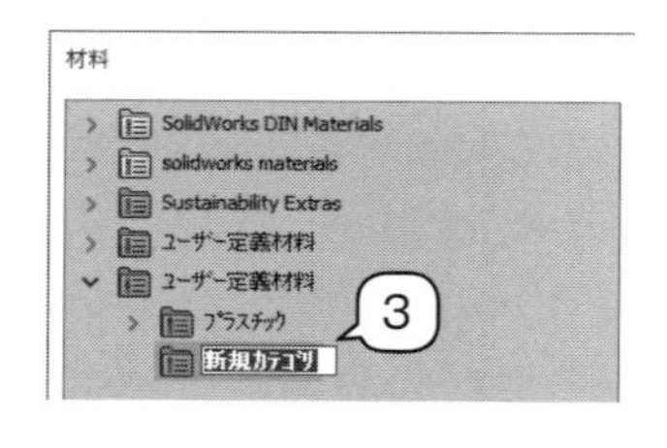

●ユーザー定義材料の追加（新規材料の設定）

1. 左側のウィンドウで，新しく作成したカテゴリ（図では「高温時材料」）を右クリックします．
2. 「新規材料」をクリックします．
3. 左側の名称を入力します（右側の「名前（M）」でも変更可能です）．
4. 右側の各項目を設定します．各項目としては，「モデルタイプ」「単位」などがあります．いずれも右側の矢印をクリックすることでプルダウンメニューが表示されますので，適宜選択します．

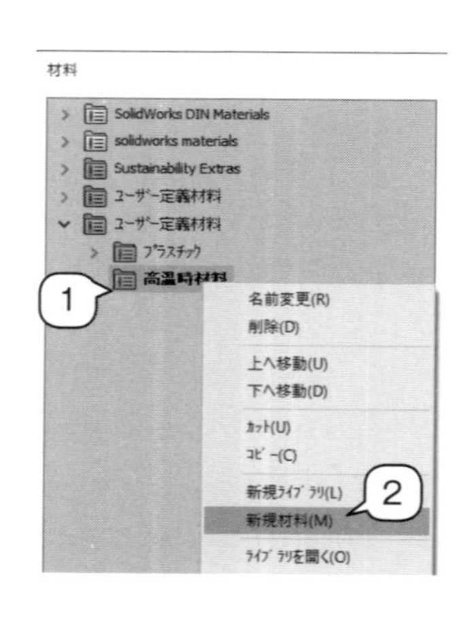

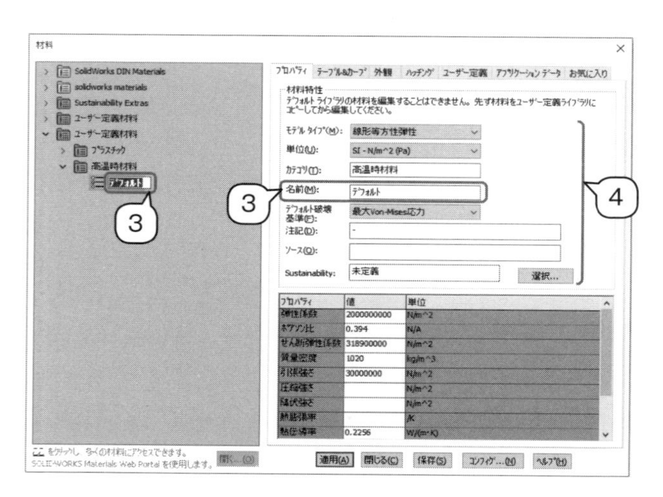

●ユーザー定義材料の追加（パラメータ設定）

1. 一番下の一覧表において数値が表示されている「値」のセルをクリックすると，各数字が黒く表示されます．

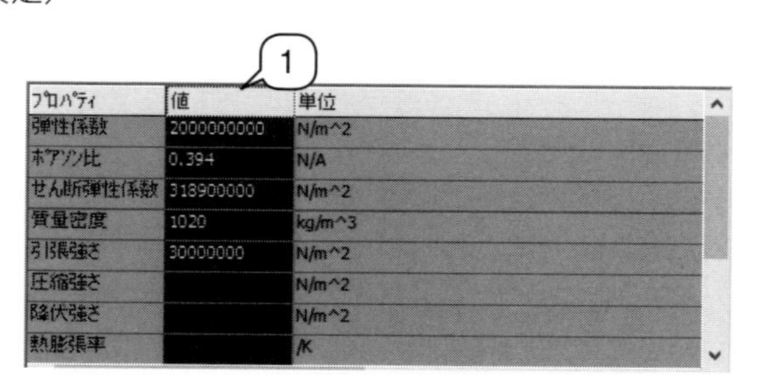

プロパティ	値	単位
弾性係数	2000000000	N/m^2
ポアソン比	0.394	N/A
せん断弾性係数	318900000	N/m^2
質量密度	1020	kg/m^3
引張強さ	30000000	N/m^2
圧縮強さ		N/m^2
降伏強さ		N/m^2
熱膨張率		/K

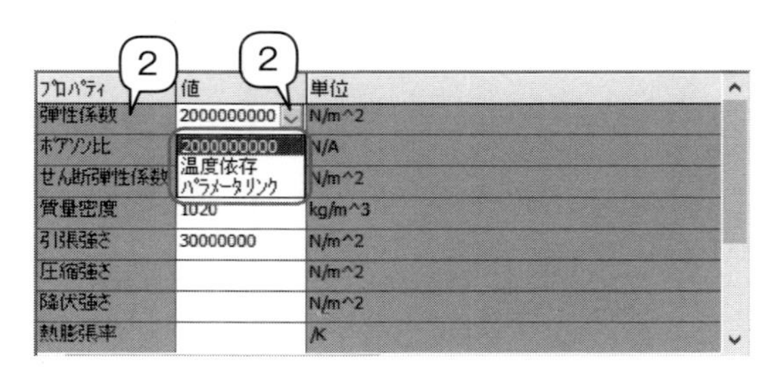

2. この状態で変更したい項目（図の例では弾性係数）をクリックすると，右側に矢印が出てきます．矢印をクリックすると，プルダウンメニューが表示されます．メニューとしては数値，「温度依存」「パラメータリンク」の３つがあります．

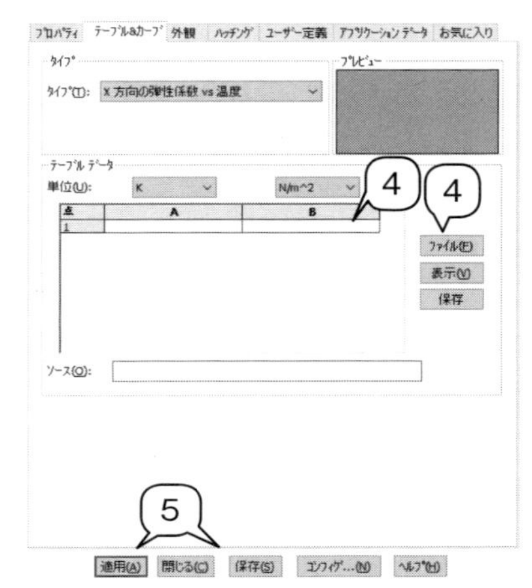

3. 数値をクリックすると数値が青く反転され，直接変更が可能になります．
4. 温度依存をクリックすると画面が切り替わります．「ファイル」をクリックして，あらかじめ用意してあるデータを利用することができます．あるいは，セルに直接数値を入力していくことができます（セルをクリックすれば入力可能）．すべて終了した後は保存しておきます．
5. 各項目を設定した後，モデルに適用する場合には「適用」をクリックした後，「保存」をクリックします．

⊙モデルの体積，重量などの確認

ここからはどちらかといえばモデル作成側の説明になりますが，解析結果を比較検討する際にも必要になる場合がありますので紹介しておきます．

●モデルの体積・質量の確認

1. 上のタブで「評価」をクリックします．
2. 「質量特性」をクリックします．
3. 新たなウィンドウが表示されるので，ここで質量，体積，表面積，重心，慣性モーメントなどの値が確認できます　また，画面右下の「クリップボードへコピー」をクリックすると数値データがクリップボードへコピーされるため，メモ帳や Word に数値を直接保存できることになります．

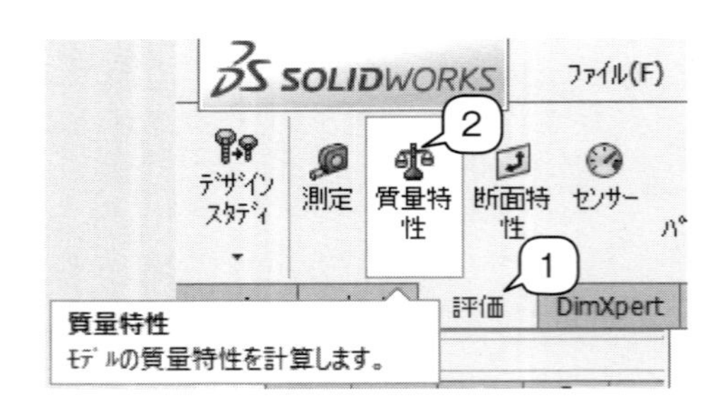

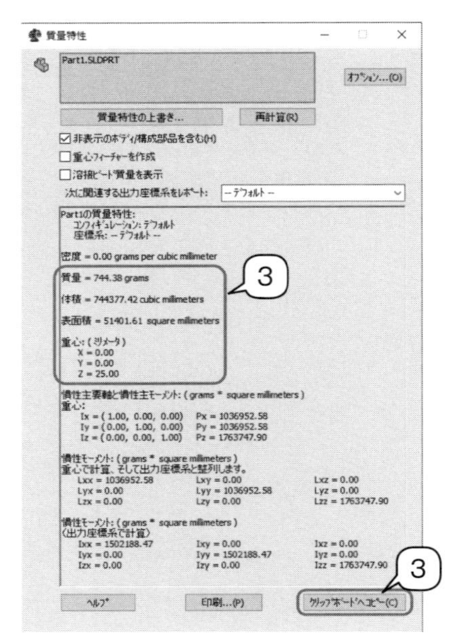

なお，材料指定をしていなくても評価は可能です．その場合，質量も表示されますが，参照できる値ではありません．

部品を再設計した際には質量の増加なども気を付ける必要性がありますので，常に質量をチェックするようにしたほうがよいでしょう．

一方，この評価はアセンブリした場合でも行うことができます．その場合には，全体の質量や重心などが表示されることになります．そのため，実際に部品を組み付けた状態での重心位置の移動による変化を確認することができます．

Case 4 応用解析例 1：学生フォーミュラ フレーム

学生フォーミュラ車両（図Ⅱ-4-1）のフレームを題材に応力解析を行った事例を紹介していきます.

学生フォーミュラ車両は，車両総重量が 200 kg（エンジン車）～ 400 kg（EV 車）で，最高速度は 100 km/h に達します．そのため，車両を製作するためのルールには，フレームやアキュムレータコンテナなどにかかる荷重に関する規定が定められています.

ここでは，フレームを題材に，衝突時に真っ先に衝撃を受ける車両先端部の剛性を解析してみます.

車両先端部の剛性を解析するためには，どのような条件で考えるべきでしょうか？ 車両先端部に力を受けて大きく変形するケースの 1 つとして，車両後端の四隅と車両前端の中央が固定されている場合に，車両前端の両端下端に応力が加わった場合が考えられます．ここでは，実際のモデルデータを用いて解析してみましょう.

図Ⅱ-4-1　学生フォーミュラ車両（岩手連合学生フォーミュラチーム IF-18）

1. 解析モデル

具体的な解析には，図Ⅱ-4-2 に示す学生フォーミュラ車両用に製作したフレームデータを用います．フレームの先端部（バルクヘッド）の左右下端に Z 軸方向（車両の上下方向）のねじり応力をかけた場合について，以下の疑問点を解析によって評価してみます.

Question

- もっとも変形する点の変位量はどのくらいか？ 曲げ応力は必要十分か？

図Ⅱ-4-2　学生フォーミュラ車両のフレーム

2. 解析条件

表Ⅱ-4-2 のような条件で解析を進めてみます.

表Ⅱ-4-2　解析条件

材料	合金鋼
拘束箇所	フレーム後端の四隅，フロントバルクヘッド下端中央の 5 点
外部荷重方向	フロントバルクヘッド下端右隅 Y 軸上方向，左隅 Y 軸下方向
外部荷重	1000 N
メッシュタイプ	梁メッシュ

3. 操作の流れ

①　計算対象モデルの読み込み

SOLIDWORKS で作成したモデルを「PartⅡ」→「Case4」フォルダに用意していますので，それを使って解析を行います.

②　解析スタディの作成

●ファイルを開く

1. 上記フォルダにある部品ファイル「IF-18_frame.SLDPRT」を開きます.

●解析準備

1. 「Simulation」タブを選択し，「新規スタディ」をクリックします.
2. プロジェクトの名称を「ex2-4」とし，「静解析」を選択します.

●ジョイントグループと固定ジオメトリ

ここでは，角パイプや丸パイプを接合したモデルを使用して応力解析を行います．そのため，静解析を実行するには，パイプの接合部を示すジョイントを表す「ジョイントグループ」と，フレームに応力をかける際に端点となるジョイントを固定するための「固定ジオメトリ」を設定する必要があります.

1. 「静解析」を選択した時点で，モデルの接合状態から自動的にジョイントを作成します．本事例では，各パイプを接合している点（ノード（節）といいます）が，自動的にジョイントとして作成されています．固定ジオメトリで固定するジョイントの指定は，「④拘束設定」で示します.

③　外部荷重設定

1. 「外部荷重」を右クリックし，「力」をクリックします.
2. 「力／トルク」プロパティで，変位させたいジョイントと，力の基準となる面（今回は「平面」）を選びます.

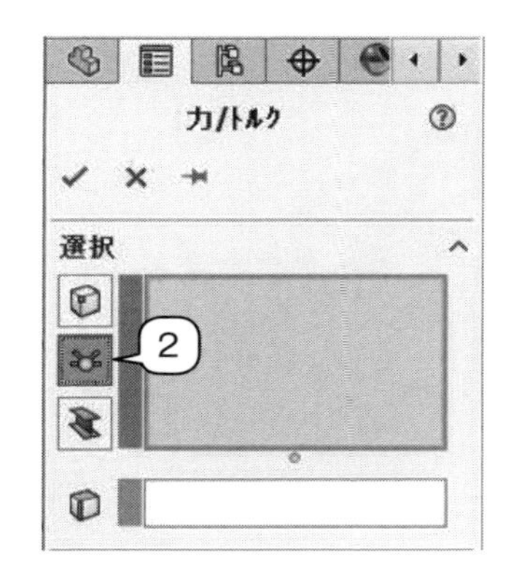

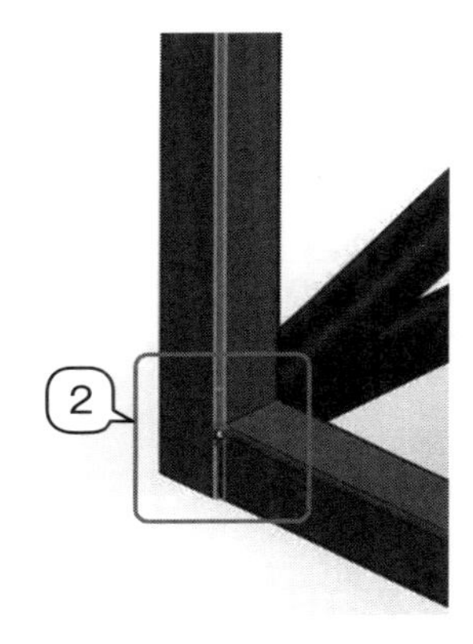

3. 力をかける方向は，面（この場合は「平面」）に対して面直方向を選び，荷重を入力します．ここでは，解析条件にあわせて「1000」とします.
4. 力をかけるもう一方のジョイントについては，荷重の方向を反転させるため，「方向を反転」にチェックを入れます.

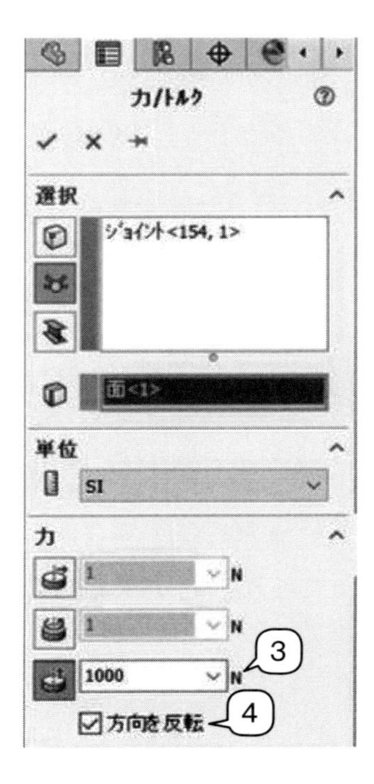

④ 拘束設定

1. 「拘束」を右クリックし,「固定ジオメトリ」をクリックします.
2. 「標準」の「固定ジオメトリ」を選択し,固定したいジョイントをクリックします.ここでは,フロントバルクヘッド下端両端のねじり方向のひずみを見るため,リアのフレーム後端の四隅,フロントバルクヘッド下端中央の5点をクリックして固定します.

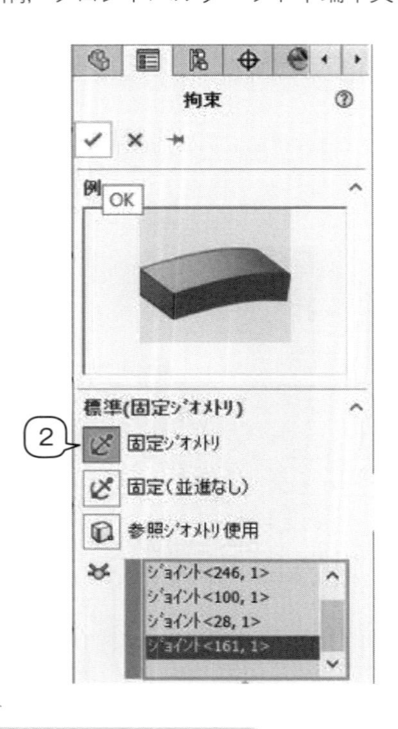

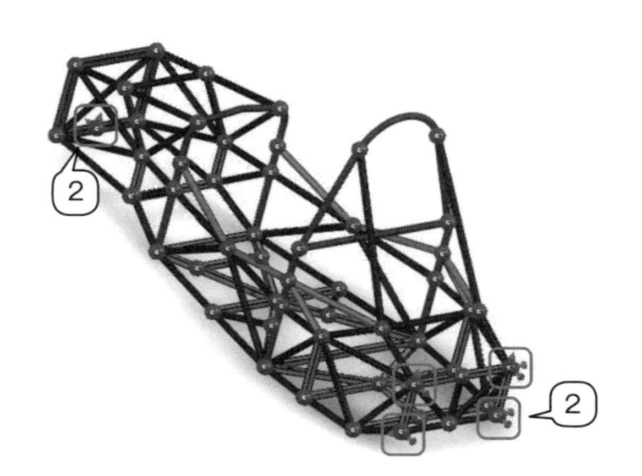

⑤ 解析メッシュの設定

1. 「メッシュ」を右クリックし,「メッシュを作成」をクリックします.

⑥ 材料指定

1. 「Simulation」タブの中の「材料適用」から「合金鋼」を選びます.

⑦ 解析実行

1. プロジェクトの名称「ex2-4」のところで右クリックし,「解析実行」をクリックします.

⑧ 結果の表示

結果フォルダ内に格納された結果を選択します.この例の場合,応力と変位の2つが表示されていますので,それぞれの結果を見ます.応力については降伏強さに対する曲げ応力を確認,変位は変位量を確認します.

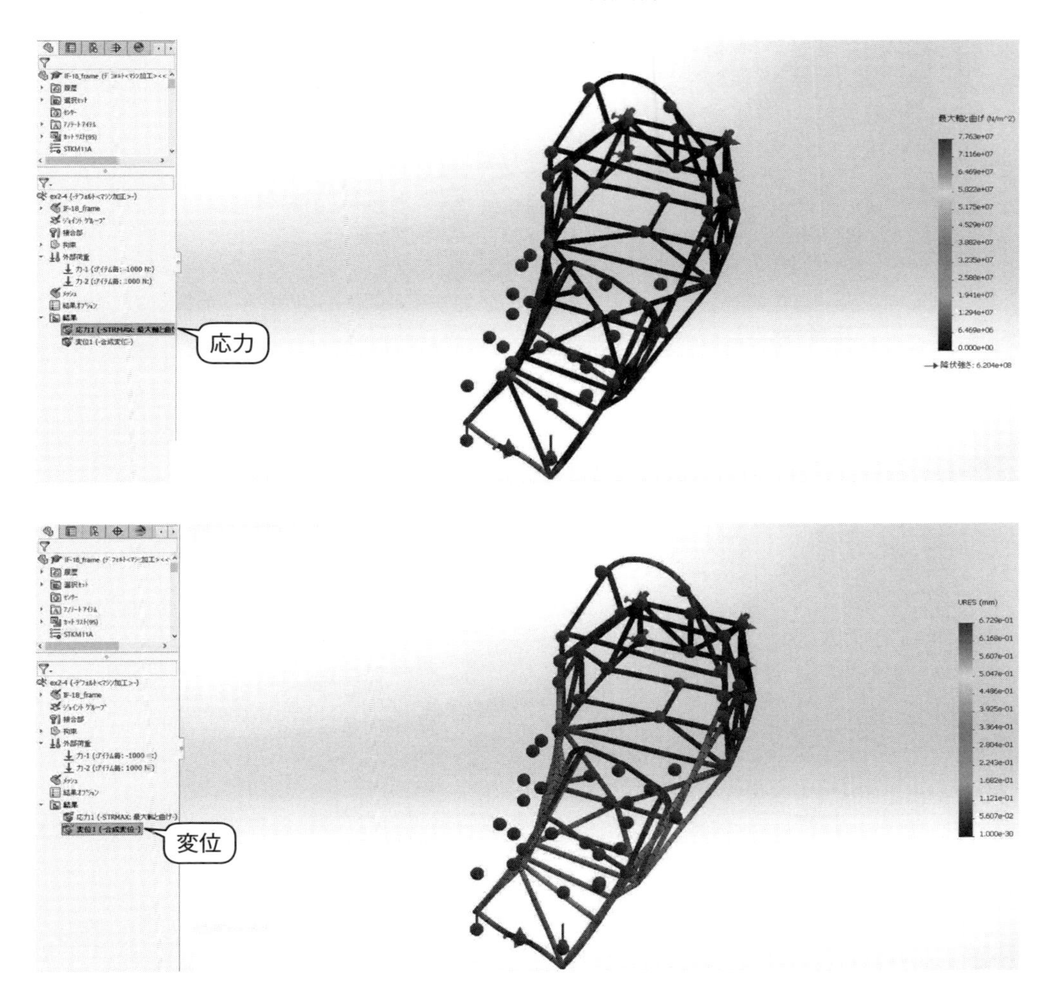

4. 結果の考察

解析結果をもとに，冒頭で示した疑問点については以下のように考えられます．

Question

- もっとも変形する点の変位量はどのくらいか？ 曲げ応力は必要十分か？

→変位量は，最大で 6.729×10^{-1} mm 程度でした．一方，曲げ応力を確認すると，降伏強さが 1.6×10^{8} N/m^{2} に対して最大曲げ応力は 7.763×10^{7} N/m^{2} でした．

　この結果をどう解釈するかは，フレームを開発するチームのノウハウにもなりますが，一般的には，最大変位量が 0.1 mm 未満で，かつ降伏強さに対して最大曲げ応力が 1 桁以上小さい値であれば，強度上必要十分であると判断することが多いです．

Case 5　応用解析例 2：学生フォーミュラ アキュムレータコンテナ

学生フォーミュラ車両のアキュムレータコンテナ（モーター駆動用の強電バッテリが格納されているコンテナ，図Ⅱ-5-1）を題材に応力解析を行った事例を紹介していきます．

アキュムレータコンテナは，ドライバーシートの真後ろに搭載されます．万が一衝突した場合でもコンテナに直接衝撃を受ける可能性は低いですが，ルールによって，部品に 40G 以上の加速度がかかる場合におけるコンテナの安全性について証明することが定められています．具体的な証明方法としては，変形や破断などが生じないことを解析や実験結果で示すことがあげられます．

ここでは，アキュムレータコンテナの面に 40G 以上の加速度がかかった場合について解析してみます．

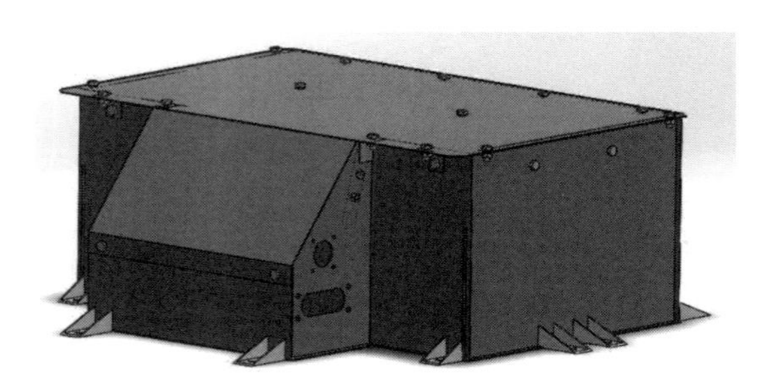

図Ⅱ-5-1　アキュムレータコンテナ

1. 解析モデル

解析するうえでは，図Ⅱ-5-2 に示すように，アキュムレータコンテナをフレームに固定する 10 箇所のブラケットを固定点とし，1 箇所の面を指定して，面の法線方向に重力（加速度）による外部荷重をかけた場合の変形を見てみます．その際，アキュムレータコンテナにメッシュコントロールを適用します．ここでは，以下の疑問点を解析によって評価してみます．

Question

- アキュムレータコンテナの壁面の応力はどのくらいか？ 安全率は必要十分か？

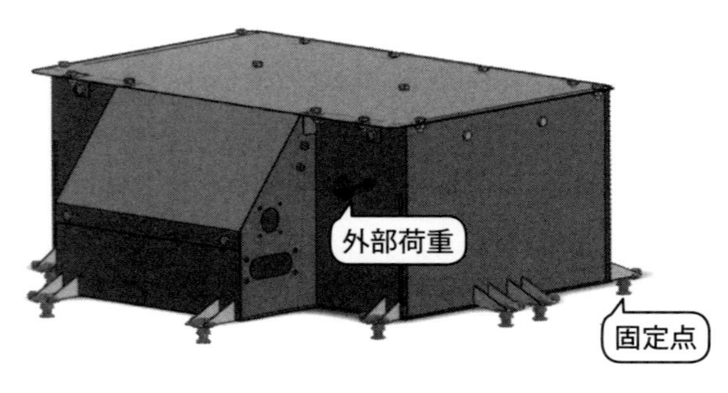

図Ⅱ-5-2　アキュムレータコンテナの解析画面

2. 解析条件

ここでは，Case 4 で紹介したフレームに固定するアキュムレータコンテナの 10 箇所のブラケットは固定とします．そして，表Ⅱ-5-2 のような条件で解析を進めてみます．

表Ⅱ-5-2　解析条件

材料	1023 炭素鋼板（SS）
拘束箇所	アキュムレータコンテナのブラケット 10 箇所
加速度方向	アキュムレータコンテナの壁面 Z 軸前方向
加速度	392.4 m/s^2（約 40G）
メッシュの大きさ	約 17 ～ 19 mm

3. 操作の流れ

操作の流れについては Case 4 とほぼ同じですが，アキュムレータコンテナのメッシュコントロールと，外部荷重アドバイザーでの「重力」の設定が必要となります．これらについて補足し，表示される解析結果について見てみます．

① 計算対象モデルの読み込み

SOLIDWORKS で作成したモデルを「PartⅡ」→「Case5」フォルダに用意していますので，それを使って解析を行います．

② 解析スタディの作成

●ファイルを開く

1. 上記フォルダにある部品ファイル「IF-18_accum.SLDPRT」を開きます．

●解析準備

1. 「Simulation」タブを選択し，「新規スタディ」をクリックします．
2. プロジェクト名称を「ex2-5」とし，「静解析」を選択します

③ 外部荷重設定

1. 外部荷重アドバイザーで「重力」を選択し，下図に示す矢印の面に 40G の加速度を指定します．

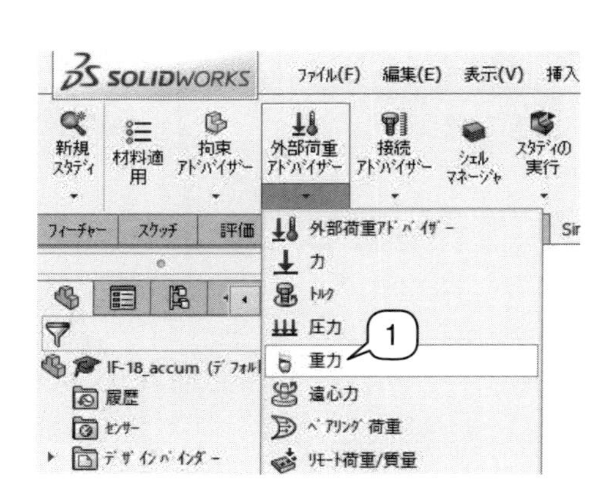

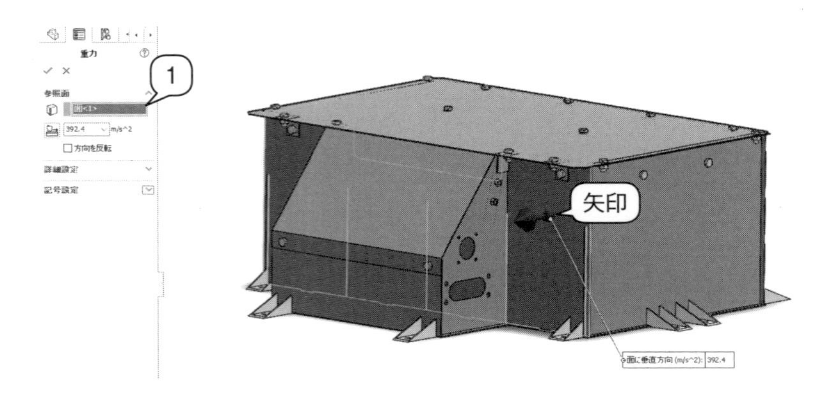

④ 拘束設定

1.「拘束」を右クリックし，「固定ジオメトリ」をクリックします．
2.「標準」の「固定ジオメトリ」を選択し，アキュムレータコンテナの底面周辺にあるブラケット10箇所を拘束します．

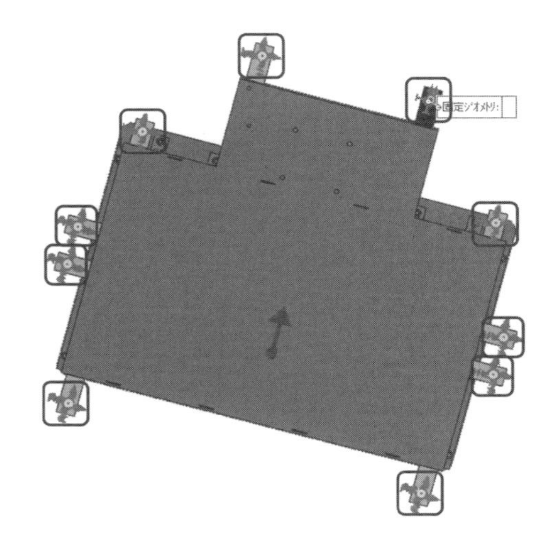

⑤ 解析メッシュの設定

1. 接合部の部品接触について，「グローバル接触」とボルトによる結合を指定します．
   なお，ボルトの本数が多いため，部品ファイルの中に「ex2-5」タブを用意しておきましたので，指定した内容を参照してください．
2.「メッシュ」を右クリックし，「メッシュ作成」を選択します．メッシュ密度は細かいほうがよいでしょう．ただし，使用する端末のメモリ容量によってはエラーが発生する可能性もありますので，その際はメッシュを粗くしてみてください．また，部品によって「メッシュコントロール」を使用してメッシュの細かさを調整することにより，エラーの発生を抑制できることがあります．

⑥ 材料指定

1.「Simulation」タブの「材料適用」から「1023 炭素鋼板（SS)」を選びます．

⑦ 解析実行

1. プロジェクトの名称「ex2-5」のところで右クリックし，「スタディの実行」を選択します．

⑧ 結果の表示

結果フォルダ内に格納された結果を選択します．この例の場合，応力，変位，ひずみ，安全率の 4 つが表示されていますので，それぞれの結果を見ます．

まずは，応力の解析結果を図Ⅱ-5-3 に示します．

図Ⅱ-5-3　アキュムレータコンテナの応力解析結果

応力やひずみは，重力をかけた面を中心に表れていることがわかります．

続いて，変位解析結果を図Ⅱ-5-4 に示します．ほとんど変位していないことがわかります．

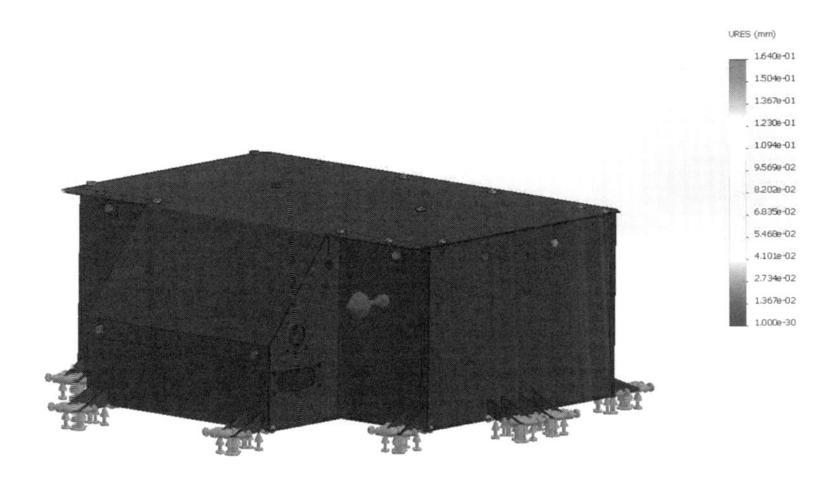

図Ⅱ-5-4　アキュムレータコンテナの変位解析結果

また，ひずみの解析結果を図II-5-5，安全率の解析結果を図II-5-6に示します．ひずみは，主に荷重をかけた壁面を中心に現れていることがわかります．

安全率については，画面上に最小安全率が表示されますので，その値を確認します．

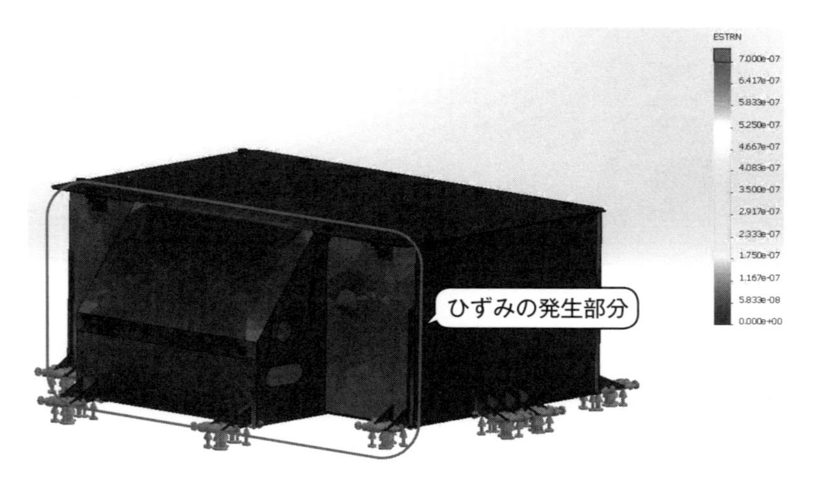

図II-5-5　アキュムレータコンテナのひずみ解析結果

図II-5-6　アキュムレータコンテナの安全率解析結果

4. 結果の考察

解析結果をもとに，冒頭で示した疑問点については以下のように考えられます．

Question

- アキュムレータコンテナの壁面の応力はどのくらいか？ 安全率は必要十分か？

→解析結果から，応力（2.483×10^4 N/m^2）は降伏強さ（2.827×10^8 N/m^2）よりも4桁小さく，コンテナは40Gの加速度でもほとんど変位せず，最小安全率も96になっています．

この解析結果をどのように解釈するかはフレームを開発するチームのノウハウにもなりますが，安全率が2桁以上であれば，強度上必要十分であると判断することが多いです．

Case 6 応用解析例 3：トラック用ハブ部品

すでに説明したように，応力集中により部品が破損した場合，とくに乗り物の場合には大事故となり，人命が損なわれる場合もあります．そのため，ここでは過去の事例を紹介したうえで，破損した部品をモチーフとした解析を行っていきます．また，シミュレーションのみではなく，実験結果との比較を通してその妥当性も検討しています．

1. 事故の概略

2002 年に横浜で走行中の大型トラック（三菱 「ザ・グレート」）から脱落したタイヤが付近を歩行中の母子３人に直撃し，母親が死亡，二人の子供も軽傷を負いました．これらの事故が起こったときの車輪の状況を調べると，ハブが破断し，ホイールがハブのフランジ部分ごと脱落していたことがわかりました．また，「ザ・グレート」のハブ破損事例の対策部品としてつくられたハブを搭載した「スーパーグレート」が走行中，右前輪のハブが破断し，ホイールが脱落しました．さらに，左前輪のハブにも亀裂がありました．この事例ではけが人はいませんでしたが，対策したはずの部品で同様の問題が生じたことから，大きく報道されました．

2. ハブ

自動車用部品におけるタイヤ用ホイールの固定に用いられるハブとは，自動車の車輪を構成する部品の１つです．ホイールと車軸を固定するための部品であり，ドラムブレーキ式の自動車ではブレーキドラムを取り付ける部分でもあります．（図Ⅱ-6-1 参照）

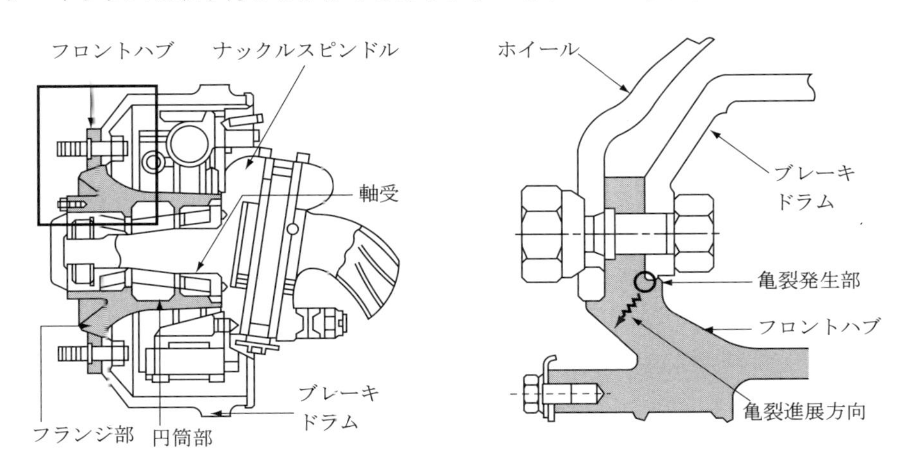

図Ⅱ-6-1 ハブ説明図および亀裂発生箇所
https://tech.nikkeibp.co.jp/dm/article/NEWS/20061030/122920/ より転載
日経 xTECH 2006 年 10 月 30 日掲載

図の箇所から亀裂が生じているということは，この箇所に応力集中があったと考えることができます．そのため，荷重の状況などを考慮して解析することでそれを確認することができます．

なお，対策前，改良後，再改良後の状況を図Ⅱ-6-2 に示します．

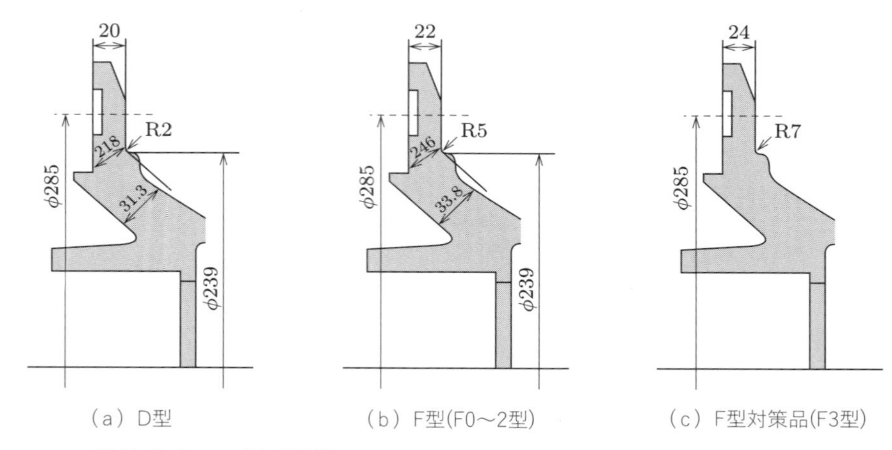

（a）D型　（b）F型(F0～2型)　（c）F型対策品(F3型)

図Ⅱ-6-2　ハブ改良過程
https://tech.nikkeibp.co.jp/dm/article/NEWS/20061030/122920/ より転載
日経 xTECH 2006 年 10 月 30 日掲載

当初事故を起こした車両には，図(a)の D 型が使用されていました．その後，対策品として図(b)の F 型に改良されましたが，こちらでも同様に破損があったため，最終的には図(c)のものが採用されました．

図Ⅱ-6-1 を見ると，亀裂が発生しているのは図Ⅱ-6-2 において R 指定がされている箇所です．その箇所は順次 R の大きさが大きくなっていることから，改良の際には意識されていたことがうかがえます．

3. ハブに作用する力

走行中のトラックでは，ハブに作用する力は，路面の凹凸に起因する上下の力やタイヤの回転によるねじりだけではなく，カーブなどの際に作用する路面との曲げモーメントなど複数想定することができます（図Ⅱ-6-3 参照）．ただし，それらすべてを複合して考えることは難しいため，ここでは単純な力が作用する場合のみを考えます．

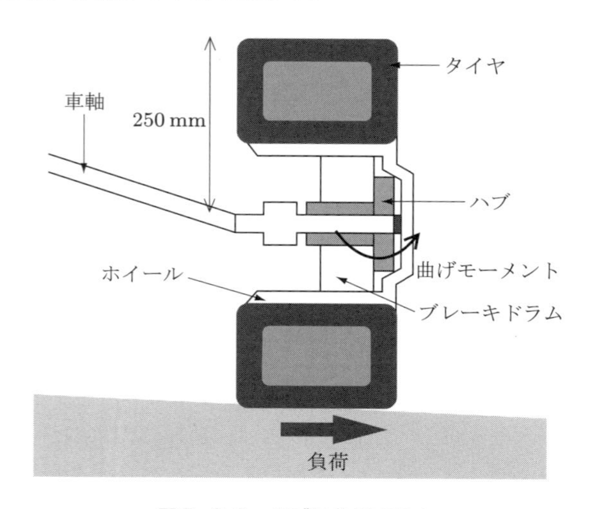

図Ⅱ-6-3　ハブに作用する力

4. 解析モデル

ここからはハブ単体のみの解析を取り扱っていきます．

まず，モデリングに関しては可能な限り寸法が示されている資料を検索して，それに沿って寸法を決定しました．その後，それをもとにして応力集中が緩和されると推測される箇所の寸法を変更して，その結果を検討しました．

図Ⅱ-6-4 に基準として設計したモデル図を示します．これは図Ⅱ-6-2(a)の D 型に相当します．

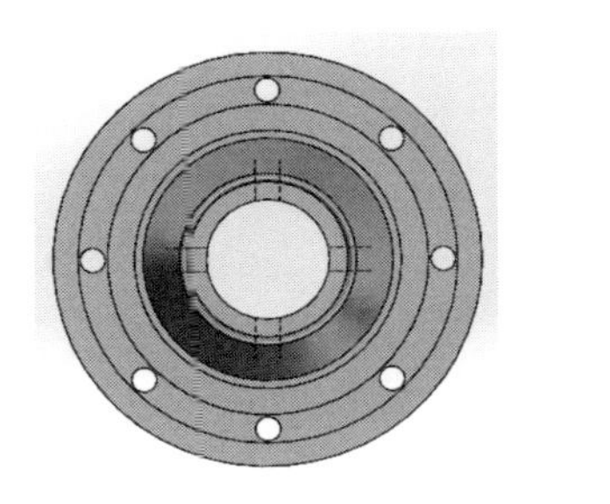
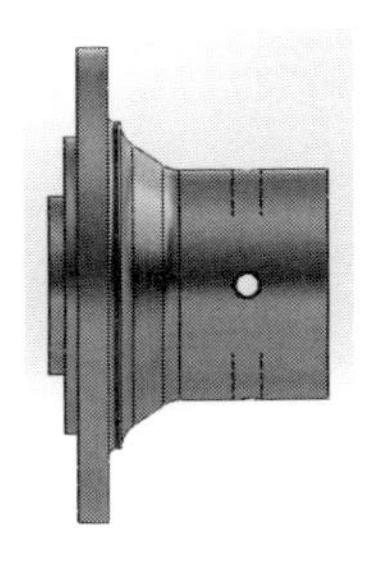

図Ⅱ-6-4　基準として作成したモデル図

図Ⅱ-6-1 および図Ⅱ-6-2 を参照すると，変更するパラメータとして R の大きさとつば部分の幅 W の 2 つが存在することがわかります．（図Ⅱ-6-5 参照）そのため，ここでは，以下のような疑問点を解析によって評価・考察してみます．

Question

- 幅 W を一定にして R のみを変更した場合，どの程度の違いが生じるのか？
- R を一定にして幅 W を変更した場合，どの程度の違いが生じるのか？

上記の関係から，まずは R のみを変更した場合を検討します．次に R を一定とし，幅 W をのみを変更した場合を検討します．両者の検討が終了した後に双方の結果を考慮して，幅 W と R との組み合わせで比較的効果が高い場合を考えます．なお，幅 W を変更した場合は大幅な重量増加を招く可能性もあることから，軽量になるような寸法を選定して検討していくことにします．

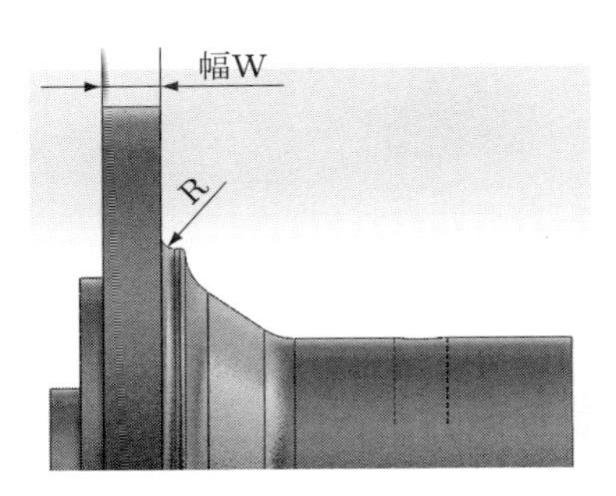

図Ⅱ-6-5　寸法変更箇所

5. 解析条件

解析条件を表II-6-1に示します．

なお，拘束条件や力が作用する箇所については図II-6-6のようにしました．

表II-6-1　解析条件

ハブの材質	ダクタイル鋳鉄
Rの寸法	1.25，1.5，1.75，2.0，2.25，2.75 mm
幅W	5.5，6.0，6.5，7.0
外部荷重	10000 N
メッシュ密度	細い（もっとも細かい状態）
メッシュパラメータ	設定せず（標準のメッシュを使用）

図II-6-6　解析条件（拘束は中心の穴）

6. 操作の流れ

①　計算対象モデルの読み込み

SOLIDWORKSで作成したモデルを「PartII」→「Case6」フォルダ内に用意していますので，それを使って解析を行います．

②　解析スタディの作成

●ファイルを開く

1. 上記フォルダにある部品ファイル「hub.SLDPRT」を開きます（R＝1.25 mm，W＝5.5 mm）．

●解析準備

1. 「Simulation」タブを選択し，「新規スタディ」のプルダウンメニューから「新規スタディ」を選択してクリックします．
2. プロジェクトの名称を「ex2-6」とします．
3. 「静解析」を選択し，左上の ✓ をクリックします．

③ 外部荷重設定

1. 「外部荷重」を右クリックし,「力」をクリックします.
2. モデル側で力が作用する面を選択します（今回はつばの上面）. 追加すると左側に「面〈1〉」と表示されます.
3. 「垂直」にチェックが入っていることを確認します.
4. 作用させる実際の力「10000N」を指定すると力が矢印で表示されるため, 必要に応じて「方向を反転」にチェックを入れます.
5. 左上の ✓ をクリックします.

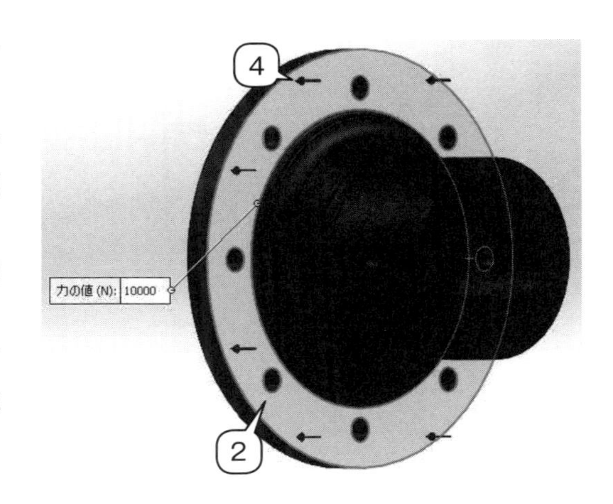

④ 拘束設定

1. 「拘束」を右クリックし,「固定ジオメトリ」をクリックします.
2. 「固定ジオメトリ」が選択されていることを確認します.
3. モデル側で拘束する面を選択します（中心の穴の内壁）. 追加すると左側に「面〈1〉」と表示されます.
4. 左上の ✓ をクリックします.

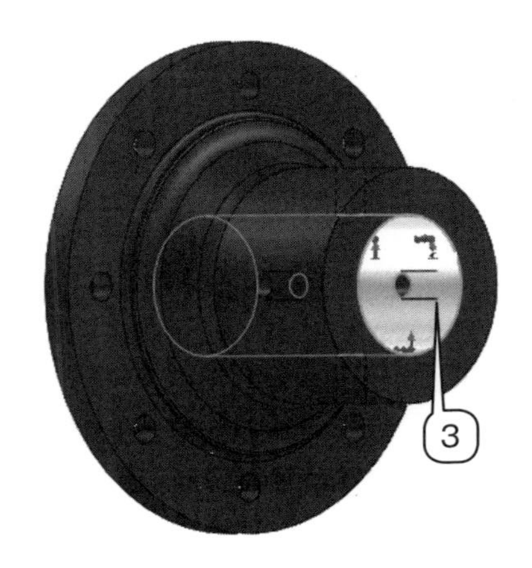

⑤ 解析メッシュの設定

1. 「メッシュ」を右クリックし,「メッシュ作成」をクリックします.
2. 「メッシュ密度」下の矢印を一番右側（細い）までドラッグします.
3. 左上の ✓ をクリックします.

⑥ 材料指定

1. モデルの名称「hub」を右クリックします.
2. 「設定 / 編集　材料特性」をクリックし,「鉄」の中から「ダクタイル鋳鉄」を選択します
3. 「適用」をクリックし，右隣の「閉じる」をクリックします.

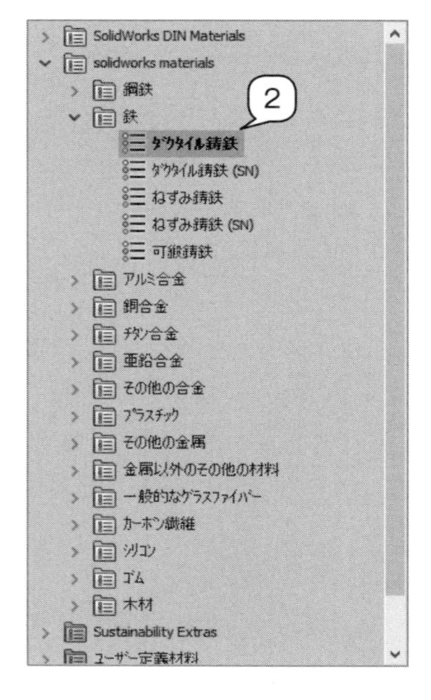

⑦ 解析実行

それでは，以上で設定した条件に基づき応力解析を実行してみましょう.

1. プロジェクトの名称「ex2-6」を右クリックし，「解析実行」をクリックします.

⑧ 結果の表示

1. 解析が終了すると同時に結果が表示されます.

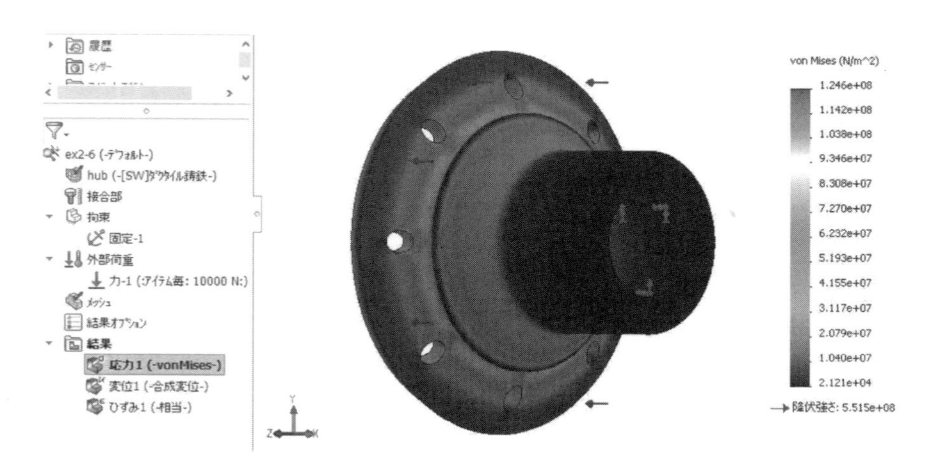

7．結果の考察

同様の手順で，R = 1.25，1.5，1.75，2.0，2.25，2.75 mm および W = 5.5，6.0，6.5，7.0 mm の解析を行いました．図Ⅱ-6-7 に，R のみを変更した結果を示します.

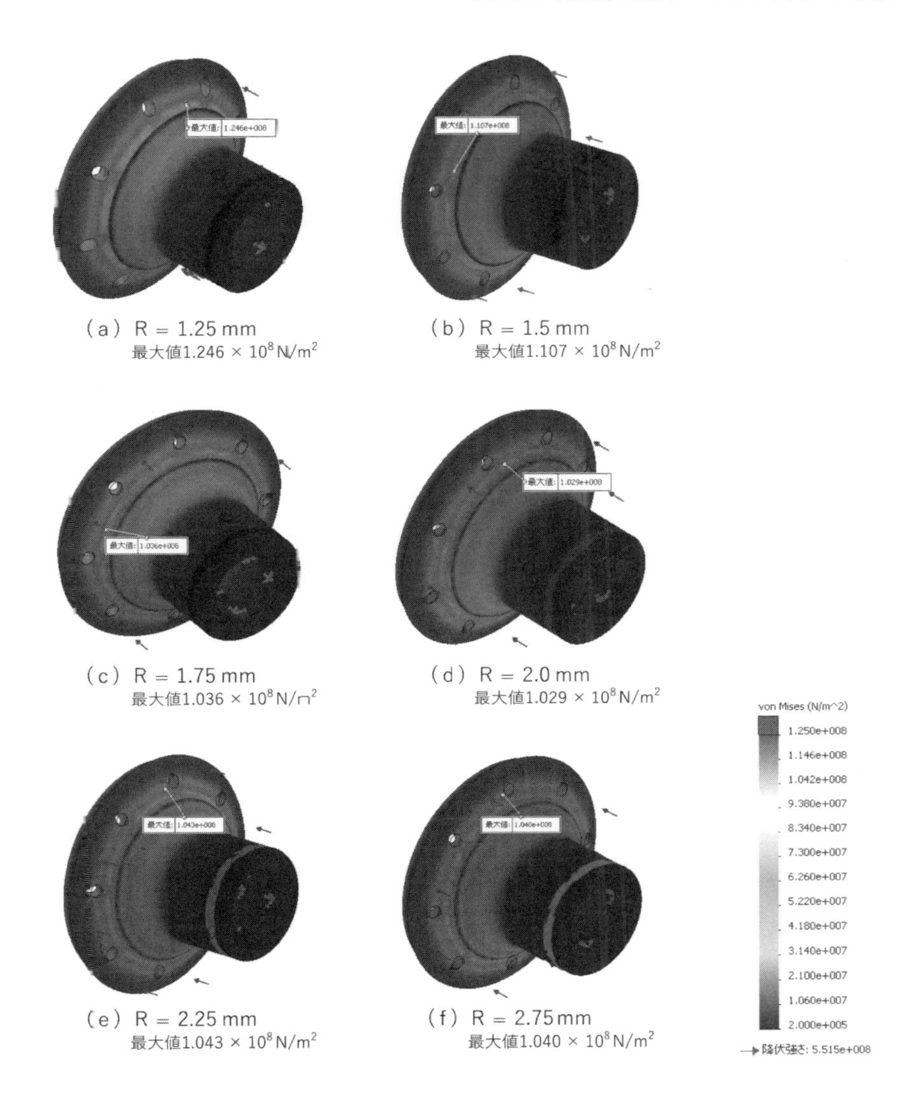

（a）R = 1.25 mm　最大値 1.246×10^8 N/m²

（b）R = 1.5 mm　最大値 1.107×10^8 N/m²

（c）R = 1.75 mm　最大値 1.036×10^8 N/m²

（d）R = 2.0 mm　最大値 1.029×10^8 N/m²

（e）R = 2.25 mm　最大値 1.043×10^8 N/m²

（f）R = 2.75 mm　最大値 1.040×10^8 N/m²

図Ⅱ-6-7　R変化による応力集中（W = 5.5 mm 一定）

Question

- 幅 W を一定にして R のみを変更した場合，どの程度の違いが生じるのか？

→図から，R = 2.0 mm までは最大応力の発生場所は同一であり，最大応力値も R の大きさに比例するように小さくなります．しかし，R = 2.25 mm 以上の場合，最大応力の発生場所はより外周側へ移動します．また，逆に最大応力値はわずかながら大きくなっています．これらの結果から，幅 W = 5.5 mm の場合に関しては，R = 2.0 mm が最適であると判断できます．

次に，R = 2.0 mm 一定としたうえで幅 W を変化させた結果を図Ⅱ-6-8 に示します．

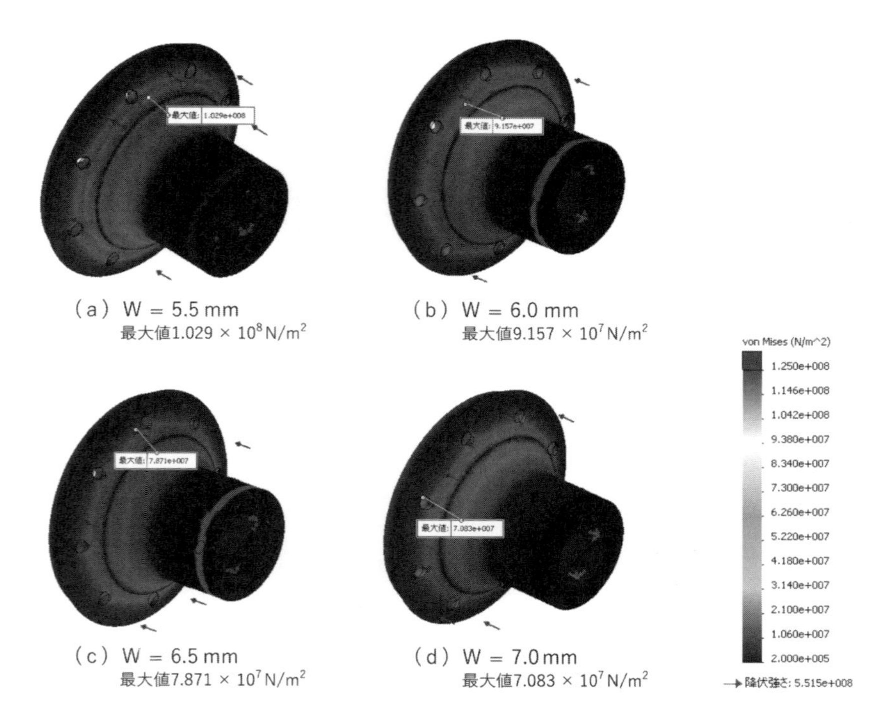

(a) W = 5.5 mm
最大値 1.029×10^8 N/m^2

(b) W = 6.0 mm
最大値 9.157×10^7 N/m^2

(c) W = 6.5 mm
最大値 7.871×10^7 N/m^2

(d) W = 7.0 mm
最大値 7.083×10^7 N/m^2

図Ⅱ-6-8 幅W変化による応力集中(R＝2.0 mm一定)

Question

- R を一定にして幅 W を変更した場合，どの程度の違いが生じるのか？

→図から，幅を 0.5 mm ずつ増加させただけで効果が期待できること，R を変化させた場合よりも最大応力値は小さくなることから大きな効果があることがわかります．ただし，W＝6.0 mm から 6.5 mm に変更した場合がもっとも効果が大きいこと，W＝6.5 mm 以上にした場合には最大応力の発生箇所が外周側に移動していることもわかります．

なお，R を変更した場合とは異なり，幅を変更した場合，重量の増加はより顕著になります．そのことから，R＝2.0 mm の場合においては幅 W＝6.5 mm がもっとも経済的であると考えることができます．

このようにして検討例を示しましたが，実際には２つのパラメータがあるため，もっと多くの検討が必要になります．図Ⅱ-6-2 で示したメーカーでの設計変更の寸法変化を見ても，基本的には幅 W および R の両方が大きくなっていることがわかります．

そこで，R＝1.25～3.5 mm，幅 W＝5.5～7.0 mm の範囲で複数の組み合わせを考え，追加で検討してみました．その１つである R＝2.75 mm，W＝7.0 mm の結果を図Ⅱ-6-9 に示します．

図Ⅱ-6-9 のみを見ると，応力の最大値が図Ⅱ-6-8(d)よりも若干大きくなっています．R が大きくなっている割には不思議なように考えられます．そこで，応力ではなくひずみで比較したものを図Ⅱ-6-10 に示します．図を見ると，ひずみに関しては最大値が小さくなっていること

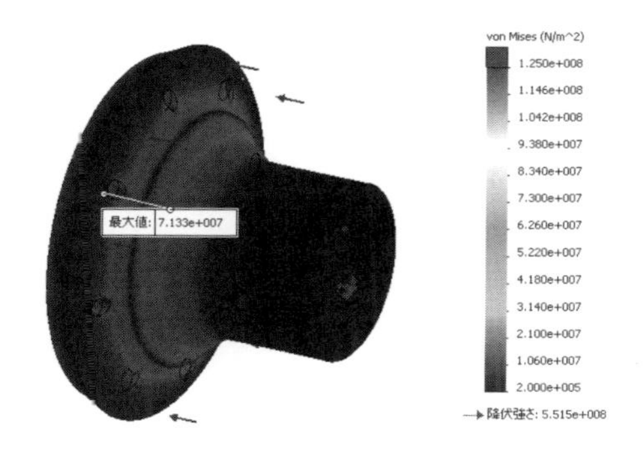

図Ⅱ-6-9　解析結果（R = 2.75 mm, W = 7.0 mm）
最大値 7.133×10^{7} N/m^2

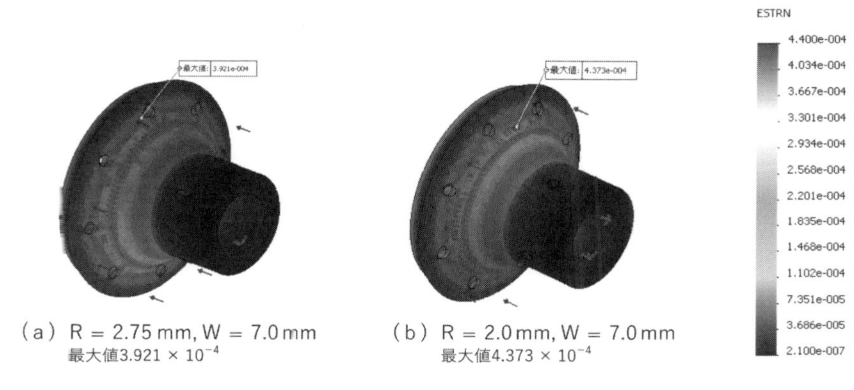

（a）R = 2.75 mm, W = 7.0 mm
最大値 3.921×10^{-4}

（b）R = 2.0 mm, W = 7.0 mm
最大値 4.373×10^{-4}

図Ⅱ-6-10　ひずみの比較

がわかります．さらに，全体的な分布を見ても改善されている様子を見ることができます．このようにしてみると，R と幅 W の両方の効果が出ていることがわかります．このように，詳細な検討の際には多面的な検討をする必要性もあります．

8. モデル実験

これまで複数の事例を紹介してきましたが，ここではそれらの総括として，実験との比較を取り扱います．シミュレーションの最大の問題として，“本当にそうなるのか”という疑問が付きまとうことはすでに Part I の基礎編でも触れています．そのため，実験との比較を通してシミュレーションにおいて設定した各種条件やパラメータ設定がおおむね正しいのか，また，どの程度実際の現象を捉えているのかを確認することは非常に重要になります．

モデル実験の実施に際しては，実験装置の問題も考慮して実際のハブの 1/4 モデルとしました．その際の各種寸法は，図Ⅱ-6-9 で採用した値にしました．さらに比較のため，R = 1.25 mm，W = 5.5 mm の場合のモデルも用意しました．また，加工の問題から 3D プリンタで出力し，その際の材質は ABS としました．

実験においては，図Ⅱ-6-3 で想定しているような曲げモーメントが作用する場合を想定して実験しました．これまでの解析から，応力の最大値が作用する付近の位置がわかっているため，固定用の穴を挟んでそれらの位置にひずみゲージを取り付け，ひずみの変化を確認しました．実験装置の概略図を図II-6-11 に示します．さらに，モデルにひずみゲージを取り付けた状況を図II-6-12 に示します．

実験に際しては，図II-6-11 のおもりを設置する棒の先端にワイヤで金属製のバケツを吊り下げ，その中にダンベルや金属材料などのおもりを順次追加していき，その際のひずみを測定しました．おもりは 1 kg 刻みで変化させました．実際の実験装置の写真を図II-6-13 に示します．

実験ではおもりの用意の問題もあり，最大で約 68 kg まで実施しました．

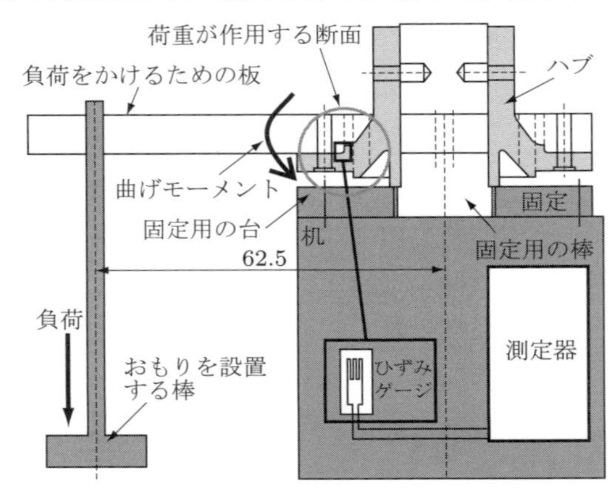

図II-6-11　実験装置概略図

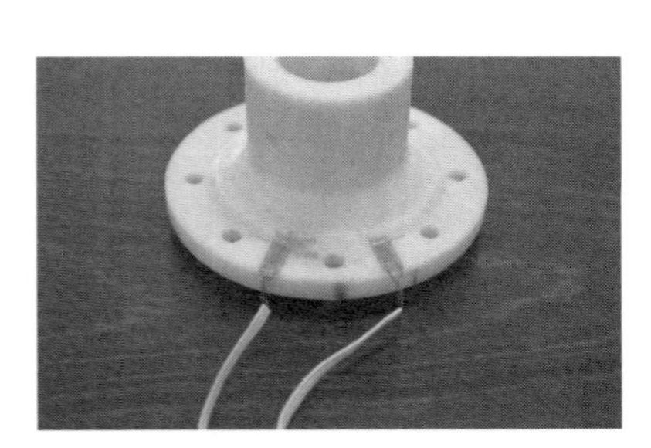

図II-6-12　ひずみゲージの取り付け位置

図II-6-13　実験装置

実験に先立ち，ABS 樹脂の応力－ひずみ線図の資料を確認しました．参照した応力－ひずみ線図を図II-6-14 に提示します．

図から，ABS 樹脂の場合，応力－ひずみ線図はあるところまで一様に増加したうえで，1 か所の極大値をとるということがわかります．そして，この極大値の付近から材料の降伏が始まります．なお，ABS に限らず，プラスチック材料はほぼ同じような性質をもちます．

以下に実験結果を示します．なお，参照した図II-6-14 は通常における材料の引張り試験の結果です．その場合，試験片の断面積が変化していくことになりますが，今回行った実験では荷重が作用する断面積はほぼ一定であると考えられ，図II-6-14 と同様に比較はできないと考えました．そこでグラフの形が同様になるように，ひずみと荷重の関係として表示しました．その結果を図II-6-15 に示します†．

† 1 回ではうまく計測できなかったこともあり，実験では複数回計測を行い，信頼できそうなデータを選びました．そのため，図の(1)と(2)はまったく同じ状況ではありません．

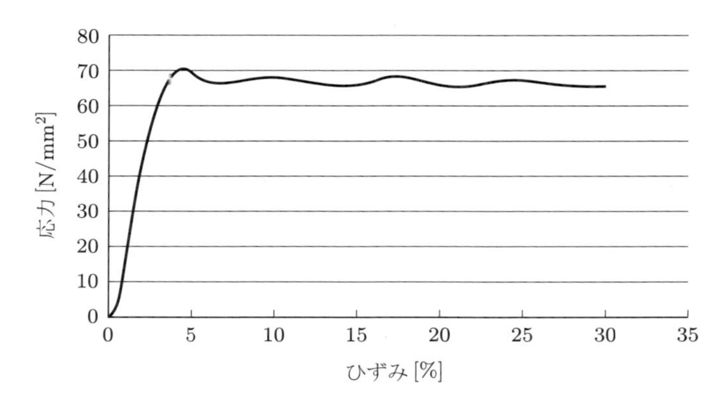

図Ⅱ-6-14　ABS 樹脂の応力－ひずみ線図
島津製作所 HP「ABS 樹脂の破断ひずみ測定」より転載

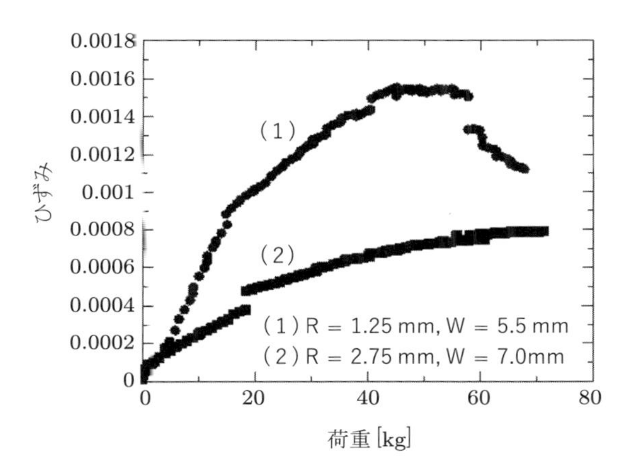

図Ⅱ-6-15　ひずみ－荷重線図（比較）

(1)の結果からわかるように，極大値を有していることから，荷重として 50 kg 程度から材料の降伏が発生していると予想できます．また，18 kg 付近まではほぼ直線的に変化していますが，それ以降変化は若干緩やかになることがわかります．

一方，(2)の結果から，荷重として 20 kg の箇所まではほぼ直線的に，かつ急激に変化していること，それ以降変化は緩やかになることがわかります．ただし，(1)の場合とは異なり，明確な極大値が存在していないことから，形状変更の効果が現れていると考えられます．

図Ⅱ-6-15 から，ひずみの最大値で比較すると約２倍程度の差があることがわかります．また，最大値について注目すると，変更前は荷重として 50 kg でほぼ最大値をとっていますが，変更後は 68 kg でもまだ明確な最大値になっていません．ただし，かなり変化が緩やかになっていることから，70 kg を超えるとほぼ最大値になるのではと予測できます．仮に 70 kg で最大値をとったとして考えると，荷重としては 1.4 倍になります．

このように，実験による比較からも形状変更の効果が十分に確認できました．

9. 実験結果を模した解析

これまでのシミュレーションでは，部品単体に対して荷重をかけた場合を想定していました．一方，実験では実際の取り付けを模して複数の部品構成で実施しました．

本来の部品はほかの構造物との組み合わせの結果であることから，組み合わせた場合の解析を実施すべきです．そこで，ここでは実験を模した形でアセンブリを行った後に解析を行う方法および結果について説明します．解析にあたり，各部材についても材料指定を行いました．それらは実験を模して以下のように設定しました（表Ⅱ-6-2）．アセンブリファイルを「hub_assy_original.SLDASM」として用意しています†．

表Ⅱ-6-2　解析条件

ハブの材質	プラスチック ABS
アルミ板	アルミ合金 1060 合金
ハブ中心支柱	アルミ合金 1060 合金
ハブ固定用ボルト，ナットおよびハブ中心支柱固定用ボルト	鋼鉄 AISI304
荷重用先端部品類	鋼鉄 AISI304
拘束	アルミ板底面
外部荷重	50 kg
メッシュ密度	細い（もっとも細かい状態）
メッシュパラメータ	設定せず（標準のメッシュを使用）

なお，実験で使用しているボルト，ナット類は簡単のため単なる円柱，穴として作成して合致を設定するのみとしました．ボルト類自体の破断や変形を検討したいわけではないことから，このようにしました．アセンブリした図を図Ⅱ-6-16 に示します．

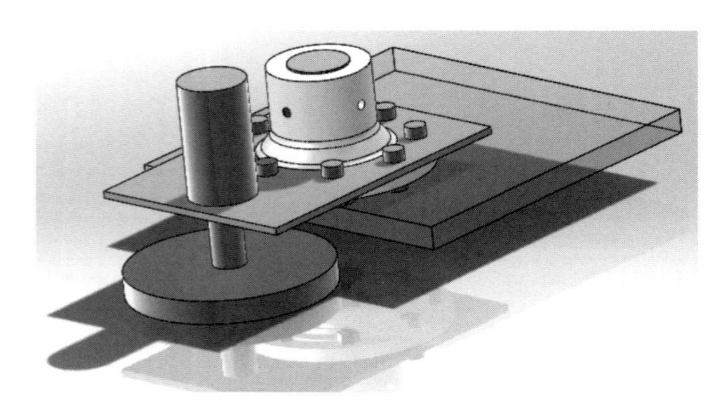

図Ⅱ-6-16　解析用アセンブリモデル

アセンブリした状態であっても解析手法はこれまでと違いはありませんので，ここでは省略します．

---

† zip で圧縮しているため，解凍した後に指定ファイルを開いてください．

解析結果の一例を図Ⅱ-6-17 に示します．単に解析しただけでは図のように表示されてしまいます．今回もっとも状況を確認したいのはハブの部分ですが，その部品が板の下にあることから，このままでは確認できません．そこで，このような場合，注目したい部品のみを表示したほうがよいことになります．以下ではその手順について説明していきます．

図Ⅱ-6-17　解析結果の一例

●モデルの隔離

1. 「結果」→「応力１」を右クリックします．
2. 「非表示」をクリックします
3. モデルのところで，部品（ハブ）へマウスを移動して右クリックします
4. プルダウンメニューで「隔離」をクリックします．

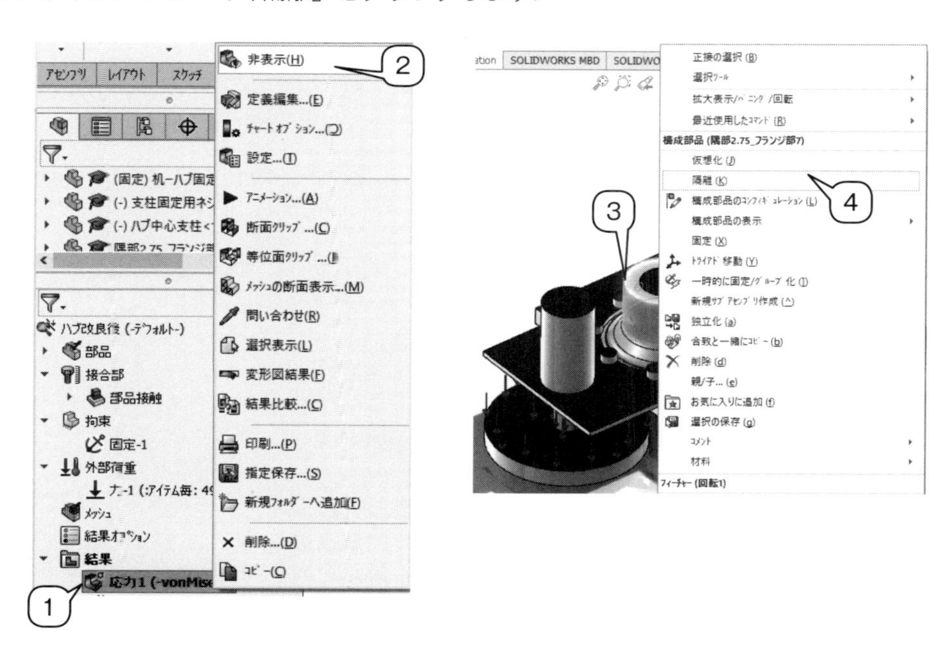

上記のように隔離した状態で，左側の「結果」から表示させたい項目で右クリックした後，表示させれば応力やひずみを表示させることができます．

次に，実験値との比較のため，任意位置での値（今回はひずみ）を確認する必要があります．以下ではその手順について説明します．

●任意位置における値の表示

1. 「結果」を右クリックします．
2. 「応力，変位，ひずみリスト表示」をクリックします．
3. 「物理量」のところで「ひずみ」を選択します．
4. 「詳細設定オプション」の右側にある矢印をクリックします．
5. 一番下にある「範囲」のアイコンをクリックします．

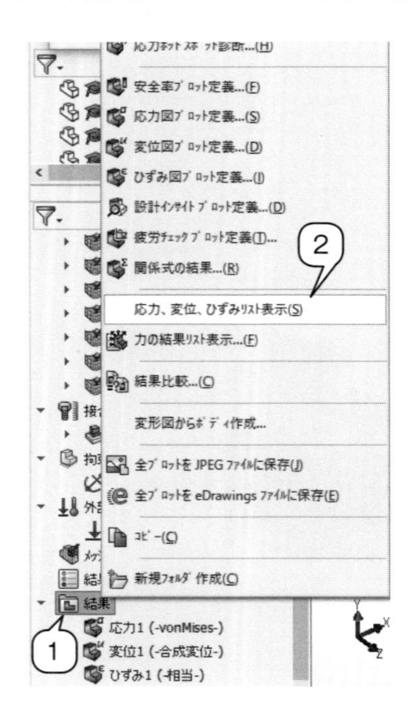

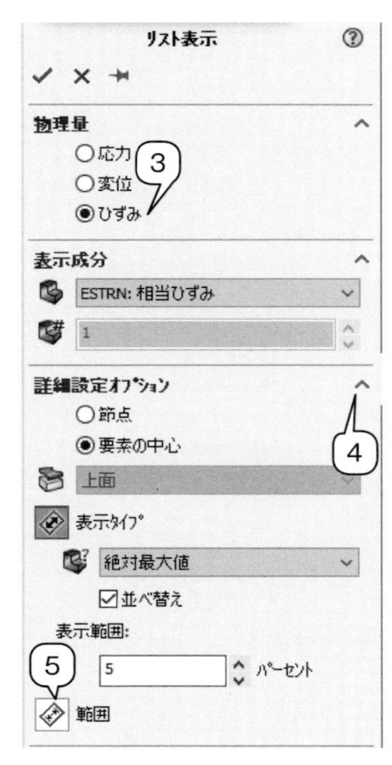

6. 右側の図の「形状変更後アセンブリ」の左側の▼をクリックします．
7. 「平面」をクリックします．
8. 左上の ✓ をクリックします．

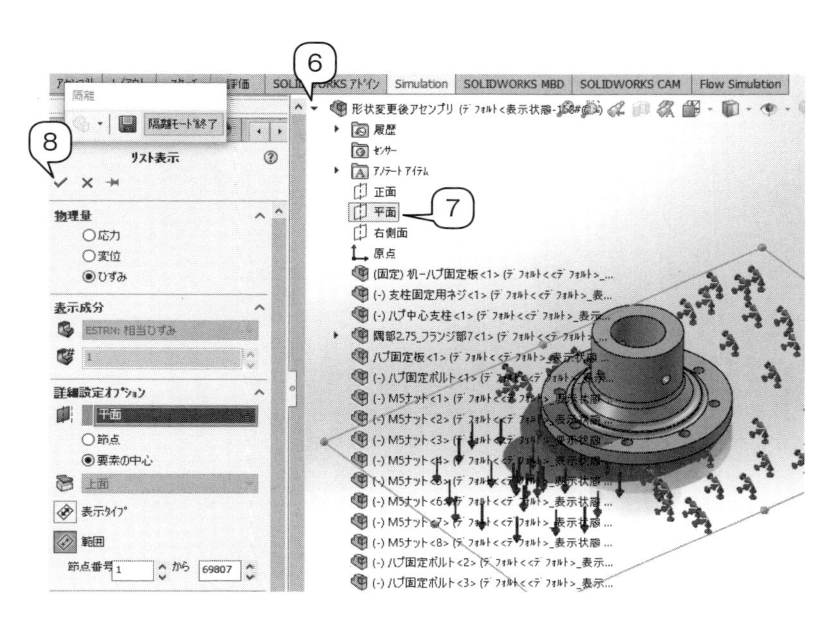

9. 上記までの操作で，下図のように数値の一覧が表示されます．表の要素 1，2，…はモデルの各場所に相当しますが，それがどの位置なのかについてはモデル側に表示されます．なお，全体の数値を保存したい場合には「保存」をクリックした後，「閉じる」を選択します．

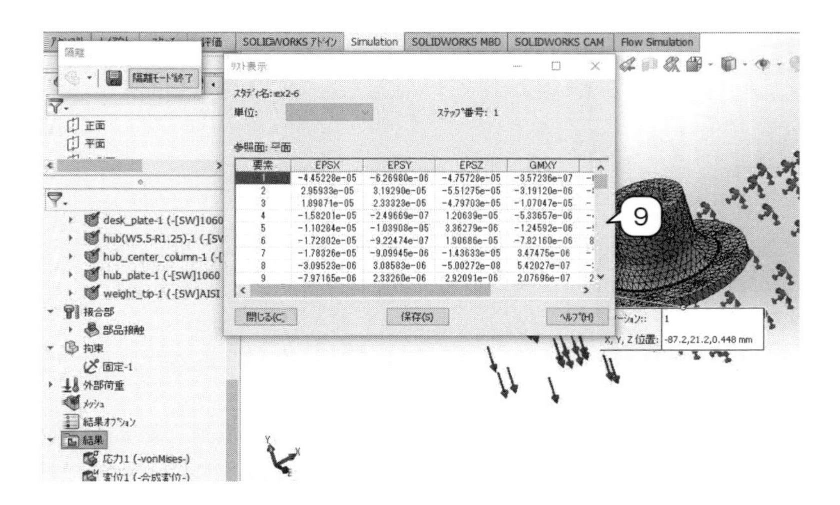

ここまでは隔離モードで行っていますが，通常の状態に戻したい場合には「隔離モード終了」をクリックすることで最初の状態に戻ることができます．

以上で解析が終了しました．実験結果と比較してみます．

実験結果との比較は荷重として 50 kg の場合を選択し，ハブの改良前後の実験値と解析値を比較します．まず，ひずみの分布状態を確認するため，図Ⅱ-6-18 にそれぞれの状態を示します．

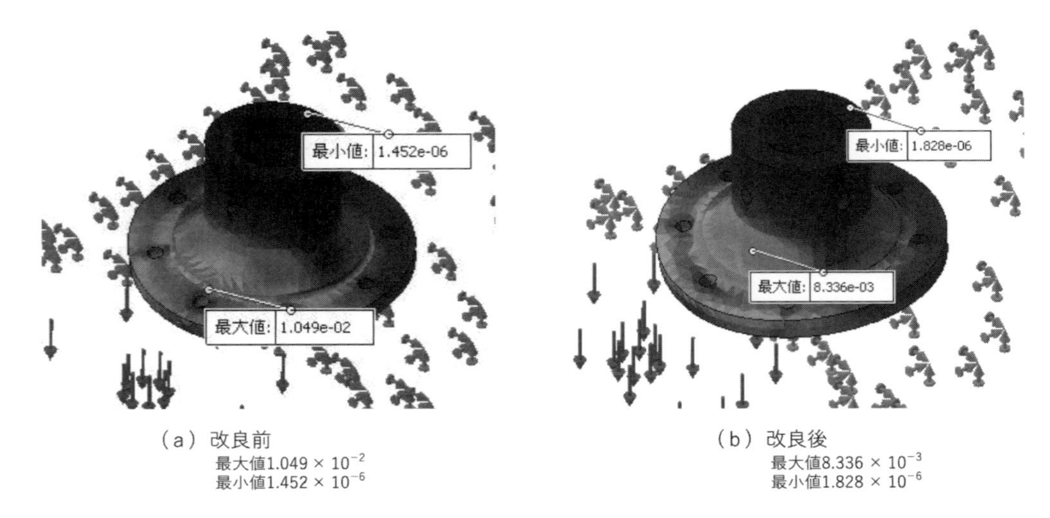

（a）改良前
最大値1.049×10^{-2}
最小値1.452×10^{-6}

（b）改良後
最大値8.336×10^{-3}
最小値1.828×10^{-6}

図Ⅱ-6-18　改良前後のハブのひずみの違い

図より，改良により最大値はかなり減少していることがわります．逆に，最小値は倍程度まで大きくなっています．このことから，最大値と最小値の差が小さくなっていることがわかります．また，図で表示する限りでは改良前の一部でひずみが大きくなっている箇所がありますが，改良後ではそれが均一化されていることもわかります．

次に，実験結果と解析結果との数値的な比較を実施します．

比較の前に，ソフト側の定義について確認しておきます．結果を Excel ファイルで保存した際には，複数の値が格納されます．そのため，それぞれの値について説明します．

EPSX　選択された参照ジオメトリの X 方向の垂直ひずみ
EPSY　選択された参照ジオメトリの Y 方向の垂直ひずみ
EPSZ　選択された参照ジオメトリの Z 方向の垂直ひずみ
GMXY　選択された参照ジオメトリの YZ 平面の Y 方向のせん断ひずみ
GMXZ　選択された参照ジオメトリの YZ 平面の Z 方向のせん断ひずみ
GMYZ　選択された参照ジオメトリの XZ 平面の Z 方向のせん断ひずみ

上記の垂直ひずみとは，引張試験機でのひずみのように荷重が垂直方法で，かつ材料の伸びも垂直方向の場合に用いられます．一方，せん断ひずみとは，もとの物体の断面をずらすような変形が発生した際に，もとの長さに対する変化量の比を表現しています．

今回のようにハブの表面の場合，断面としては YZ 平面になります．また，曲げることで変形していることから，せん断ひずみを選択する必要性があります．そのため，数値としては GMXY の値を用います．

解析結果はひずみゲージを取り付けている付近としました．表Ⅱ-6-3 にその結果を示します．

表Ⅱ-6-3　実験と解析とのひずみの比較

	ハブ変更前	ハブ変更後
実験値	1.53×10^{-3}	7.21×10^{-4}
解析値	3.56×10^{-3}	7.31×10^{-4}

表から，ハブ変更後に関しては，実験値と解析値がよい一致を示していることがわかります．一方，ハブ変更前に関しては，実験値と解析値とはかなり異なり，解析値のほうが実験値よりも約 2.3 倍程度大きくなっていることがわかります．

なお，解析において表Ⅱ-6-3 の値を抽出する際に気が付いたこととして，位置のずれによる解析値の違いがあります．解析の場合，多少位置がずれると場所によっては値もかなり変化してきます．事実，ハブ変更後の解析値は若干位置がずれただけで 2.3×10^{-3} 程度の値を示していました．

結果を改善するためには，以下のようにすることが考えられます．

⊙実験側

(1) 試験体としてのハブの大きさに対してひずみゲージが大きすぎたため，もっと小さなものを使用する．

(2) ひずみゲージが大きいため，付近のひずみの平均値になった可能性がある（解析側では位置がずれると値がばらついていたため）．そのため，もっと小さいひずみゲージを利用するか，あるいはもっと大きいモデルを使用する．

(3) 実験装置や方法による誤差の発生要因が多かった．そのため，実験装置の製作における寸法精度などの見直し，測定装置自体や使用したひずみゲージ自体の精度の確認，ひずみゲージの取り付け方法の見直し，精度のよいおもりの使用，荷重のかけ方の見直しといった多くの改善方法が考えられる．

⊙解析側

(1) 単にメッシュを細かくするだけではなく，解析対象の形状に合わせたメッシュ設定を行う．

(2) より実験に即した条件を付加する．

(3) 使用した材料のより詳細な物性値を入手してその値を用いる（ABS でも組成によって物性値が変化するため）．

このように，実験と解析とを比較する際には両方を見直して，順次両方を改良するという方法を繰り返し行う必要があります．

Part Ⅲ

熱・流体解析
―SOLIDWORKS Flow Simulation―

SOLIDWORKS Flow Simulation の計算の大きな区分として，「外部流れ」「内部流れ」というものがあります．前者は，飛行機や車，ボールなど，ある物体周りに空気が流れている場合を想定しています．後者は，パイプや容器などの閉空間に流体の出入りする入口，出口が存在する場合を想定しています．また，流体と熱伝導・熱伝達，流体力と応力解析などを連成させて解く機能もあります．

物体の大きさ・形状や，流速，流体の種類により，境界層，流れの剥離・再付着，層流から乱流への遷移など，さまざまな流体現象が発生しますが，ここでは個々の現象の説明まで深く踏み込まず，単純な流れ場を前提として，SOLIDWORKS Flow Simulation の操作手順についての説明を主眼にすることにします．

Case 1　外部流れ：ボール周りの流れ

流体の流れを考える場合には，どのような条件を考えるべきでしょうか？ たとえば，自転車に乗って顔に風を受けたり，風を受けて風車が回ったり，風のある日に窓を開けて換気したりする，水道の蛇口を捻って水を出すなど，身近なところに流体は存在します．このほか，野球，サッカー，ゴルフ，水泳，スキーのジャンプ競技，F1 レースやエアレースなどのモータースポーツも流体に密接に関係しますし，最近のマルチコプタータイプのドローンなどに使われるプロペラやボディなどの設計にも，流体力学的な知見が多数応用されています．

このような身近にある流体の挙動や性質を数値解析によって予測するには，「どのような流体か（物性値）」「どのような条件で流れているか（初期条件・境界条件）」などを把握したうえで，解析を行う必要があります．

1．解析モデル

ここでは，流体解析の流れを把握するために，まず一番簡単な例としてボール周りの「外部流れ」の計算手順を説明します．

具体的には，図Ⅲ-1-1 に示すような直径 75 mm の野球のボール程度の球体周りの空気流れを解析してみましょう．実は，ボールの回転の有無や，縫い目や表面の凹凸の影響が流体力学的に重要なのですが，ここでは単純に考え，滑らかな表面で，ボールは回転なし条件とします．

ここでは，以下のような疑問点を解析によって評価・考察してみます．

Question

- もっとも流速の大きくなる点はどこか？
- もっとも圧力の高くなる点はどこか？
- ボールにかかる力の大きさはいくらか？

図Ⅲ-1-1　野球のボールモデル（ϕ75 mm，平滑表面，縫い目なし）

2．解析条件

数値計算では，物体形状以外に，上述のようにどのような流体が，どのような条件で流れているか（流速分布や圧力分布）を設定する必要があります．時間的に非定常な計算の場合には，スタート時点の流れ場の状態も必要になります．今回は基本的な解析の流れを把握する目的で，表Ⅲ-1-1 のような条件で解析を進めてみます．

表Ⅲ-1-1　解析条件

流体	空気（密度 1.205 kg/m^3，動粘性係数 1.5×10^{-5} m^2/s @101325 Pa，20℃）
定常／非定常	定常解析
主流速度	44.4 m/s（= 160 km/h）
メッシュレベル	3（デフォルト）

【備考】 ボールは回転なし

3. 操作の流れ

Part Ⅰの図Ⅰ-2-8の手順に従って解析を進めましょう．

① 計算対象モデルの読み込み

直径 75 mm の球のモデルを対象とします．ここでは，あらかじめ SOLIDWORKS で作成したモデルを「PartⅢ」→「Case1」フォルダに用意していますので，それを使って解析を行います．

② 解析スタディの作成（解析ウィザード）

●ファイルを開く

1. 上記フォルダにあるパーツファイル「ball_d = 75mm.SLDPRT」を開きます．

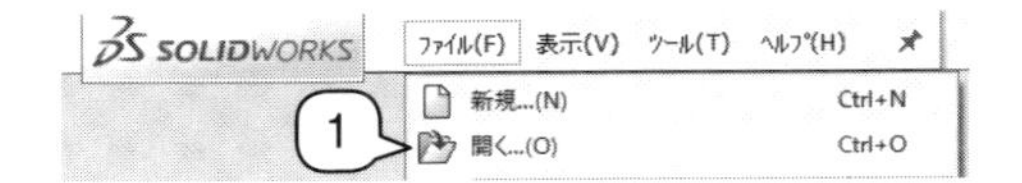

●解析ウィザード開始（プロジェクト作成）

1. Flow Simulation のアドインが起動していること確認し（もし起動していなければ「SOLIDWORKS アドイン」タブから起動します），「解析ウィザード」アイコンをクリックします．
2. プロジェクト名はデフォルトのままでもかまいませんが，ここでは区別のために「ex3-1」とします．
3. 「次へ」を選択します．

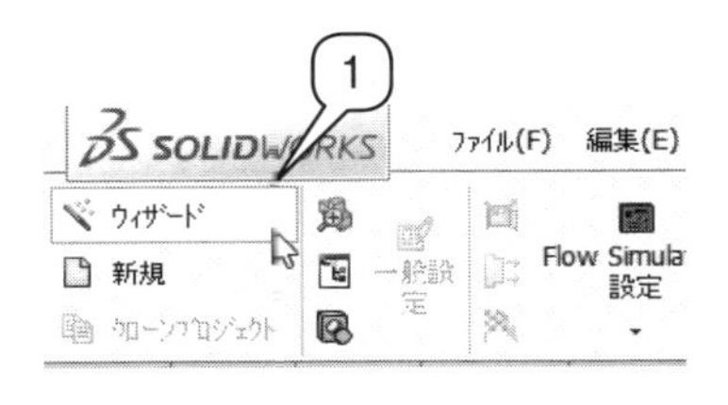

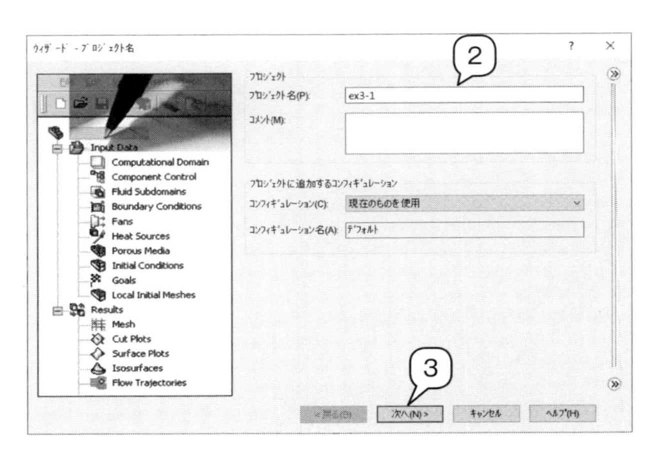

●解析ウィザード —単位系

この画面では計算で使用する単位系を指定します.

1. 通常はデフォルトでSI単位系を使用しますので，SI単位が選択されていることを確認します.
2. 「次へ」を選択します.

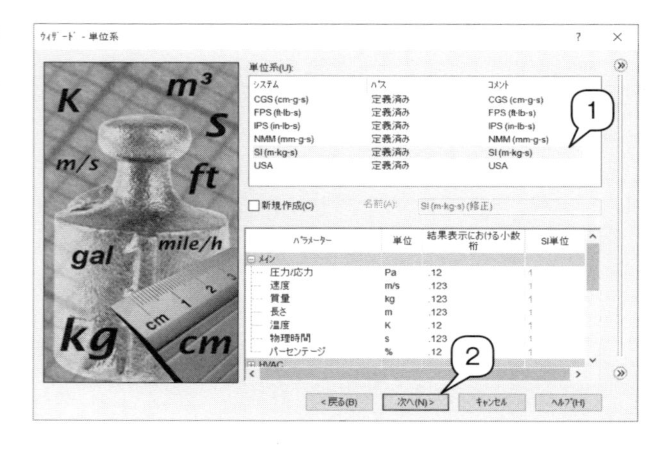

●解析ウィザード —解析タイプ

この画面では解析の種類を示す「解析タイプ」を指定します.

SOLIDWORKS Flow Simulationでは大きく分けて「内部流れ」「外部流れ」を区別します. また，計算領域の一部に密閉空間があり，そこでの解析も必要とする場合，必要としない場合も分けて考慮することができます.

1. 「解析タイプ」は「外部流れ」を選択します.
2. 「密閉空間を考慮」の項目は，中空物体などの場合に選択します. 解析に関係ない部分のメッシュ生成を行わず，余計な計算負荷の増加を防ぎます. 今回は何もチェックしません.
3. 「物理特性」は，付加的な解析オプションです. 今回は何もチェックしません.
4. 「次へ」を選択します.

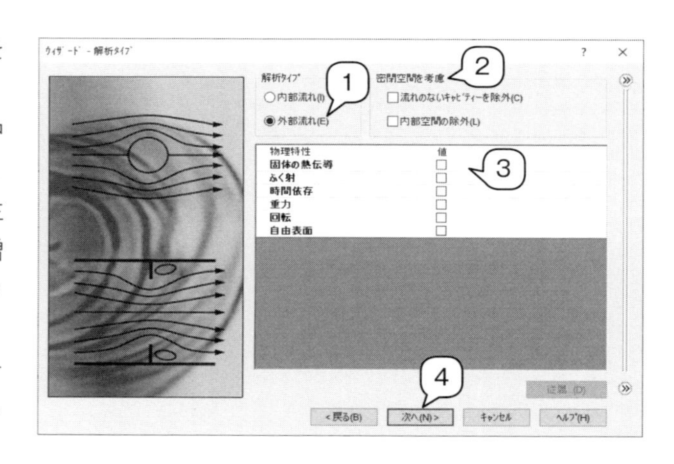

●解析ウィザード —デフォルト流体

この画面では，解析対象となる流体の種類（たとえば，空気や水など）を選択します. SOLIDWORKS Flow Simulationではさまざまな流体がすでに定義されており，設定にすぐ利用することが可能です.

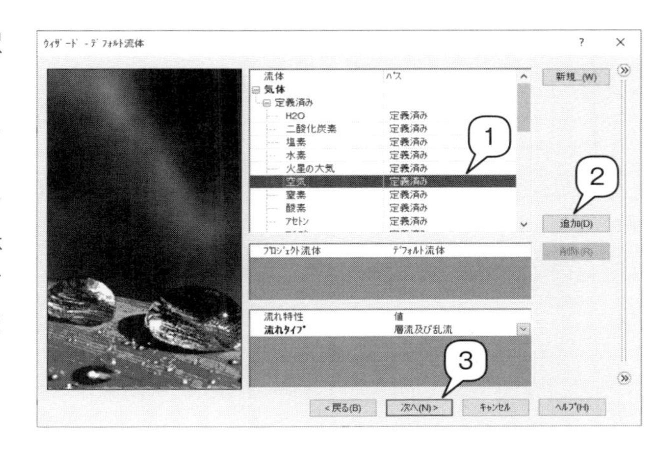

1. 「気体」の中から「空気」を選択します
2. 「追加」ボタンを押して「プロジェクト流体」に登録します．
   ※複数の流体を選択して登録できますが，メインで使用する流体を「デフォルト流体」としてチェックしておく必要があります．
3. 「次へ」を選択します．
   ※流体を指定すると，流体の種類に応じて，「流れ特性」には「流れタイプ」「高マッハ数流れ」「湿度」などが選択できるようになりますが，今回は何も選択せず次に進みます．

●解析ウィザード ―壁面条件

この画面では，壁面条件を指定します．壁面条件とは，流体と接する物体表面の条件のことです．たとえば，壁面温度や熱移動量，表面粗さ（凹凸）を具体的に指示します．

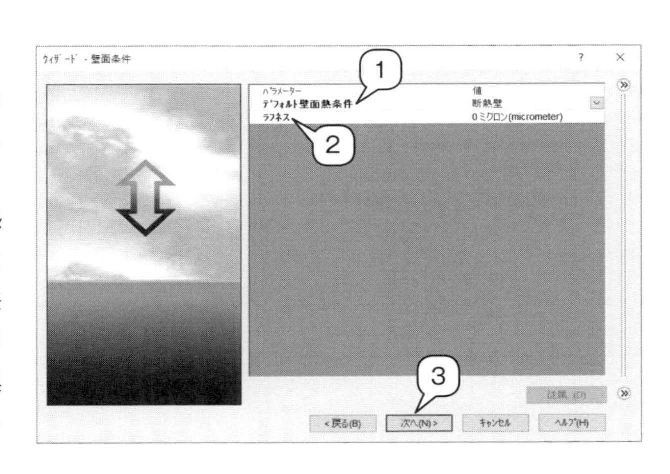

1. 「デフォルト壁面熱条件」の項目は，伝熱関係の境界条件を指定します．「断熱壁」（デフォルト）とします．
   ※ここでは，「デフォルト壁面熱条件」となっているように，とくに個別にしていない場合の共通的な境界条件を設定しています．物体表面の一部の面で，異なる境界条件を指定することも可能です．
2. 「ラフネス」は，表面粗さを指定します．乱流や境界層の解析に影響します．0 μm（デフォルト）とします．
3. 「次へ」を選択します．

【補足】

「デフォルト壁面熱条件」としては以下のものが選択できます．

- 断熱壁：熱の授受がない断熱壁
- 熱流束：熱流束［W/m^2］を指定
- 伝熱率：熱流量［W］を指定
- 壁面温度：壁面温度［K］を指定

●解析ウィザード ―初期および境界条件

この画面では，計算領域内部の初期条件および計算領域の境界条件を指定します．

1. 「熱力学パラメーター」は流体の初期圧力，温度を指定します．ここではデフォルトのままとします．
2. 「速度パラメーター」は初期流れ場を指定します．今回は，X 軸の方向に 44.4 m/s を指定します．
3. 「乱流パラメーター」は流れ場に含まれる乱れ強さなどを指定します．ここではデフォルトのままとします．
4. 「終了」を選択します．モデルの周りに解析領域を示す枠線が自動的に表示されます．

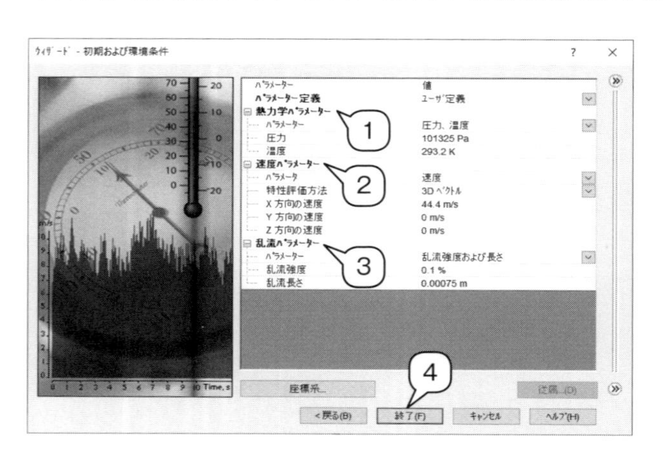

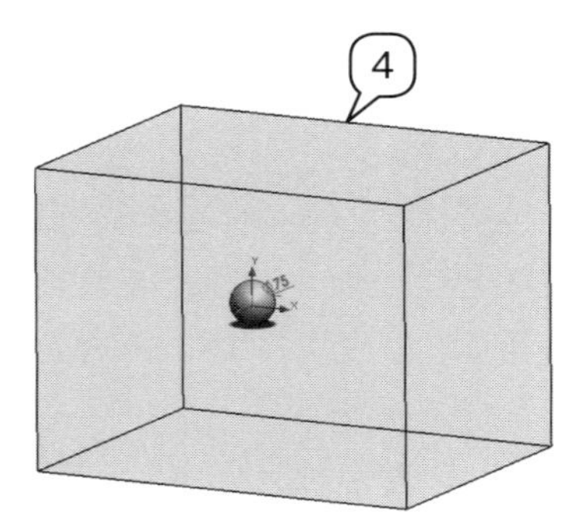

③ 解析メッシュの設定

●メッシュの確認

ここまでの設定で，ボール周りの解析領域には，解析メッシュが作成されています．これを確認してみます．

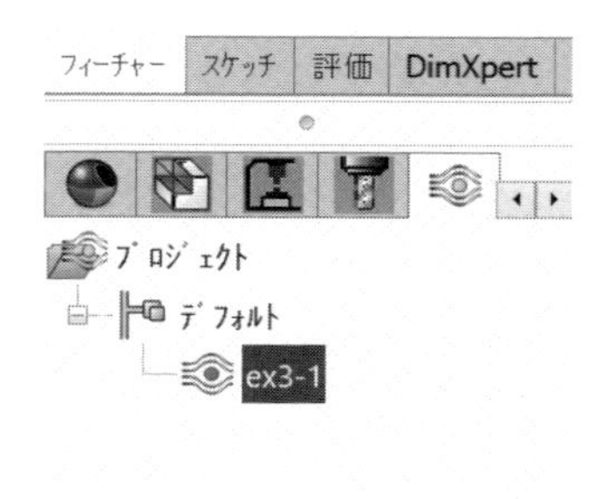

1. 「インプットデータ」→「メッシュ」→「グローバルメッシュ」を右クリックして「ベースメッシュ表示」を選択します．同様の操作で，非表示に戻すこともできます．

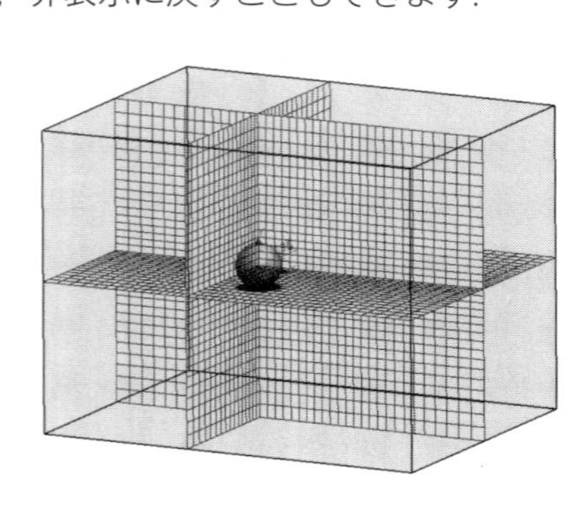

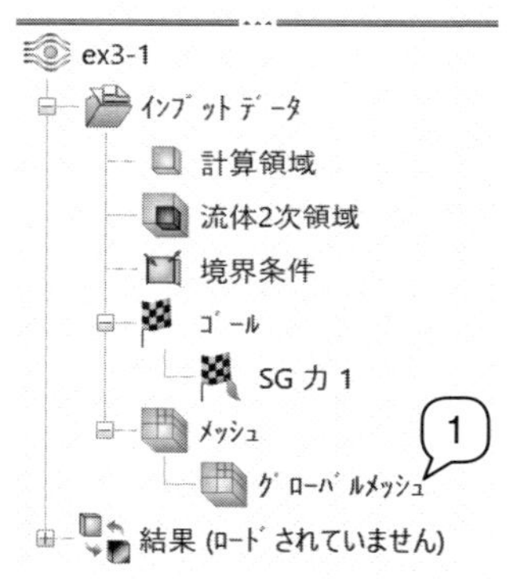

●メッシュレベルの変更による解析メッシュサイズの変更

解析メッシュを細かくすると，一般的には解析結果の解像度や精度が向上します．一方で，計算量も大幅に増加します．実行環境の仕様（とくに搭載メモリ）を踏まえ，必要な解析メッシュサイズを変更します．

1. 「グローバルメッシュ」を右クリックして「定義編集」を選択し，「設定」の中のスライダを調整します．メッシュレベルを大きくするほど計算メッシュが細かくなりますが，その分，メモリや計算時間を必要とします．
2. そのほか，メッシュの数や分布を手動調整して，物体の細かい形状に合わせたメッシュ生成ができるオプションが選択できますが，ここではとくに変更せず「デフォルト（レベル3）」のままとします．

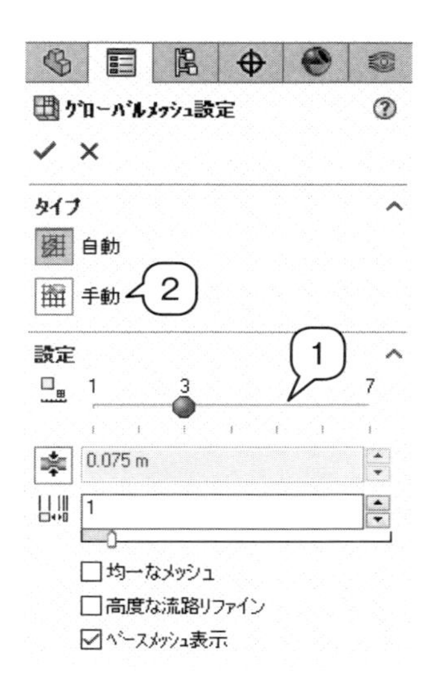

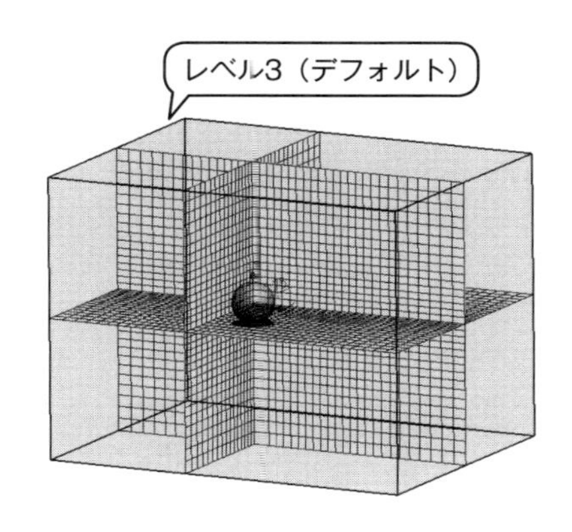

④　各種設定

今回は，とくに追加の設定（境界条件など）はありませんので，省略します．

⑤　収束判定条件の設定（計算のゴールの設定）

●ゴールの作成

解析の終了条件となる「ゴール」を指定します．「ゴール」とは，計算を終了する判定条件のことで，これらが一定値に落ち着く，あるいは規定の反復回数に到達するまで繰り返し計算が実施されます．

1. プロジェクトツリーの「インプットデータ」→「ゴール」を右クリックし，「サーフェスゴールの挿入」を選択します．

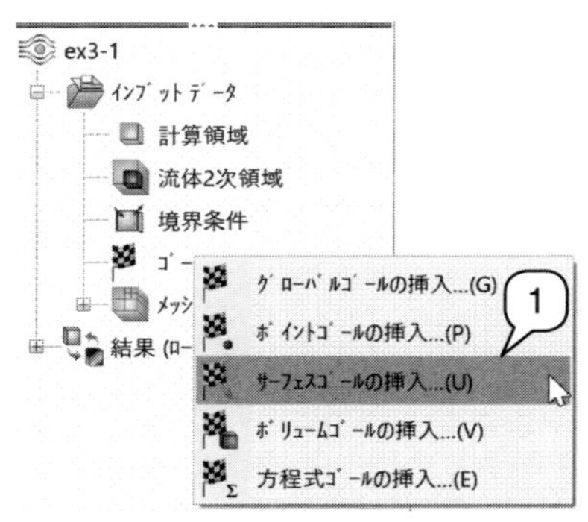

2. 「選択」ではゴールを設定するサーフェスを選択指定します．今回は物体のすべての面を指定します．
3. 「パラメーター」はゴールの種類となる種々の物理量を指定します．今回は「力の平均値」を指定します．チェックボックスの「平均」「収束において使用」にチェックを入れます．
4. 設定を確認して ✓ を押します．

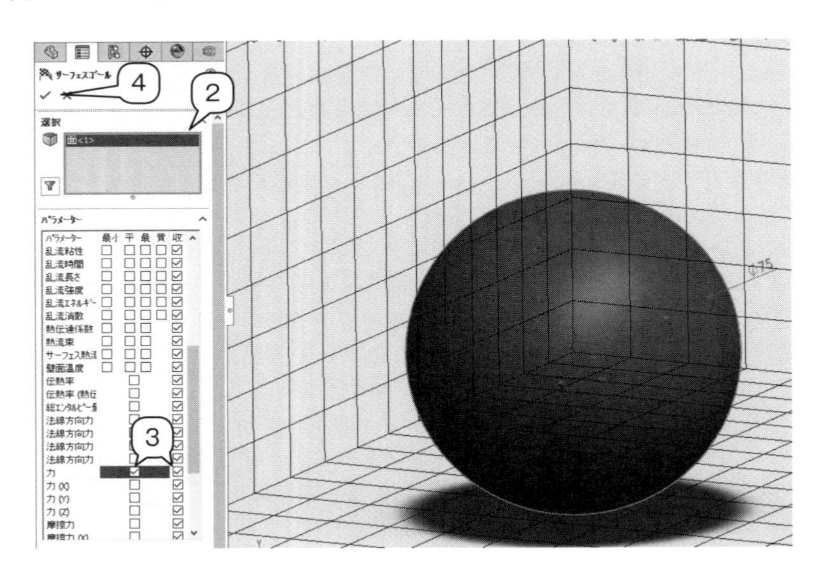

【補足】

「ゴール」として各種物理量を指定することで，計算の繰り返し回数や物理的時間に対して，それらが変化しなくなった場合に計算終了とする目安を設定することができます．

「ゴール」には以下のようなものが選択でき，終了条件として指定したい物理量に合わせて選びます．

- グローバルゴール（GG）：計算領域全体の物理量（例 運動エネルギー）を指定する場合
- ポイントゴール（PG）：特定の点の物理量を指定したい場合
- サーフェスゴール（SG）：特定の面の物理量を指定したい場合
- ボリュームゴール（VG）：グローバルゴールと似ているが，特定の領域範囲の物理量を指定する場合
- 方程式ゴール（EG）：たとえば入口・出口の平均圧力差を指定する場合など，既存ゴールまたは設定パラメータ（境界条件，初期条件など）を変数とした方程式で定義されるゴールを用いたい場合

⑥　解析実行

それでは，以上で設定した条件に基づき流体解析を実行してみましょう．

●解析の実行

1. プロジェクト名「ex3-1」を右クリックして，「実行」を選択します．

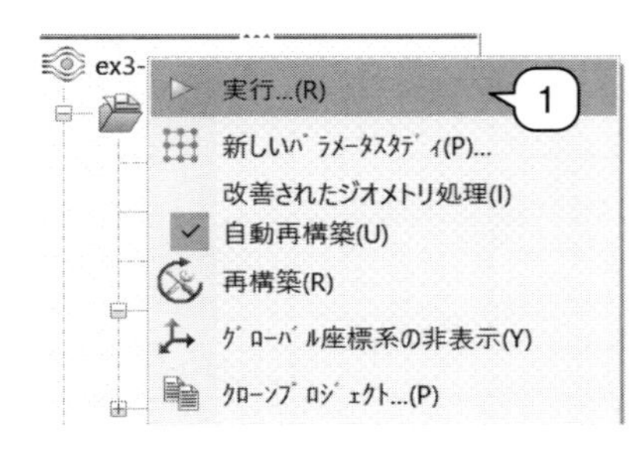

2. 実行設定画面が表示されます．ここでは並列計算で使用するCPUの数や，新規計算・継続計算の選択などを行います．今回は，そのまま「実行」を選択します．
3. ソルバーウィンドウが起動します．ソルバーウィンドウでは，計算の中断・停止のほか，計算の様子（途中結果）の確認や，設定したゴールの収束状況などを確認できます（下記【補足】参照）．

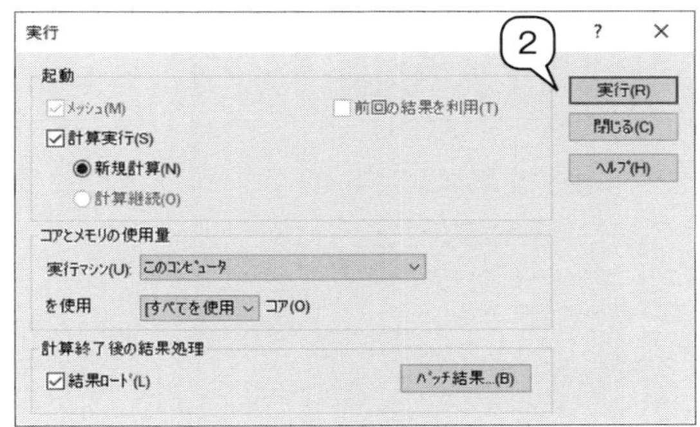

4. 計算が終了（PCの性能にもよりますが，今回は1分程度で終わりました）すれば，ソルバーウィンドウは閉じてかまいません．

【補足】ソルバーウィンドウの詳細

- 情報ウィンドウ：メッシュ数やCPU時間，反復計算の回数，経過時間などが表示されます．1トラベルというのは，指定した流速で流体が計算領域全体を通過する時間を示します．

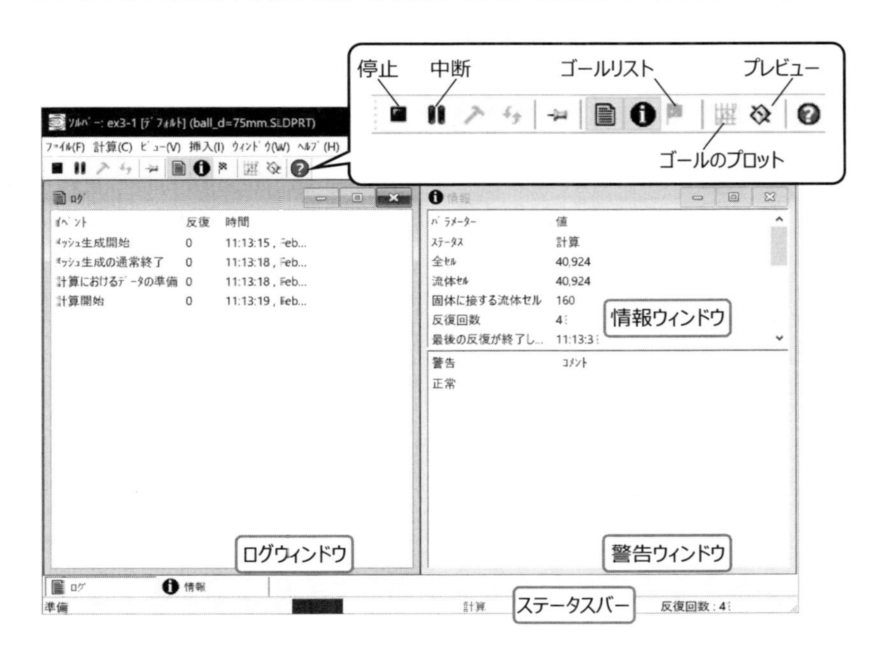

- 警告ウィンドウ：出口境界で不自然な逆流が発生したり，なんらかの計算の不具合が出ると表示されます.
- ログウィンドウ：メッシュ生成や計算にかかった物理時間を示します.

⑦ 結果の表示

それでは，計算結果（流れ場や圧力場）を可視化してみます．さまざまなプロット表示が可能です.

●断面プロット

任意の断面でのコンター（等高線），等値線，ベクトル，流線などを表示します.

1. 「結果」を展開し，「断面プロット」を右クリックして「挿入」を選択します.

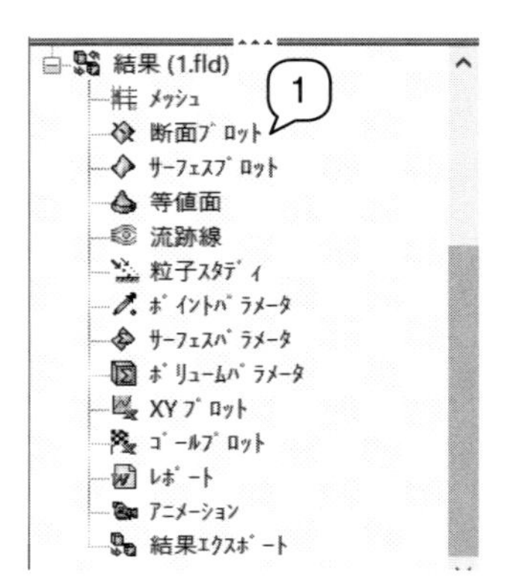

2. 「断面プロット」の設定で，表示断面や表示方法，表示する物理量を指定します．次ページには，表示断面に「正面」，表示方法を「コンター」，物理量に「速度」を選んだ例を示しています．また同様に，表示方法に「等値線」，物理量に「圧力」を指定した例も示しています.

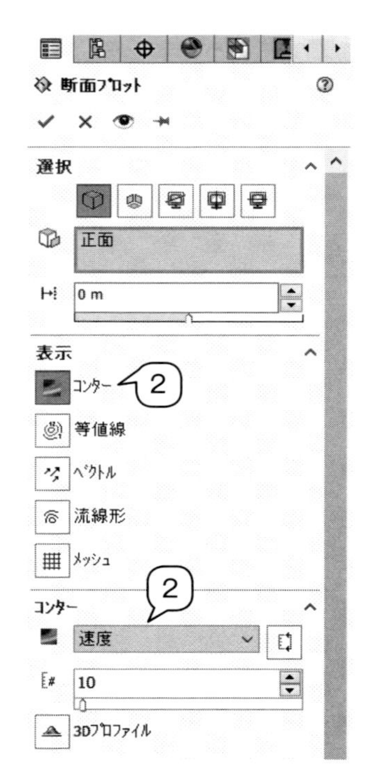

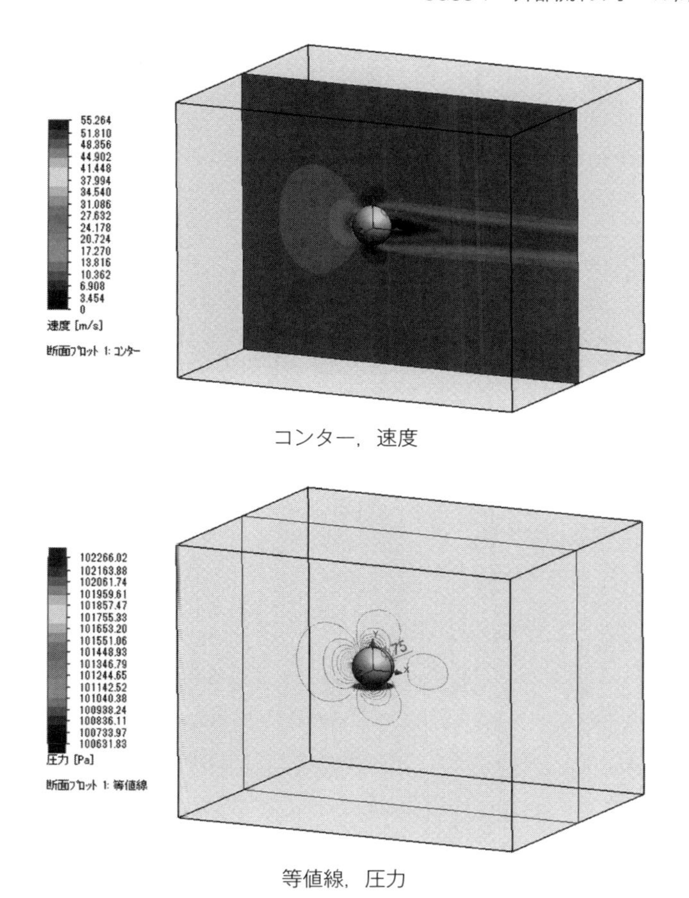

コンター，速度

等値線，圧力

●サーフェスプロット

ボールなどの物体表面にさまざまな物理量を表示します．

1. 「結果」を展開し，「サーフェスプロット」を右クリックして「挿入」を選択します．
2. 「サーフェスプロット」の設定で，表示するサーフェスや表示方法，表示する物理量を指定します．次ページには，表示断面に「正面」，表示方法を「コンター」，物理量に「圧力」を選んだ例を示しています．また同様に，表示方法に「等値線」を指定した例も示しています．

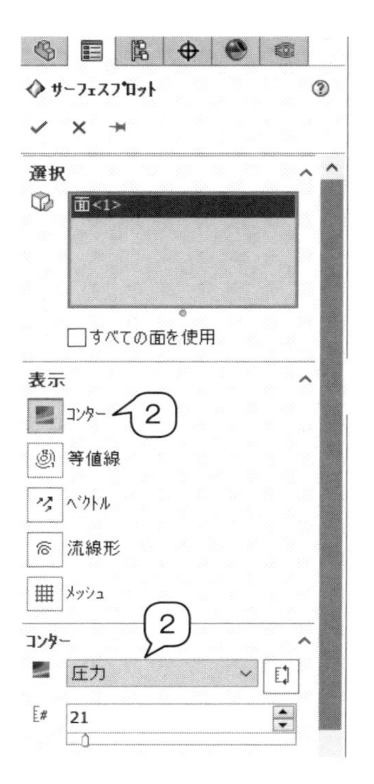

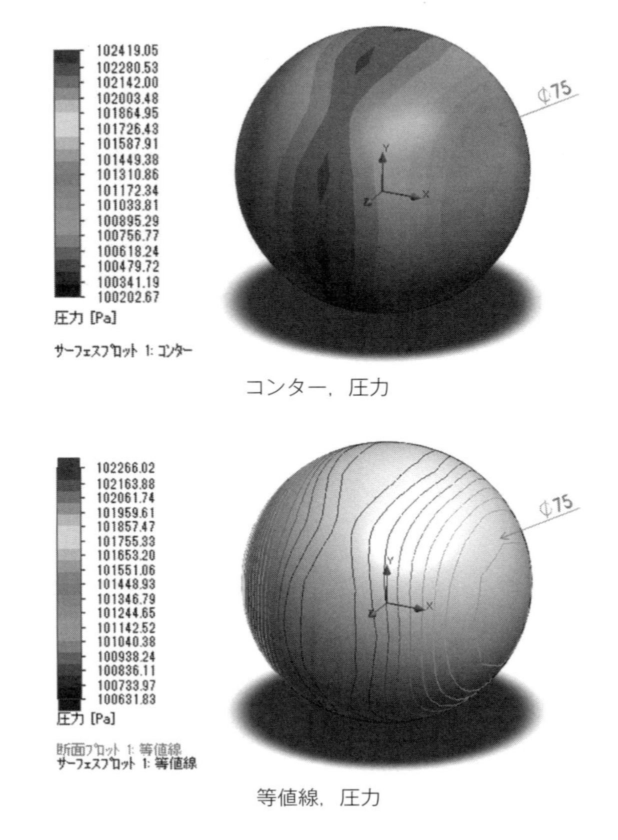

コンター，圧力

等値線，圧力

●等値面

3次元空間上に，指定した物理量が一定となる面を表示します．

1. 「結果」を展開し，「等値面」を右クリックして挿入を選択します．
2. 「等値面」の設定で，表示方法，表示する物理量を指定します．下図は，計算領域中の流速 50 m/s の等値面を示した例です．複数の等値面を表示することも可能です．

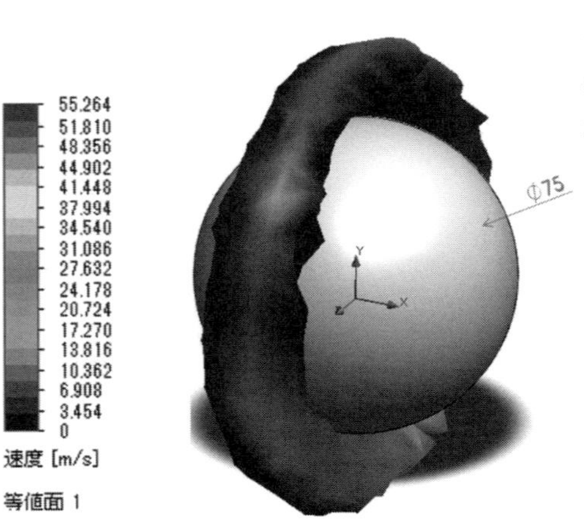

●流跡線

流体内の仮想的な流体粒子が時間の経過とともに移動する軌跡を描きます.

1. 「結果」を展開し,「流跡線」を右クリックして挿入を選択します.
2. 「流跡線」の設定で，線のスタート位置の指定，線の数，線の表示設定などを指定します．あらかじめ，モデル中に流跡線開始用スケッチを描いておくと便利です.

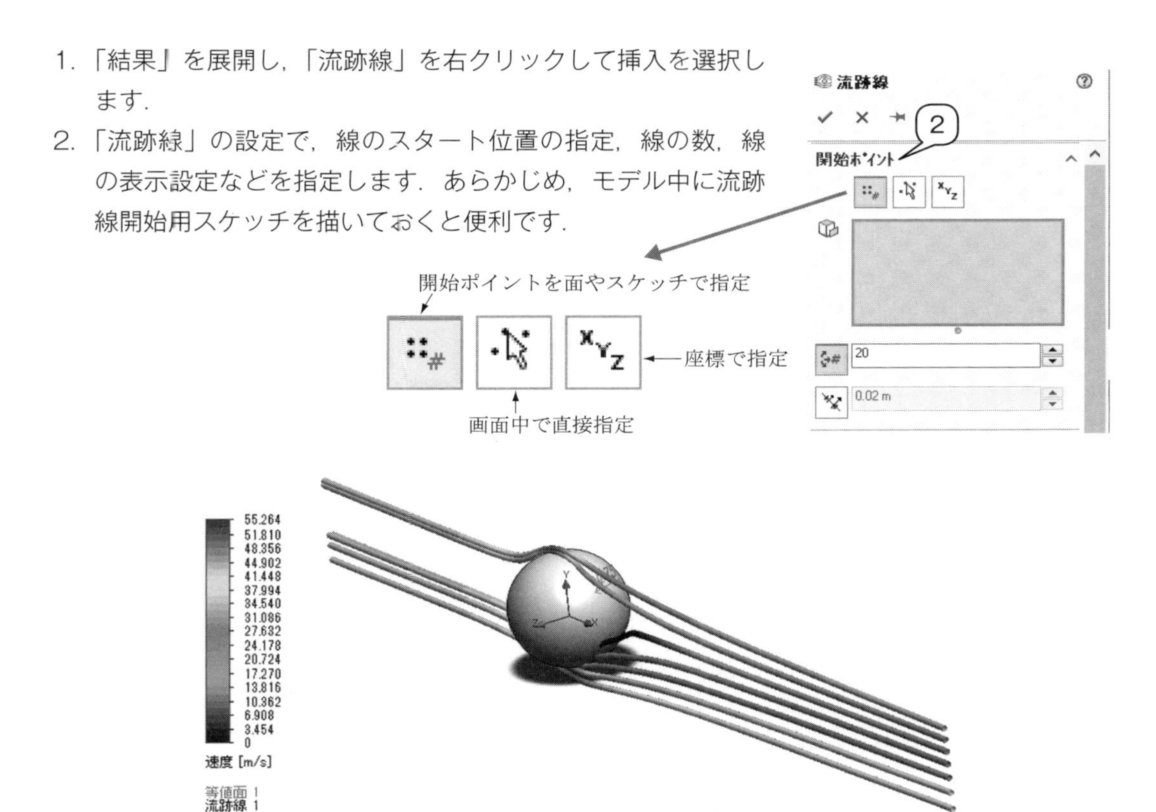

【補足】

作成したプコットは，右クリックすることで「定義編集（表示設定の変更）」「表示・非表示」「削除」などが可能です．右図は，流跡線の場合です.

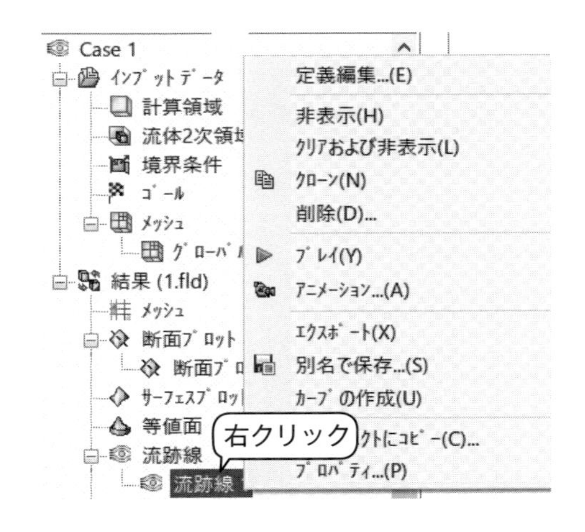

●基本的なアニメーション表示

各プロットに対して基本的なアニメーションを作成できます.

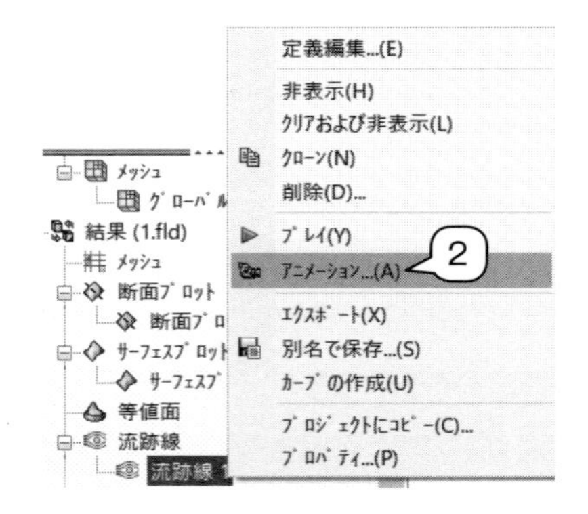

1. 各プロットを右クリックして「プレイ」を選択すると，アニメーションで表示されます．
2. 同様に，各プロットを右クリックして「アニメーション」を選択すると，下部に表示されるアニメーションコントロールから全体的にアニメーション再生の設定が可能です（AVI ファイルなどにも出力できます）．

4. 結果の考察

冒頭で示した疑問点については，解析結果から，以下のようになります．

Question

- もっとも流速の大きくなる点はどこか？

→「断面プロット」から，流れに対するボールの側面近傍でもっとも流速が大きくなり，入口境界条件として与えた 44.4 m/s に対し，最大で約 56.9 m/s まで増速することがわかります．

Question

- もっとも圧力の高くなる点はどこか？

→「サーフェスプロット」から，流れに対向した正面（先頭）でもっとも圧力が高くなり，解析ウィザードで与えた熱力学パラメーターの圧力 101325 Pa に対し，相対的に 1122 Pa 上昇していることが確認できます．このような点を「よどみ点」とよんでいます．

Question

- 物体にかかる力の大きさはいくらか？

→「ゴールプロット」の確認により，1.127 N という力が発生していることがわかります．もし力をベクトル成分で求めたい場合は，サーフェスゴール（SG）に力の XYZ 3 成分を個別に指定します．

Tips 1　解析におけるファイル構成および結果のロード

SOLIDWORKS ではシミュレーションを実施した場合，もとのファイルに対して自動的にファイルやフォルダが追加されます．以下に具体的な事例を説明します．

- 造形したファイル：df10-g.SLDPRT
- 上記ファイルと同じ箇所に自動的に作成されるファイル：df10-g_project_folders.html
  上記ファイルにはシミュレーション時のプロジェクト情報（各種解析条件など）の設定が格納されています．
- 新たに作成されるフォルダ（1）：＄rpr_data
  上記フォルダはデータの履歴などが格納されているファイルで，通常は利用しません．
- 新たに作成されるフォルダ（2）：1
  上記フォルダ内には複数のファイルが格納されていますが，それらは解析結果となっています．

上記の新たに作成されるフォルダは，解析の状況によっては非常にデータ量が大きくなる場合があります．また，造形ファイルとプロジェクト情報の２つのファイルがあれば，それらのファイルを使って再度計算を実行し直すことで同じ結果を得ることができるため，データ保存の容量を少なくしたい場合や，解析条件などのみを他者に渡したい場合は，最初の２つだけ保存しておけばよいでしょう．

通常，モデル読み込み，設定，解析の順で行うと，結果の表示などはそのまま行うことができます．その状態で保存することで各種設定が保存されます．

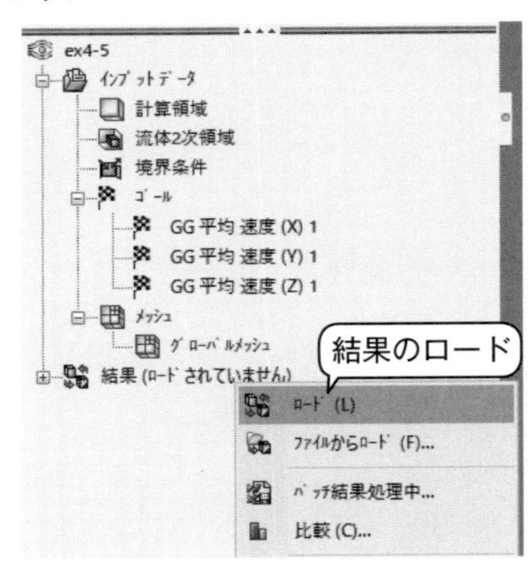

しかしながら，一度ファイルを閉じて再度読み込んだ場合，左側のウィンドウの「結果」のところで「ロードされていません」と表示されます．その場合，「結果」のところで右クリックして「ロード」を選択することで，結果がロードされ，表示などを行うことができるようになります．

上記のような作業を行った場合，自動的に先に示したフォルダ内のデータが参照されることになります．

注意点としては，データの上書きです．後に説明するように，各種条件（初期条件やゴール設定）を変更して再度計算を行った際，その結果は上書きされてしまいます．その場で見るだけならよいですが，結果を後にも参照できるようにしたい場合，各種条件ごとにフォルダを作成してそのフォルダに格納されているファイル（●● .SLDPRT）を読み込んだ後に条件変更，計算の実行を行う必要性がありますので，注意が必要です．

Case 2　内部流れ：配管内の流れ

ここでは，「内部流れ」の計算手順を説明します．「内部流れ」とは，文字どおり，ある閉空間内を流体が流れる場合を想定しており，典型的な例としては，工場などにある配管内部の蒸気や油，空気などの流れなどがあげられます．注意すべき点は，「外部流れ」と異なり，明示的に入口や出口をモデリングして，境界条件を具体的に設定する必要があることです．

1．解析モデル

図Ⅲ-2-1 に示すような，分岐のある配管の中の水の流れを解析してみましょう．入口が 1 つ，分岐した出口が 2 つあります．このような形状の場合，分岐部分で特徴的な流れ場が発生したり，出口の流量の割合が必ずしも同じにならなかったり，といった現象が起こることが考えられます．

以下のような疑問点を解析によって評価してみます．

Question

- もっとも流速の大きくなる点はどこか？
- もっとも圧力の高くなる点はどこか？
- 2 か所の出口の流量比はいくらか？

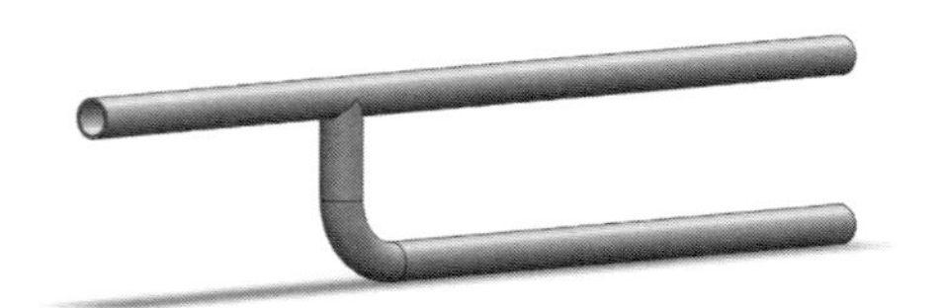

図Ⅲ-2-1　配管モデル（内径 ϕ50 mm，平滑面）

2．解析条件

表Ⅲ-2-1 のような条件で解析を進めてみます．

表Ⅲ-2-1　解析条件

流体	水（密度 1000 kg/m^3，動粘性係数 1.0×10^{-6} m^2/s @101325 Pa，20℃）
定常 / 非定常	定常解析
境界条件	入口：流入質量流量 2.0 kg/s 出口：（2 か所）環境圧力（大気圧）
メッシュレベル	3（デフォルト）

【備考】入口断面積は，内径 ϕ50 mm より $A = 1.96 \times 10^{-3}$ m^2 となります．
水の密度を $\rho = 1000$ kg/m^3 とすると，流入質量流量は $m = \rho UA$ と表せるため，入口流入流速は $U = m/\rho A = 1.02$ m/s となります．

3. 操作の流れ

基本的な操作の流れは「外部流れ」の場合と同じですが,「内部流れ」の解析では，流体の「入口」「出口」に相当する開口部に「蓋」とよばれるパーツを作成して密閉空間にする必要がある点が,「外部流れ」の解析と大きく異なります.「蓋」の作成については，操作手順のなかで詳しく説明します.

① 計算対象モデルの読み込み

SOLIDWORKS で作成したモデルを「PartⅢ」→「Case2」フォルダに用意していますので，それを使って解析を行います.

② 解析スタディの作成(解析ウィザード)

●ファイルを開く

1. 上記フォルダにあるパーツファイル「pipe.SLDPRT」を開きます.

●解析ウィザード開始（プロジェクト作成）

1. Flow Simulation のアドインが起動していること確認し,「解析ウィザード」アイコンをクリックします.
2. プロジェクト名を「ex3-2」とし,「次へ」を選択します.

●解析ウィザード ―単位系

1. SI 単位系を選択し,「次へ」を選択します.

●解析ウィザード ―解析タイプ

1. 「解析タイプ」は「内部流れ」を選択します.
2. 「密閉空間を考慮」の項目は，中空物体などの場合に選択します．今回は「流れのないキャビティー」自体が存在しませんし，内部空間は計算が必要ですので，いずれもチェックは不要です.
3. 「物理特性」は，付加的な解析オプションです．今回は何もチェックしません.
4. 「次へ」を選択します.

●解析ウィザード ―デフォルト流体

1. 「液体」の中から「水」を選択し,「追加」ボタンを押してから,「次へ」を選択します.
   ※流れ特性には,「流れタイプ」「キャビテーション」が選択できるようになりますが，今回は何も選択せず次に進みます.

●解析ウィザード ―壁面条件

1. デフォルトのまま，とくに何も変更せず「次へ」を押して進みます.

●解析ウィザード―初期および境界条件

1. 「熱力学パラメーター」はデフォルトのままとします.「速度パラメーター」は初期流れ場を指定します.「内部流れ」の場合は，境界条件の部分で指定しますので，通常は0 m/sのままでかまいません.「乱流パラメーター」もデフォルトのままとします.
2. 「終了」を選択します.

●開口部への「蓋」の作成

「内部流れの解析」では，計算領域が密閉されている必要があります．このような状態を，一般に「防水モデル」あるいは「Water Tight モデル」とよびます.

1. 解析ウィザードを終了すると，右図のようなウィンドウが出て，「蓋の作成」ツールの起動を聞いてきますので，「はい」を押してツールを起動します.
   ※蓋の作成ツールを使わずに，モデリングのほうで明示的に蓋を作成することも可能です（マルチボディとして作成することが必要です）.

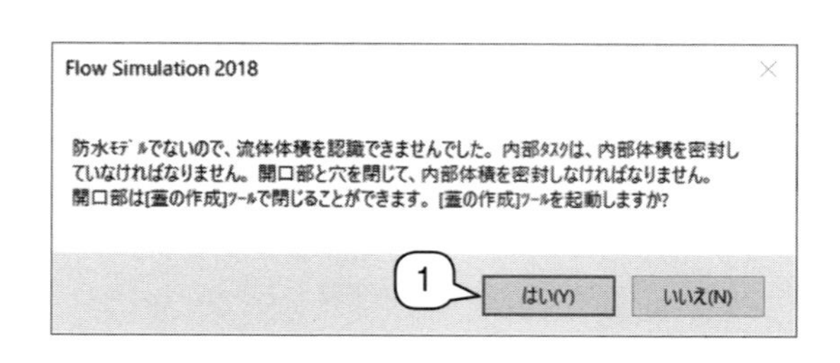

2. 画面に従って，蓋を作成するエッジ平面を選択して「OK」を押します.
3. 計算領域やメッシュに関する確認メッセージが出てきますが，すべて「はい」を選びます.

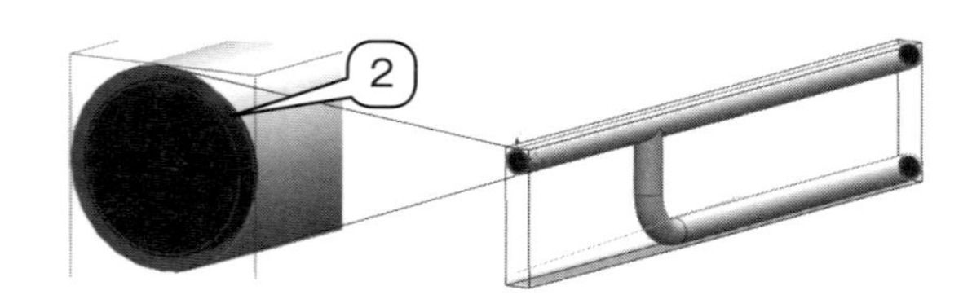

●入口境界条件の作成

流体の流入口の境界条件を設定します.「内部流れ」では，境界条件の設定が正しくないと計算が正しく終了しなかったり，間違った計算結果を与えたりすることがあります.

1. プロジェクトツリーの「境界条件」を右クリックし，「境界条件の挿入」を選択します.
2. 「選択」では，先ほど作成した蓋（水の入口）の流体に接する面を選びます．あらかじめ断面表示をしておくと，選択しやすくなります.

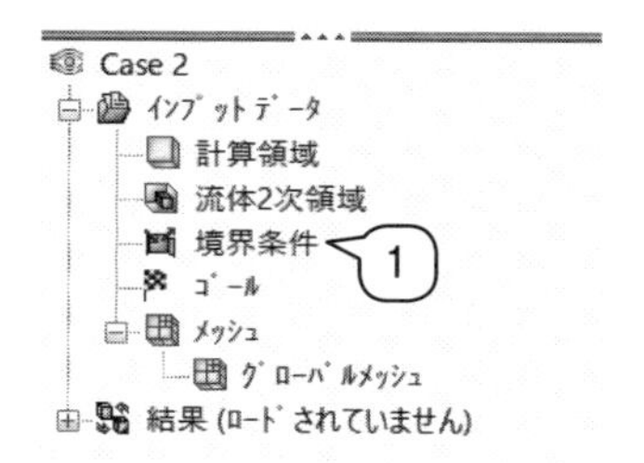

3. 選択した面に入口境界条件を設定します．設定条件は以下のとおりです（それ以外はデフォルトのまま）.

（ア）流れ開口部→流入質量流れ

（イ）流れパラメーター：2.0 kg/s

4. 設定を確認して ✓ を押します．

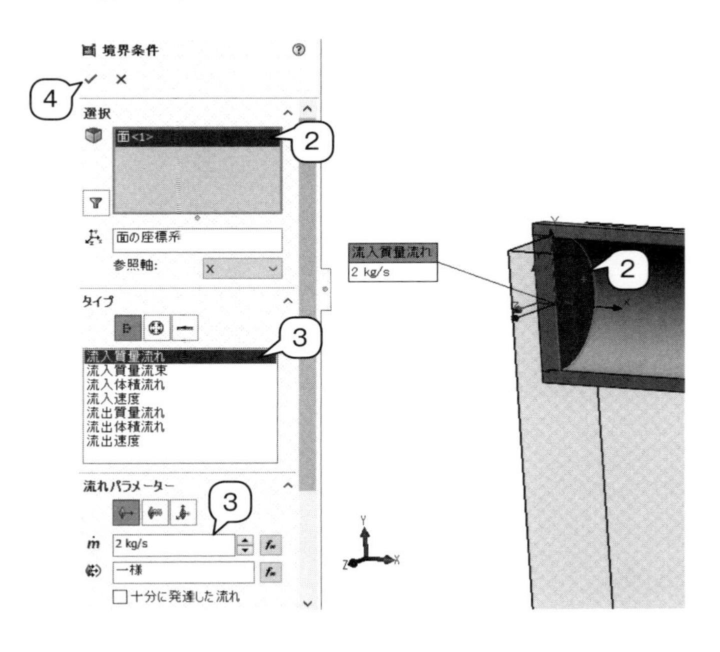

●出口境界条件の作成

流体の出口境界条件を設定します．今回の水のような非圧縮性流体の計算の場合は，出口側に圧力を設定します．

1. 入口境界条件の場合と同様に，プロジェクトツリーの「境界条件」を右クリックし，「境界条件の挿入」を選択します．

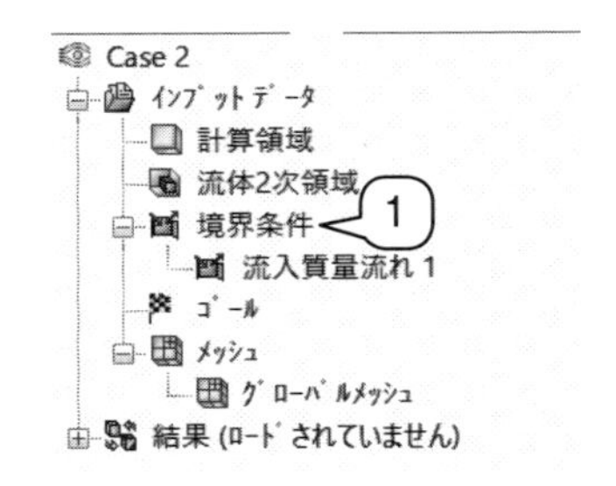

2. 先ほど作成した蓋（水の出口）の流体に接する面に境界条件を設定します．設定条件は以下のとおりです（これ以外はデフォルトのまま）．

（ア）「圧力開口部」→「環境圧力」

（イ）熱力学パラメーター：101325 Pa

3. 設定を確認して ✓ を押します．

4. 同様にして，もう片方の出口境界条件を追加して設定します．

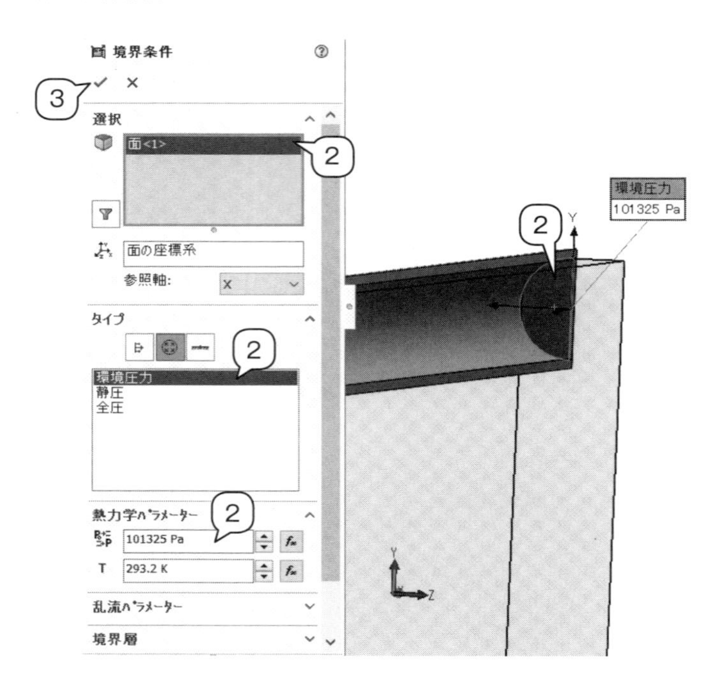

③　解析メッシュの設定

●メッシュの確認

ここまでの設定で，計算メッシュが作成されています．これを確認してみます．

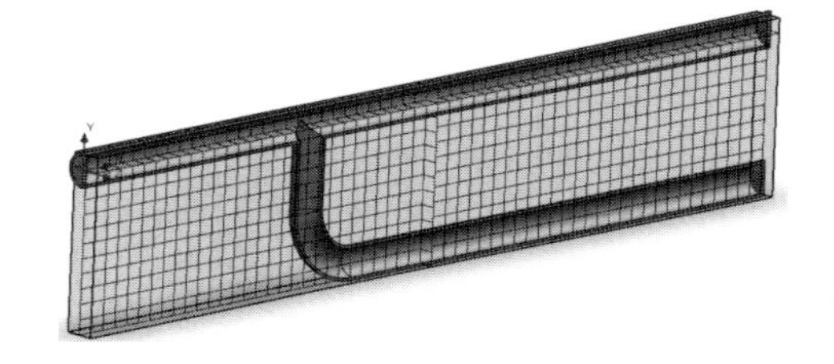

1. 「インプットデータ」→「メッシュ」→「グローバルメッシュ」を右クリックして，「ベースメッシュ表示」を選択します．
2. 今回は，メッシュレベルはデフォルトの「3」のままとします．

   ※パイプの外にもメッシュが作成されますが，実際の解析に使用されるのはパイプ内部のメッシュのみです．

④　各種設定

とくに追加の設定（境界条件など）はありませんので，省略します．

⑤　収束判定条件の設定（計算のゴールの設定）

●ゴールの作成

今回は，２つの出口の「質量流量」をゴールとします．質量保存側から，２つの境界の流量の和は，入口境界で設定した流入質量流量と等しいはずです．

1. プロジェクトツリーの「ゴール」を右クリックし，「サーフェスゴールの挿入」を選択します．
2. 「選択」では，2つの出口境界を選択します（流体に接する面）．
3. 「各サーフェスにゴール作成」にチェックを入れます（選択した面それぞれにゴールが設定されます）．
4. 「パラメーター」では「質量流量」を選択します．
5. 設定を確認して ✓ を押します．

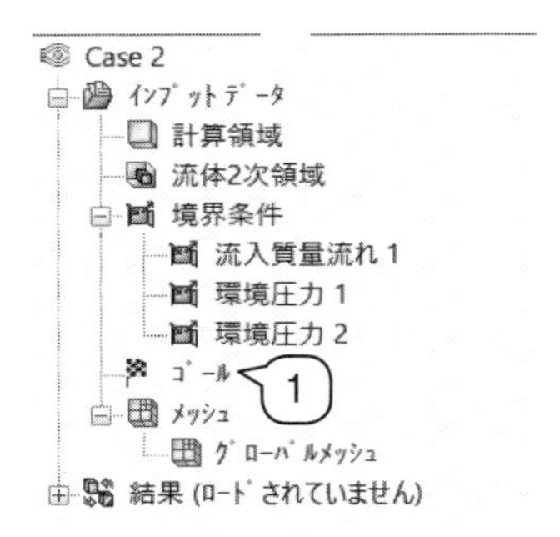

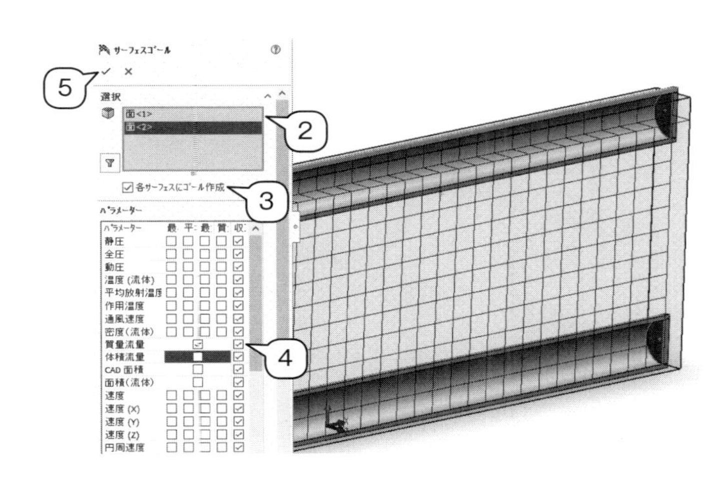

⑥ 解析実行

それでは，以上で設定した条件に基づき流体解析を実行しましょう．

●解析の実行
1. プロジェクト名「ex3-2」を右クリックして，「実行」を選択します．
2. 実行設定画面が表示されます．今回は，そのまま「実行」を選択します．
3. ソルバーウィンドウが起動します．計算が終了したら，ソルバーウィンドウを閉じてかまいません．

⑦ 結果の表示

Case 1 にならって計算結果の表示を行ってみましょう．

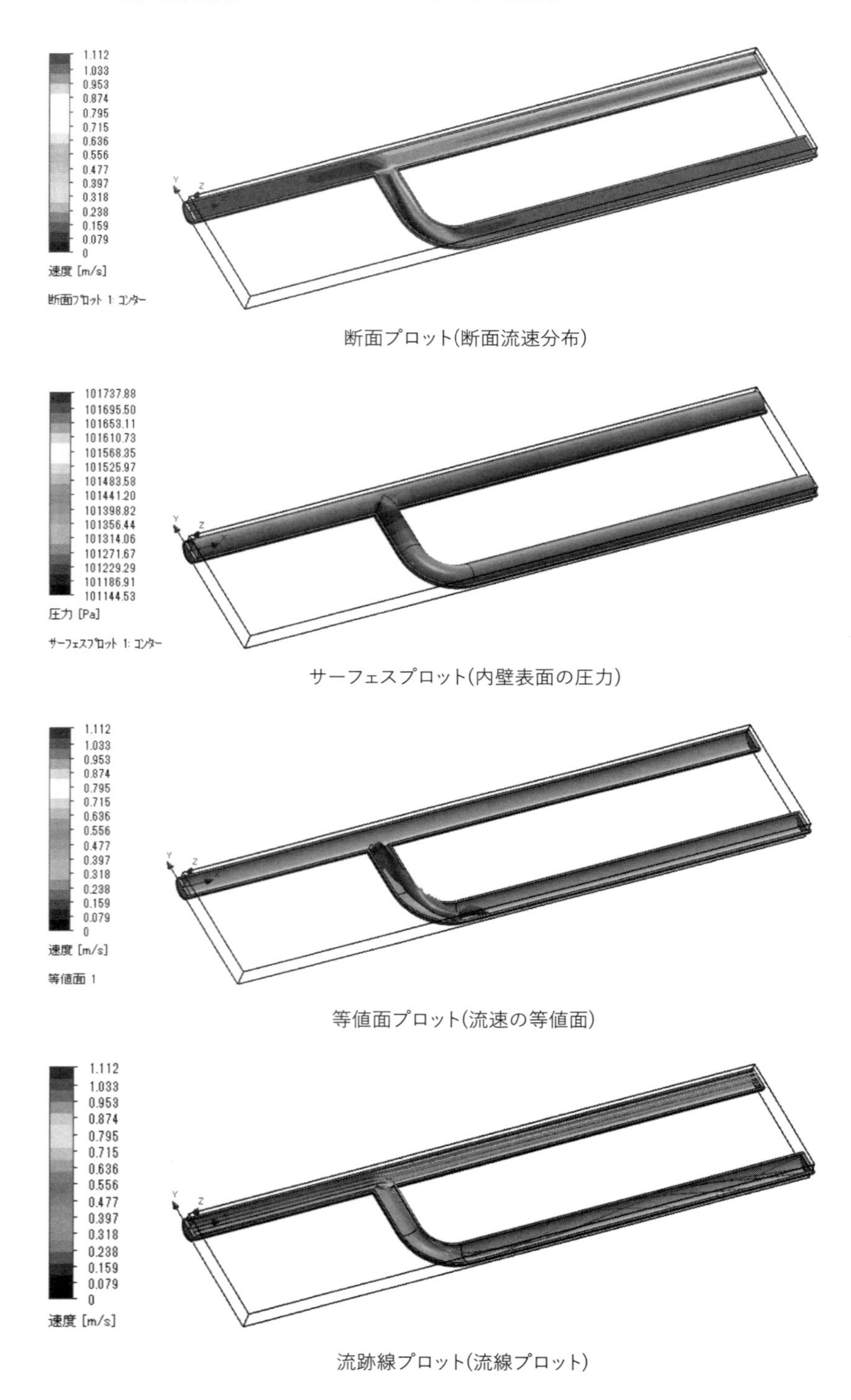

断面プロット(断面流速分布)

サーフェスプロット(内壁表面の圧力)

等値面プロット(流速の等値面)

流跡線プロット(流線プロット)

●ゴールプロット

計算の終了条件で設定したゴール（2つの出口の質量流量）の変化を表示します．設定したゴールに対応する物理量の収束した値を後から確認することが可能です．

1. 「結果」→「ゴールプロット」を右クリックして，「挿入」を選択します．
2. ゴールに「SG 質量流量 1」および「2」を設定します．
3. 設定を確認して「表示」を押します．
4. 画面下部にゴールの変化のサマリーテーブル・履歴チャートが表示されます（非定常計算を行った場合は，時間に対するゴールの値の時間変化を表示します）．

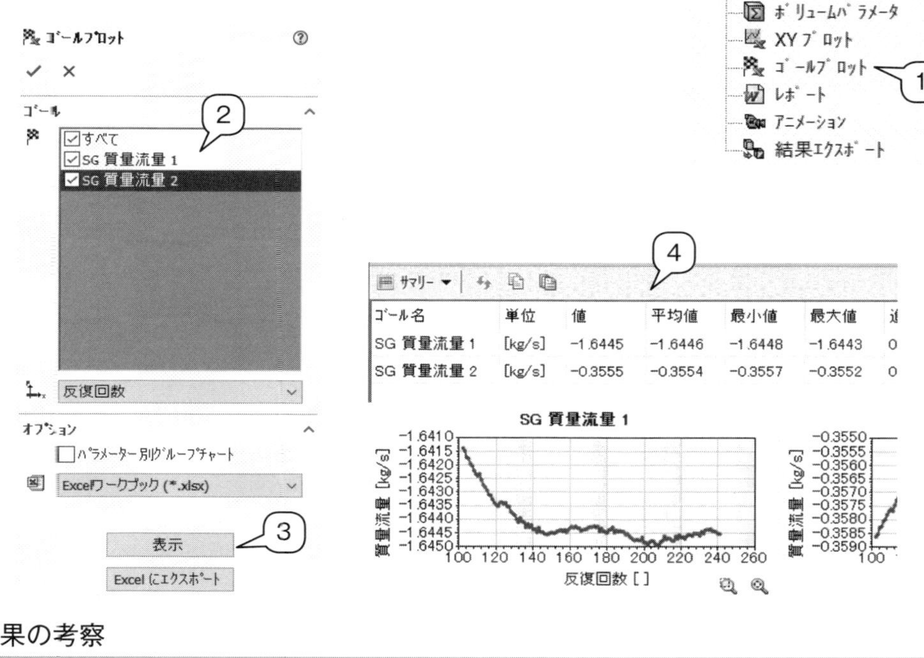

4. 結果の考察

冒頭であげた疑問点に対しては，解析結果から以下のように解答が得られます．

Question

- もっとも流速の大きくなる点はどこか？

→断面プロットから，入口から分岐までの区間の管中心がもっとも流速が速いことがわかります．

Question

- もっとも圧力の高くなる点はどこか？

→内部サーフェスに対するサーフェスプロットで圧力分布を表示させると，分岐部の下流側で高圧になっていることがわかります．

Question

- 2 か所の出口の流量比はいくらか？

→ゴールプロットから，主配管出口と，分岐した配管出口の質量流量がそれぞれ 1.6445 kg/s,

0.3554 kg/s であることがわかります．また，これらの和が入口で設定した流量 2.0 kg/s に等しいことも確認できます．

設計の観点からは，単純に同じ直径の配管を横に分岐しても流量が同じになるとは限らないということになります．そのため，一般には，ヘッダー管とよばれる流体分配のための管を繋いでから接続していくことになります．

Tips 2　外部流れと内部流れの違いと注意点

解析ウィザードで選択したように，SOLIDWORKS Flow Simulation では，「外部流れ」か「内部流れ」かが大きな区分になります．以下にそれらの違いを説明しますので，選択の目安としてください．

⦿外部流れ

外部流れ解析では，外側を固体面で閉じた内部空間ではなく，（仮想的な）計算領域境界で囲まれた空間内部でのモデル周囲の流れを解析します．

この場合，固体モデル（たとえば航空機，自動車，建築物など）は，全体が流体で囲まれます．

また，流体が建築物の内部を通過し，周囲にも流れるような，内部流れと外部流れを同時に解析する場合は，解析を Flow Simulation で「外部流れ」として行う必要があります．

⦿内部流れ

内部流れ解析では，配管内部，タンク，建築物などのように，外側を固体面で閉じた空間内部の流れを解析します．内部流れ解析では，モデルは完全に閉じられていなければなりません．モデルが完全に閉じているか（防水モデルか）を確認するには「形状チェック」ツールを使います．

内部流れにおける「蓋」の作成にあたっての注意として，以下のような点があげられます．

- 押し出しの方法は「中間平面」などとして，開口部エッジとの線接触を避けましょう．片側方向への押し出しとすると，流体部分の認識がエラーになることがあります．
- 「蓋」の厚さは隣接する壁面程度が目安です．パイプ壁に食い込んでいても OK です．薄すぎると，メッシュ生成の時に問題が発生することがあります．
- 「蓋」作成時は，「マージする」は必ずチェックを外してください．マージすると管壁面と結合されてしまい，密閉空間と見なされて流体解析ができません．

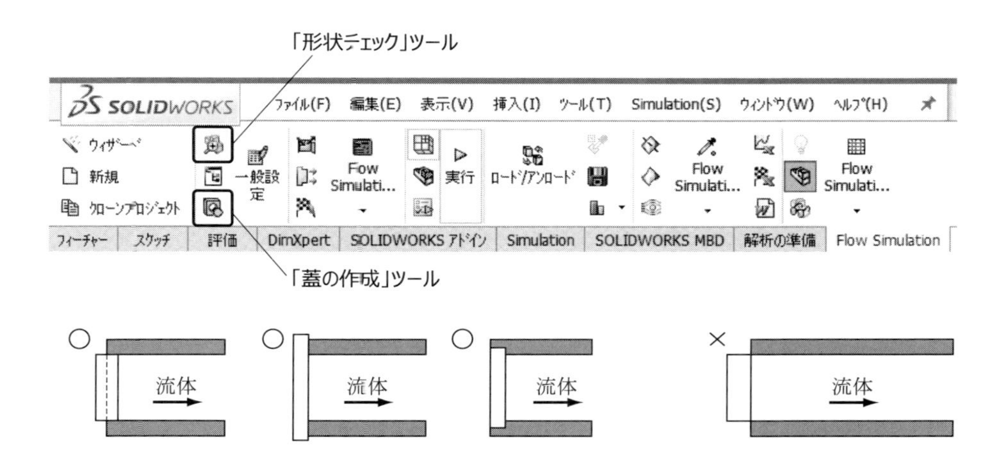

- 「蓋」は，パーツアセンブリでの作成は避けましょう．「蓋」を別のパーツで作成し，アセンブリで組み合わせることも可能ですが，内部精度の関係で，エラー（計算領域が生成されず，流体領域がないといわれる）になる可能性があります．

以上は，「蓋」を個別につくる場合ですが，すでに説明した「蓋の作成」ツールを使うと，容易に「蓋」を作成して防水モデルとすることができます．

また，配管や閉筐体内の内部流れを計算するときのもう 1 つの注意点として，以下をチェックしてみましょう．

- 境界条件の位置が近すぎないかどうか？

　入口や出口の境界条件の設定部分と，流れの変化が大きい部分が近い場合は，境界条件の影響を受けたり，非物理的な結果になることがあります．その場合は，入口や出口をダクト形状のもので延長するなど，いわゆるドライバ部を設けると，入口や出口の影響が主として知りたい解析範囲に伝わりにくく，望ましい場合があります．

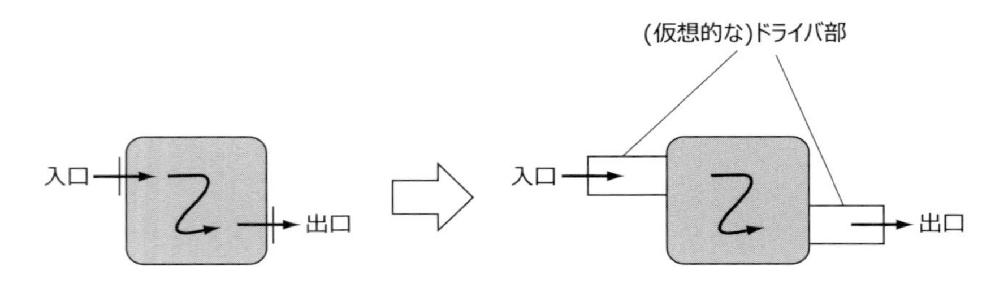

- 入口，出口の境界条件は適切か？

　Case 2 の例では，入口で流量一定，出口の環境圧力一定としましたが，入口に速度分布を与えたり，出口の圧力を全圧一定としたりすることがあります．このとき，流れ場の条件をよく考えて与えないと，非物理的な結果になることがあります．

Case 3　回転を伴う流れ：垂直軸風車

SOLIDWORKS Flow Simulation には，プロペラやファンなどの回転体を計算する機能があります．ここでは，多方向から風を受けることができる垂直軸風車を題材に，回転領域の指定方法や回転に伴う解析メッシュの設定方法などの計算手順について説明します．

1．解析モデル

図Ⅲ-3-1 に示すような垂直軸風車のブレードが中心軸（Z 軸に沿う）周りに回転している状態を解析してみます．一般に，風車というとプロペラ型風車が思い浮かびますが，垂直型風車は風向に依存しにくいため，風向きの変化の大きな地域や場所での風力発電装置として注目されています．ここでは単純に 3 枚のブレードのみが回転していることとし，支持材などは無視した簡略的なモデルとします．

以下のような疑問点を解析によって評価してみます．

Question

- 風車の内外の流れ場はどのようになるか？
- 風車の発生するトルクの大きさはいくらか？

図Ⅲ-3-1　垂直軸風車モデル（3 枚翼）

2．解析条件

基本的な回転流れを把握する目的で，表Ⅲ-3-1 のような条件で解析を進めてみます．風車は風を受けて風の運動エネルギーを軸出力に変換し，さらに発電機で電力に変換する流体機械です．そのため，風速，ブレード形状，発電機側負荷などによって結果的に回転数などが決まりますが，一般に行われる流体解析では，風速条件と回転数を解析条件として与えてトルクなどを求め，軸出力特性を求めることになります．

表Ⅲ-3-1　解析条件

流体	空気（密度 1.205 kg/m^3，動粘性係数 1.5 × 10^{-5} m^2/s @101325 Pa，20℃）
定常 / 非定常	非定常解析
主流速度	5 m/s
回転数	180 rpm（＝3 回転 / 秒）
メッシュレベル	3（デフォルト）

【備考】回転軸や翼支持部材は無視します．

3. 操作の流れ

この例は流れ場としては「外部流れ」に相当しますが，さらに回転を伴う流れの場合，計算領域において回転領域を指定する必要があります．この領域指定は，円筒物体などの同心円状物体を定義し，計算したい物体（今回は垂直軸風車モデル）を含むようにアセンブリを作成しておく必要があります（図Ⅲ-3-2）．また，この回転領域の回転軸と，同心円物体の軸は一致している必要があります．

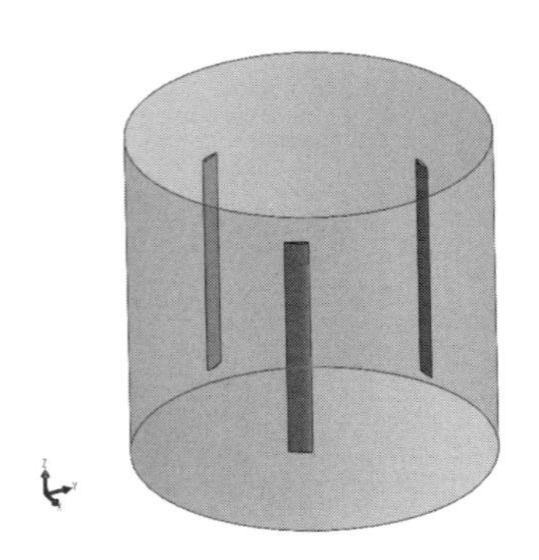

図Ⅲ-3-2　計算領域モデル

①　計算対象モデルの読み込み

SOLIDWORKS で作成したモデルを「PartⅢ」→「Case3」フォルダに用意していますので，それを使って解析を行います．風車ブレードのパーツファイル以外に，風車ブレード周りの円筒形状を，回転領域を示すパーツファイルとして作成して，両者をアセンブリしています．

②　解析スタディの作成（解析ウィザード）

●ファイルを開く

1. 上記フォルダにあるアセンブリファイル「assy.SLDASM」を開きます†．

　※このアセンブリファイルには，垂直軸風車のモデルと，回転領域を示す円筒物体のパーツファイルが含まれています．アセンブリしている位置関係を確認してみてください．

† zip で圧縮しているため，解凍した後に指定ファイルを開いてください．

●解析ウィザード開始（プロジェクト作成）

1. Flow Simulationのアドインが起動していること確認し,「解析ウィザード」アイコンをクリックします.
2. プロジェクト名「ex3-3」とし,「次へ」を選択します.

●解析ウィザード —単位系

1. SI 単位系を選択し,「次へ」を選びます.

●解析ウィザード —解析タイプ

1. 「解析タイプ」は「外部流れ」を選択します.
2. 「密閉空間を考慮」の項目は，中空物体などの場合に選択しますので，今回はチェックしません.
3. 今回は非定常の回転流れを解析しますので,「物理特性」に以下のようにチェックします.

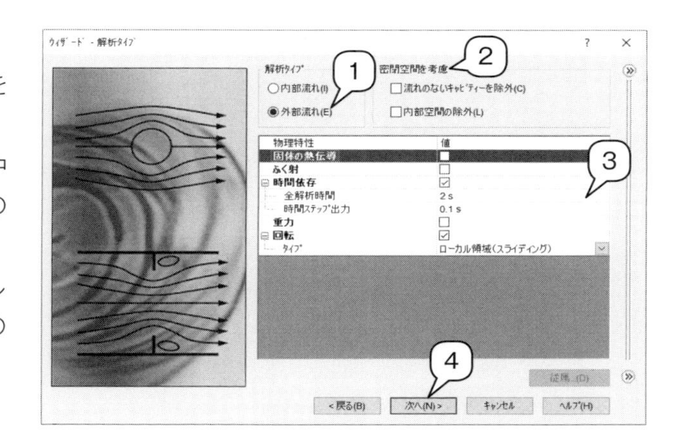

（ア）「時間依存」にチェックを入れ，全解析時間を２s に変更します（6 回回転することに相当）．時間ステップ出力は，たとえば0.1 s とすると，0.1 s ごとに計算結果を出力します．その分ディスク容量を必要としますので注意しましょう.

（イ）「回転」にチェックを入れ，タイプから「ローカル領域（スライディング）」を選択します.

4. 「次へ」を選択します.

●解析ウィザード —デフォルト流体

1. 解析対象となる流体を選択します．「気体」の中から「空気」を選択します.
2. 「追加」ボタンを押してプロジェクト流体に登録し,「次へ」を選択します.

●解析ウィザード —壁面条件

今回はデフォルトのまま，とくに何も変更せず「次へ」を押して進みます.

●解析ウィザード —初期および境界条件

1. 「熱力学パラメーター」はデフォルトのままとします.
2. 「速度パラメーター」は初期流れ場を指定します．「非定常・外部流れ」の場合は，境界条件および初期条件として指定する必要があります．ここではX 成分のみに５m/s とします.
3. 「乱流パラメーター」は流れ場に含まれる乱れ強さなどを指定します．自然風の乱流強度や乱れ強さは比較的大きいのですが，ここではデフォルトのまま，「終了」を選択します.

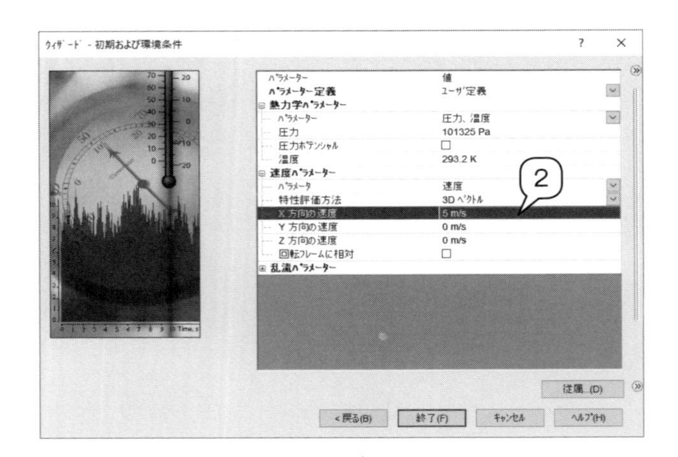

●回転領域の設定変更

コンポーネントコントロールによる変更を行います.

回転領域を示す円筒パーツは，現段階では物理的に存在する物体として認識されていますので，これを，回転領域を示すだけの状態にする必要があります．これには「コンポーネントコントロール」を利用します.

1. ツリーの「インプットデータ」を右クリックし，「コンポーネントコントロール」を選択します.

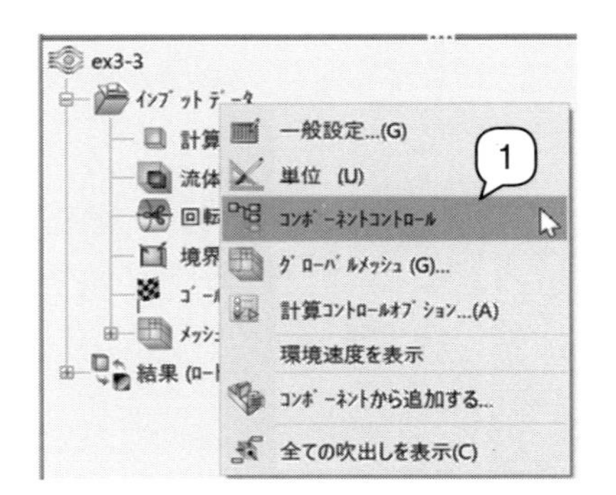

2. 現れたメニューで，回転領域を示すパーツファイル「RotatingZone」のチェックを外して✓を押します.

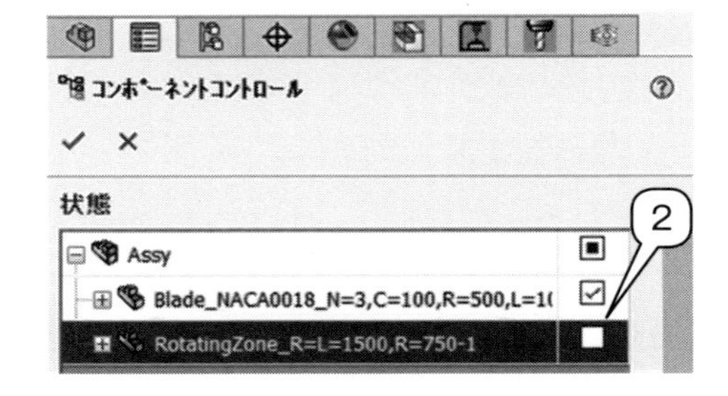

●回転領域の指定

1. ツリーの「回転領域」を右クリックし，「回転領域挿入」を選択します.
2. 「選択」の部分では，先ほどの回転領域を示すパーツファイル「RotatingZone」を選択します.

3.「パラメーター」はその回転領域の回転数（rad/s）を指定します．今回は１秒間に３回転，すなわち　およそ 18.85 rad/s ですが，マイナスをつけると逆回転になりますので，モデルの回転の向きに合わせて指定します．設定すると回転軸と回転の向きの矢印が出ますので確認してみましょう．

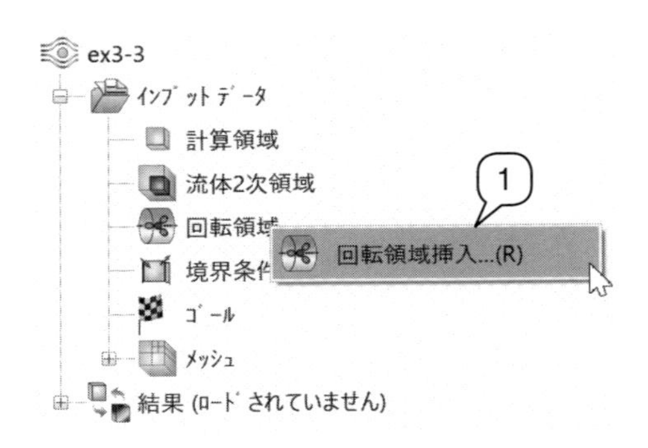

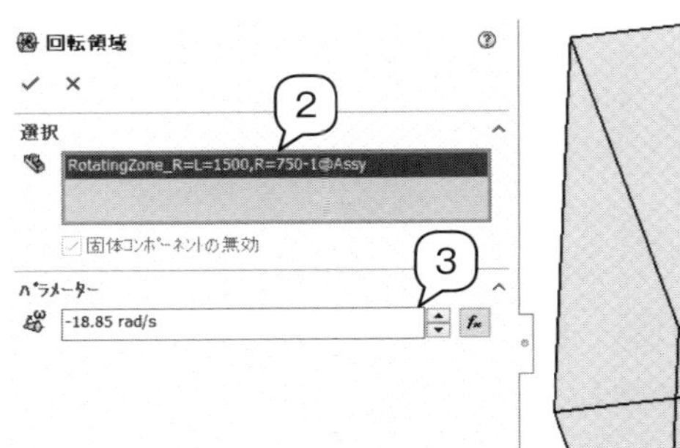

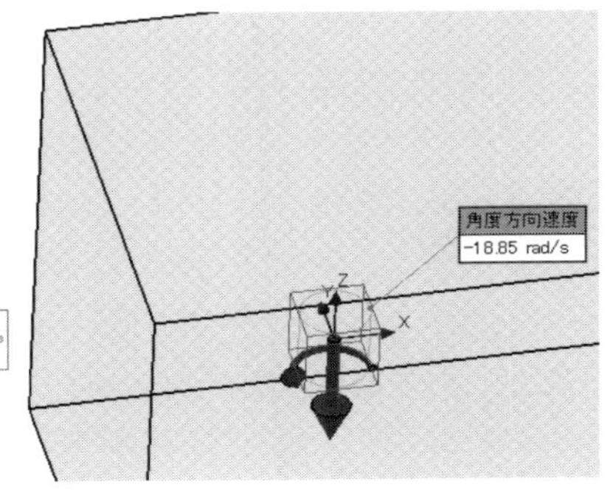

③　解析メッシュの設定

●メッシュサイズの細分化

デフォルトのメッシュレベルでは計算格子が大きすぎ，正しい解が得られませんので，ブレード周りのメッシュをさらに細分化してみます．

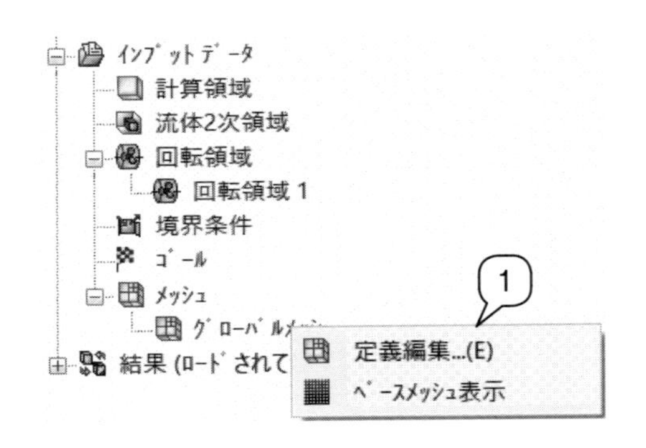

1.「グローバルメッシュ」を右クリックし，「定義編集」を選択します．

2.「設定」中の「初期メッシュのレベル」を「5」にし，さらに「比例係数」を「1.5」に増やします．
3. ツリーに戻り，「メッシュ」を右クリックして「ローカルメッシュの挿入」を選択します．
4.「選択」では，ブレードのパーツファイルを選択します．「リファインセル」の「流体リファインのレベル」を「2」，「流体／固体のセルでのリファインのレベル」を「4」とします．
5. それ以外は変更せず，✓を押します．

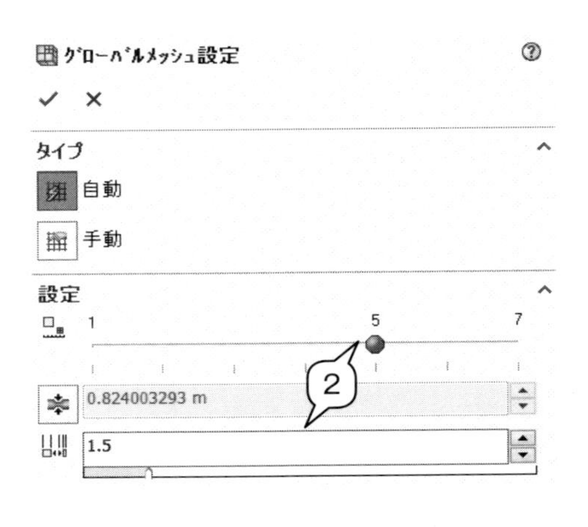

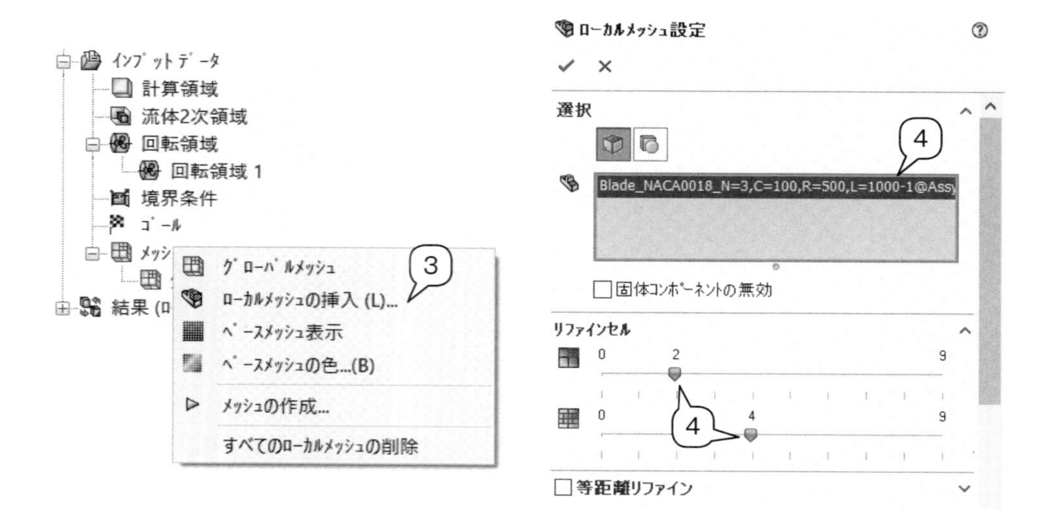

【補足】

計算を実行せずにメッシュのみを確認したい場合は，ツリーの「メッシュ」を右クリックして「メッシュの作成」を選択します．メッシュの計算が開始され，メッシュのみ結果がロードされます．断面プロットなどから表示させることもできます．下図に計算途中のメッシュの様子を示しますが，ブレード周りのメッシュが段階的に細かくなっていることがわかります．また，指定した領域のメッシュが時間とともにスライディングしていきます．

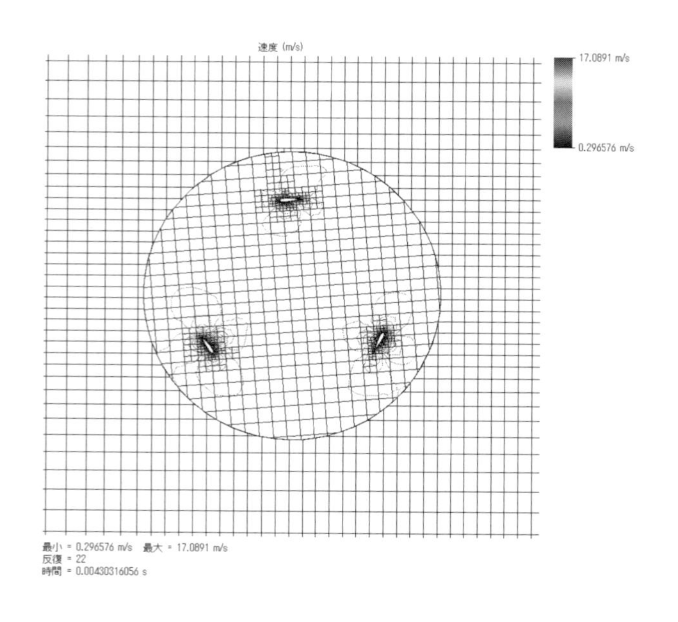

④　各種設定

今回は，とくに追加の設定（境界条件など）はありませんので，省略します．

⑤　収束判定条件の設定（計算のゴールの設定）

●ゴールの作成

今回はブレード面すべてから発生するZ軸周りの回転トルク「モーメント（Z）」を指定します．モデルは座標系のZ軸が回転中心軸に一致しており，このトルク成分と回転数を掛けることで，垂直軸風車の軸出力が算出できます．

1. プロジェクトツリーの「ゴール」を右クリックし，「サーフェスゴールの挿入」を選択します．

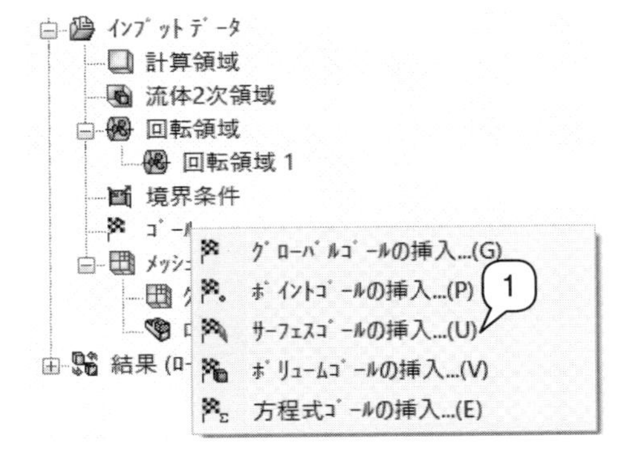

2. 「選択」では，ブレード表面（9つの面）をすべて選択します．
3. 「各サーフェスにゴール作成」にはチェックを入れません（9つの面まとめて計算する）．
4. 「パラメーター」では「モーメント（Z）」を選択します．
5. 設定を確認して ✓ を押します．

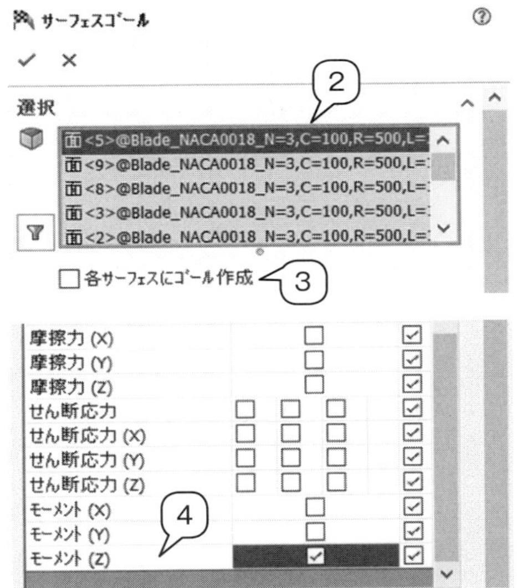

⑥　解析実行

それでは，以上で設定した条件に基づき，流体解析を実行しましょう．

●解析の実行

1. プロジェクト名「ex3-3」を右クリックして，「実行」を選択します．
2. 実行設定画面が表示されます．今回は，そのまま「実行」を選択します．メッシュ数が多いためかなり時間がかかりますので，気長に待ちましょう．
3. ソルバーウィンドウが起動します．計算が終了したら（PCの性能にもよりますが，今回は約40分で終わりました），ソルバーウィンドウを閉じてかまいません．

⑦　結果の表示

●任意断面での速度分布の断面表示

風車背後に大きな減速領域が見られます（図Ⅲ-3-3）．

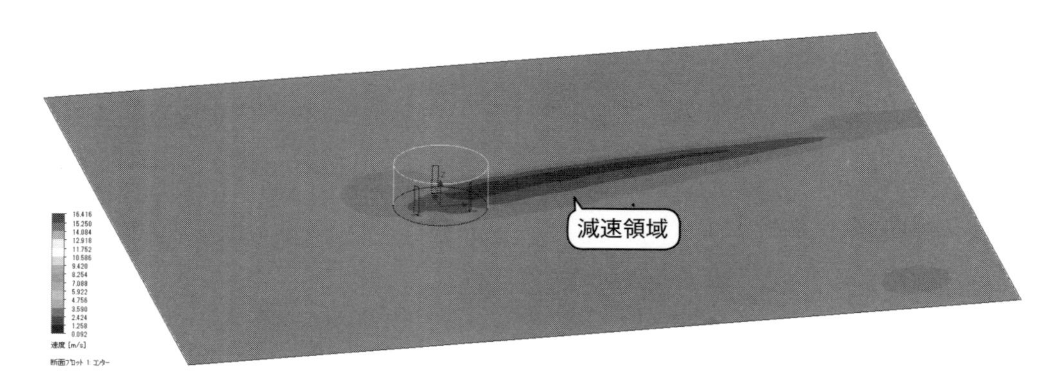

図Ⅲ-3-3　風車回りの流速分布

●ブレード表面の圧力分布

ブレード表面の圧力分布から，ブレード両端での圧力分布の違いを確認できます（図Ⅲ-3-4）．

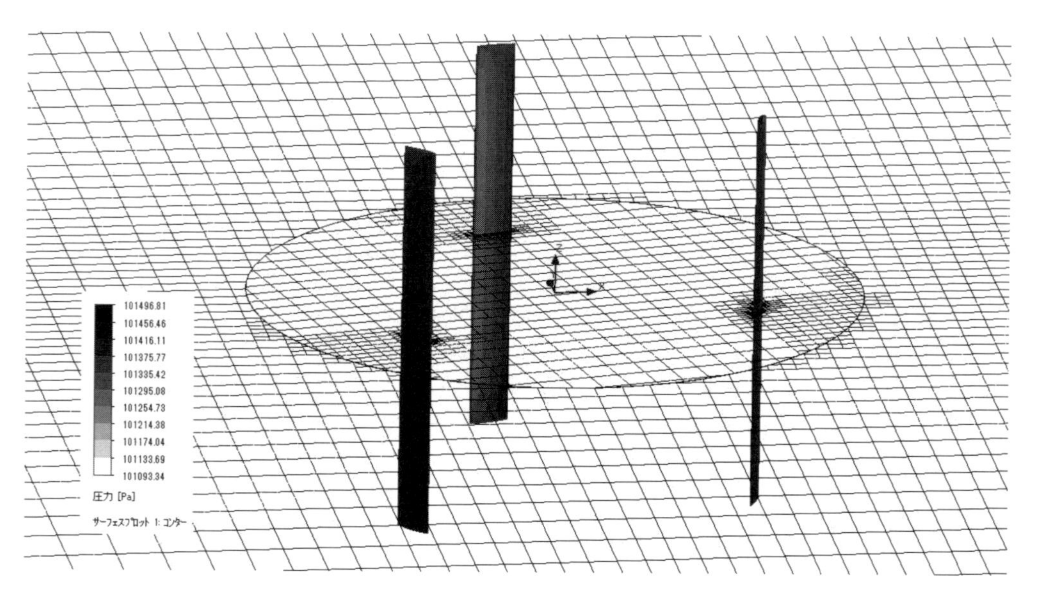

図Ⅲ-3-4　風車ブレード表面の圧力分布

●垂直軸風車のトルクの時間変化

設定したゴールの時間変化を Excel にエクスポートすることもできます．これには「ゴールプロット」を選択し，「Excel にエクスポート」を選択します．

今回のゴール（ブレードの面全体で発生する「モーメント（Z）」）を時間に対する変化のグラ

フとして作成してみると（図Ⅲ-3-5），今回の計算結果では，1秒程度計算するとほぼ初期条件の影響がなくなり，ある回転位置でトルクが最大となることがわかります．また1回転中に，トルクが極大値となる角度が3か所あることがわかります．

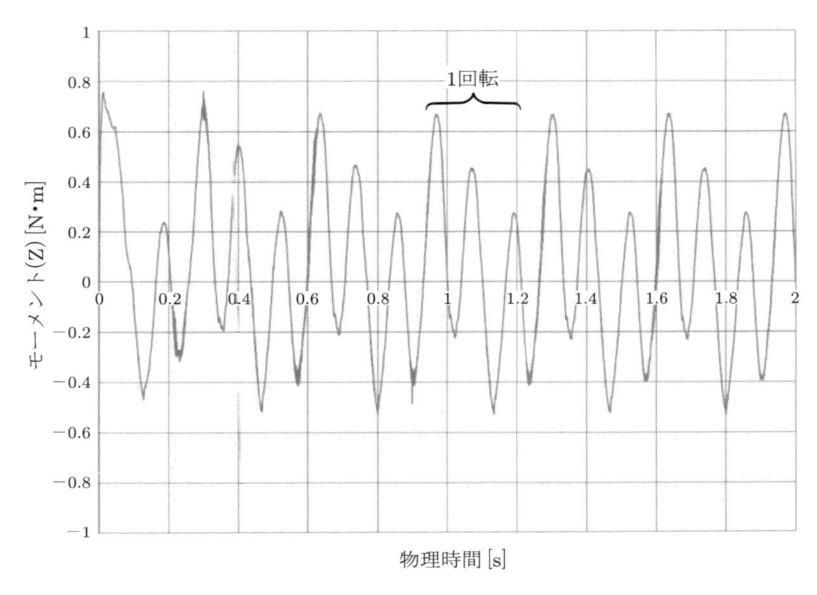

図Ⅲ-3-5　ブレードトルクの時間変化

4. 結果の考察

冒頭であげた疑問点に対しては，解析結果から以下のように解答が得られます．

Question

● 風車の内外の流れ場はどのようになるか？

→断面プロットから，風車の後ろには大きな減速領域が現れ，回転の向きに応じて偏向していることがわかります．また，風車内部では，もっとも上流側の翼周りで大きな流れの変化が見られ，流れの剥離などが起こっている可能性があると考えられます．

Question

● 風車にかかるトルクの大きさはいくらか？

→ゴールプロットから，ピーク値は最大 0.67 N·m となります．また，1周期の平均値はおよそ 0.05 N·m となり，これに回転速度 18.85 rad/s を掛けると軸出力が 0.94 W と計算できます．

Tips 3 回転モデルの違い

SOLIDWORKS Flow Simulation で扱える回転モデルは大きく分けて 4 つあります．

①壁移動：必ずしも回転を意味しませんが，計算領域の境界となる壁が平行移動や回転を行うモデル
②グローバル回転：計算領域全体が回転する定常計算モデル
③ローカル回転領域（平均化）：計算領域の一部が円筒領域などで区分されて，その中のみ回転する定常計算モデル（複数の領域指定可能）
④ローカル回転領域（スライディングメッシュ）：計算領域の一部が円筒領域などで区分されて，その中のみ回転する非定常計算モデル

②，③の定常計算の場合は，回転領域で遠心力やコリオリ力のような力を付加して，時間平均的な流れ場を計算します．したがって，時間平均的なファンやプロペラの性能を評価したい場合に用いられます．一方，スライディングメッシュモデルは，文字どおり指定された領域のメッシュが，外部のメッシュに対して動的にスライドしながら回転するものです．計算負荷は大きくなりますが，非定常の流れを捉えることができ，詳細な検討が必要な場合に用いられます．

Tips 4　流体の物性値の確認

これまでの基本的な解析で設定してきた空気や水といった流体以外に，さまざまな流体を設定できます．同一プロジェクトで最大 10 種類までのさまざまなタイプの流体（液体，気体 / 蒸気 / 実在気体，非ニュートン液体および圧縮性液体）を解析できますが，気体と液体のように異なるタイプの混合は計算ができません．さらに，固体壁で仕切られている必要があります．また，Flow Simulation では，非ニュートン液体または圧縮性液体の層流のみしか計算できないという制限があります．

Flow Simulation で使用する流体の物性値はエンジニアリングデータベースに登録されており，以下のようにして値を確認できます．

●「ツール」→「Flow Simulation」→「ツール」→「エンジニアリングデータベース」を選択

「アイテムプロパティ」や「テーブルおよびカーブ」のタブをクリックするとさまざまな物性値が確認できます．

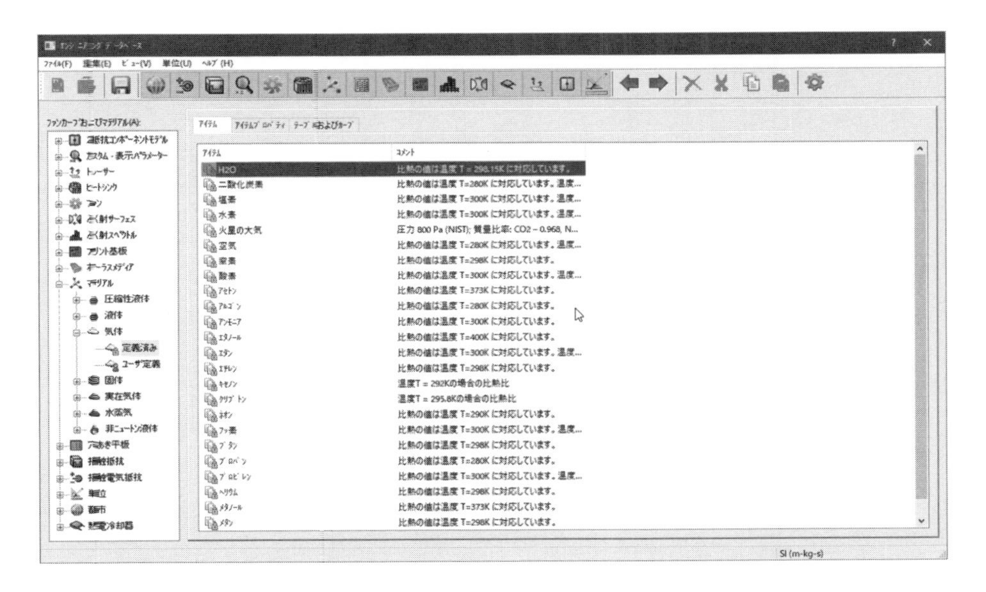

Case 4 熱流体連成：加熱配管内の流れ

とくにエネルギー機器や温熱環境などの分野的には，水や空気などに対する流体解析のみだけではなく，固体の熱伝導や，固体表面から熱が流体に伝わり，さらに流れとともに熱が移動する熱伝達現象を解析する必要とする場合があります．そこで，ここでは簡単な例をもとに熱と流体の連成解析を実施してみます．

1. 解析モデル

図Ⅲ-4-1 に示すように，配管の一部（色の濃い部分）で外部から加熱を受ける配管内の水の流れを解析し，流れと熱の移動を考えます．

以下の疑問点を解析によって評価してみます．

Question

- 常温 20℃で入ってきた水の出口平均温度はいくらになるか？

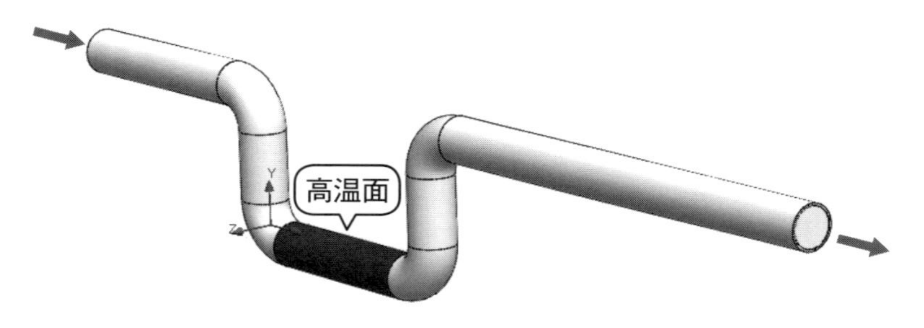

図Ⅲ-4-1　加熱を受ける配管流れ

2. 解析条件

表Ⅲ-4-1 のような条件で解析を進めてみます．

表Ⅲ-4-1　解析条件

流体	水（密度 1000 kg/m^3，動粘性係数 1.0 × 10^{-6} m^2/s）
定常 / 非定常	定常解析
質量流速	0.1 kg/s
メッシュレベル	3（デフォルト）
配管	内径 φ80，肉厚 t10，鋳鉄管
加熱温度	250℃　（配管途中の一部）

3. 操作の流れ

① 計算対象モデルの読み込み

SOLIDWORKS で作成したモデルを「PartⅢ」→「Case4」フォルダに用意していますので，それを使って解析を行います．

②　解析スタディの作成（解析ウィザード）

●ファイルを開く

1. 上記フォルダにあるパーツファイル「pipeflow.SLDPRT」を開きます.

●解析ウィザード開始（プロジェクト作成）

1. 「解析ウィザード」アイコンをクリックします.
2. プロジェクト名を「ex3-4」とし,「次へ」を選択します.

●解析ウィザード ―単位系

1. SI 単位系を選択し,「次へ」を選びます.

●解析ウィザード ―解析タイプ

1. 「解析タイプ」は「内部流れ」を選択します.
2. 「物理特性」は「固体の熱伝導」にチェックを入れます.「固体の熱伝導のみ」にはチェックしません（流体側への熱伝導も考慮します）.
3. 「次へ」を選択します.

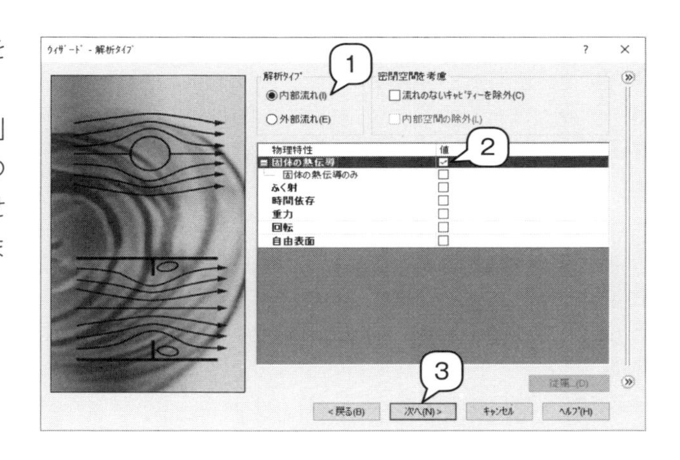

●解析ウィザード ―デフォルト流体

1. 解析対象となる流体を選択します.「液体」の中から「水」を選択します.
2. 「追加」ボタンを押してプロジェクト流体に登録し,「次へ」を選択します.

●解析ウィザード ―デフォルト固体

「固体の熱伝導」にチェックを入れた場合は，この項目が表示されます．この画面では，配管材料となるデフォルトの固体材料を指定します．個別に後から指定することもできます．

1. 「金属」→「鉄」を選択します.
2. 「次へ」を選択します.

●解析ウィザード—壁面条件

「パラメーター」が「デフォルト外部壁面熱条件」となっていることから，ここでは流体と接していない外部表面のデフォルト設定を行います．

1. 「断熱壁」（デフォルト）を選択します．
2. 「ラフネス」は，表面粗さを指定します．乱流や境界層の解析に影響します．0 μm（デフォルト）とします．
3. 「次へ」を選択します．

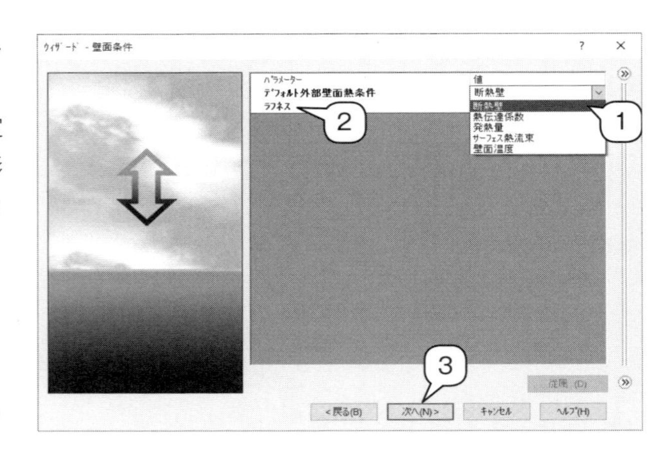

【補足】

「デフォルト壁面熱条件」としては，以下のものが選択できます．

- 断熱壁：熱の授受がない壁面
- 熱伝達係数：表面の熱伝達係数を指定し，ニュートンの法則に基づき流体側と壁面の温度差に比例する熱流束を計算
- 発熱量：壁面からの発熱量［W］を指定
- サーフェス熱流束：壁面からの熱流束［W/m^2］を指定
- 壁面温度：壁面温度を直接指定

●解析ウィザード—初期条件

1. 「熱力学パラメーター」では流体の初期圧力，温度を指定します．ここではデフォルトのままとします．
2. 「固体パラメータ」は固体側の初期温度（20℃＝293.2 K）を設定します．
3. 「終了」を選択します．

●開口部への「蓋」の作成

Case 2 で紹介した「蓋作成」ツールを起動して，内部流れ計算用にパイプ両端に「蓋」を作成しています．

●入口境界条件の作成

1. プロジェクトツリーの「境界条件」を右クリックし，「境界条件の挿入」を選択します．
2. 先ほど作成した蓋（水の入口）の流体に接する面に境界条件を設定します．設定条件は以下のとおりです．

　(ア)「流れ開口部」→「流入質量流れ」
　(イ) 流れパラメーター：0.1 kg/s
　(ウ) 熱力学パラメーター：293.2 K
3. 設定を確認して ✓ を押します.

●出口境界条件の作成
1. 入口境界条件の場合と同様に，プロジェクトツリーの「境界条件」を右クリックし，「境界条件の挿入」を選択します.
2. 蓋（水の出口）の流体に接する面に境界条件を設定します．設定条件は以下のとおりです.
　(ア)「圧力開口部」→「環境圧力」
　(イ) 熱力学パラメーター：101325 Pa
3. 設定を確認して ✓ を押します

③ 解析メッシュの設定

解析メッシュについては，とくに変更しませんので，デフォルトのままとします.

④ 各種設定

●外部加熱面の作成
加熱部（図Ⅲ-4-1 の高温面）の壁面条件として，温度を設定します.

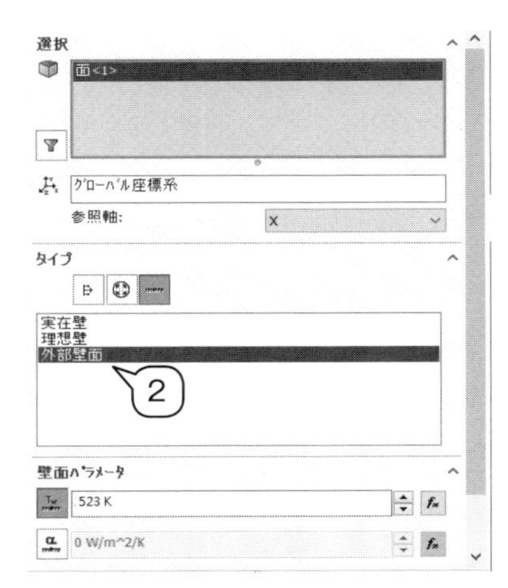

1.「境界条件」を右クリックし，「境界条件の挿入」を選択します.
2. 加熱面に境界条件を設定します．設定条件は以下のとおりです.
　(ア)「壁面」→「外部壁面」
　(イ) 壁面温度：523 K（250℃）
3. 設定を確認して ✓ を押します.

●流体および管壁面の間の境界条件の作成
1.「境界条件」を右クリックし，「境界条件の挿入」を選択します.
2. 管内壁の流体に接する面に境界条件を設定します．設定条件は以下のとおりです.
　(ア)「壁面」→「実在壁」
　(イ) 熱伝達係数 α：100 W/m^2/K
　(ウ) 流体温度 T_f：補間
　(エ) 補間距離 δ：0.0001 m（0.1 mm）
3. 設定を確認して ✓ を押します.

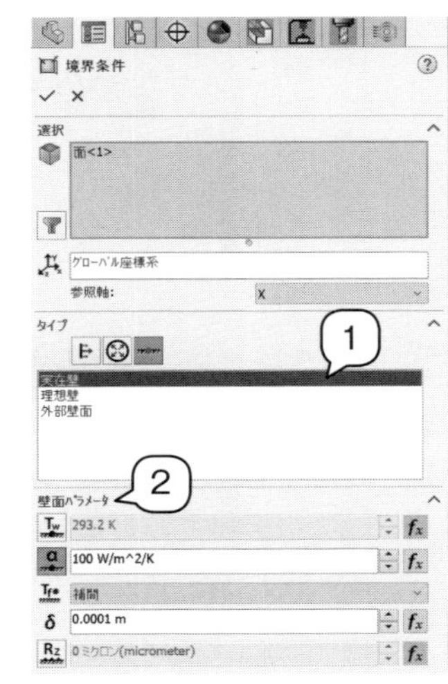

⑤　収束判定条件の設定（計算のゴールの設定）

●ゴールの作成

今回は出口の「質量流量」と「流体平均温度」をゴールとします．

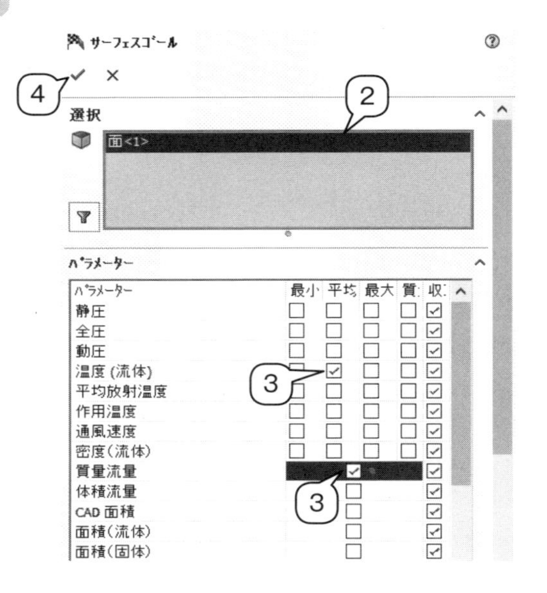

1. プロジェクトツリーの「ゴール」を右クリックし，「サーフェスゴールの挿入」を選択します．
2. 「選択」では，出口境界を選択します（流体に接する面）．
3. 「パラメーター」では，「質量流量」と「温度（温度）」の「平均」を選択します．
4. 設定を確認して ✓ を押します．

⑥　解析実行

プロジェクト名「ex3-4」を右クリックして，「実行」を選択します．

⑦　結果の表示

断面プロットやサーフェスプロットで見てみると，流速分布，温度（流体），温度（固体）は図Ⅲ-4-2 のようになります．固体（配管）の熱伝導と，流体への熱伝達が行われていることがわかります．

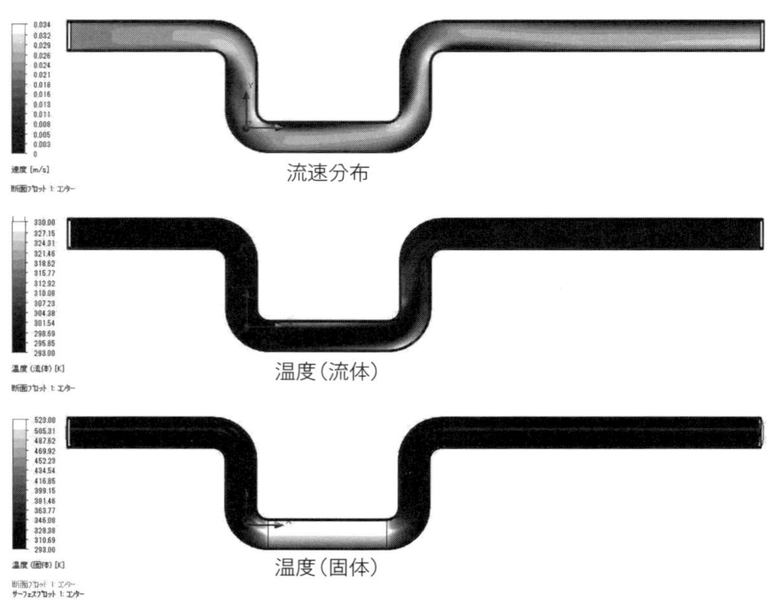

図Ⅲ-4-2　解析結果の表示

4. 結果の考察

Question

- 常温 20℃で入ってきた水の出口平均温度はいくらになるか？

→計算結果から，26℃＝299 K 程度まで上昇することがわかります．かなり高い温度の壁面境界条件を設定したにも関わらず，流体はそれほど大きな温度上昇になっていません．

一般に，流体に熱が伝わるためにはある程度の時間を必要とするため，流速が速いと熱をもらう前に流れ去ってしまいます．また，内部壁面の熱伝達特性が大きく影響するため，高い熱伝達率を実現することが重要です．

配管設計の観点から，流れる流体に外部から熱を加える（あるいは熱を奪う）場合には，配管や流体の熱物性値や流量条件から，適切な加熱方法（温度，面積など）を選択することが必要になります．

Case 5　自然対流熱伝達：ヒートシンク

流体は一般に温まると軽くなり，上昇します．このような流れに伴う熱移動を自然対流熱伝達とよんでいます．この現象を利用して，ヒートシンクとよばれる金属製の部品を発熱体に取り付け，とくにファンなどを動かさずに電子基板の半導体チップや流体を冷却するパッシブクーリングが行われています．ここでは，この解析を実施してみます．

1. 解析モデル

図Ⅲ-5-1 に示すようなパイプを温水が流れ，それをヒートシンクで自然対流熱伝達により外気に対して放冷するという解析を実施してみます．周囲の空気は逆に温まりますので，ヒートシンクの上部には上昇気流が形成されます．

以下の疑問点を解析によって評価してみます．

Question

- どれくらい放熱ができ，どれくらいの上昇気流速度になるのか？

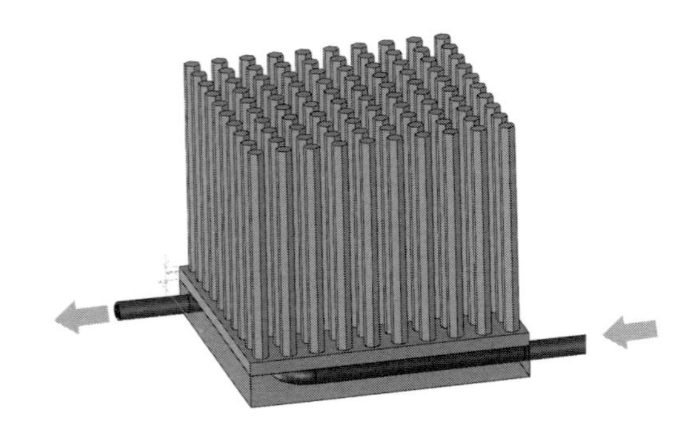

図Ⅲ-5-1　自然対流熱伝達の解析モデル

2. 解析条件

表Ⅲ-5-1 のような条件で解析を進めてみます．

表Ⅲ-5-1　解析条件

流体	空気（外部流れ） 水（内部流れ，2 次流体）
定常 / 非定常	定常解析
主流速度	空気：自然対流（293.2 K） 水：350 K，0.001 kg/s
メッシュレベル	3（デフォルト）
材質	ヒートシンク：アルミニウム ヒートスプレッダおよびパイプ：銅

3. 操作の流れ

① 計算対象モデルの読み込み

SOLIDWORKS で作成したモデルを「PartⅢ」→「Case5」フォルダに用意していますので，それを使って解析を行います．

② 解析スタディの作成（解析ウィザード）

●ファイルを開く

1. 上記フォルダにあるアセンブリファイル「assy.SLDASM」を開きます†．

●解析ウィザード開始（プロジェクト作成）

1. 「解析ウィザード」アイコンをクリックします．
2. プロジェクト名を「ex3-5」とし，「次へ」を選択します．

●解析ウィザード―単位系

1. SI 単位系を選択し，「次へ」を選びます．

●解析ウィザード―解析タイプ

1. 「解析タイプ」は「外部流れ」を選択します．
2. 「固体の熱伝導」と，浮力の効果を考えるための「重力」をチェックします．重力はベクトル成分（Z 軸方向に $-9.81\ \mathrm{m/s^2}$）で設定します．パイプ内 2 次流れ（内部流れ）の部分は後で追加します．
3. 「次へ」を選択します．

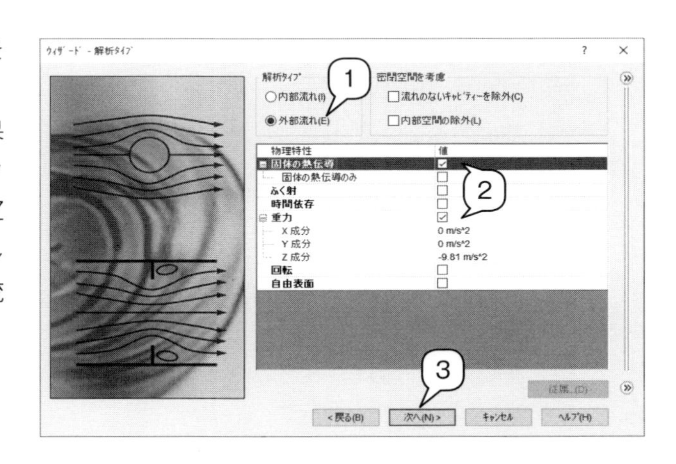

●解析ウィザード―デフォルト流体

1. 「外部流れ」の解析対象となる流体を選択します．「気体」の中から「空気」を選択します．
2. 「追加」ボタンを押してプロジェクト流体に登録し，「次へ」を選択します．パイプの中を流れる水については後から追加できます．

† zip で圧縮しているため，解凍した後に指定ファイルを開いてください．

●解析ウィザード —デフォルト固体

1. 「金属」→「アルミニウム」を選択します．銅製パーツ（ヒートスプレッダ，パイプ）については個別に後から指定します．

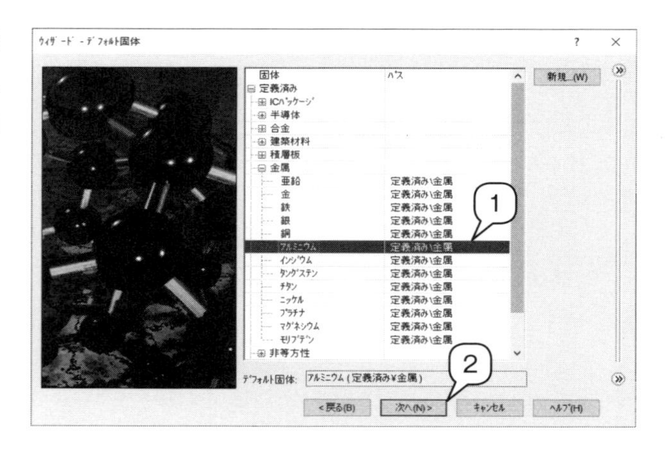

●解析ウィザード —壁面条件

1. 「ラフネス」は，表面粗さを指定します．乱流や境界層の解析に影響します．0 μm（デフォルト）とします．

●ウィザード—初期条件

1. 「熱力学パラメーター」および「固体パラメータ」ともデフォルトのままとし，「終了」を選択します．

③　解析メッシュの設定

2次流体が流れるパイプ内部での熱伝達現象を捉えるために，メッシュを細かくします．

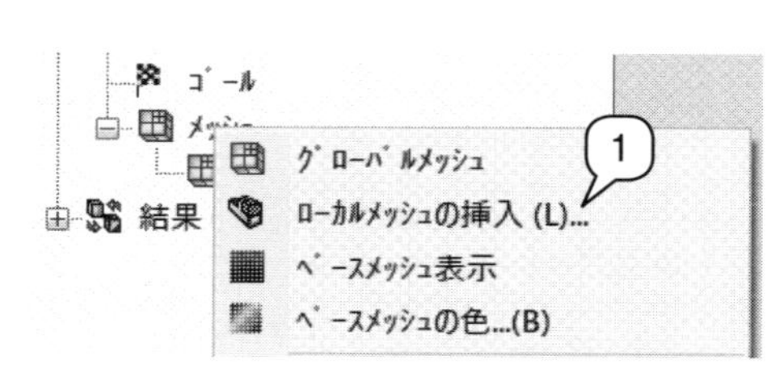

1. 「メッシュ」→「ローカルメッシュの挿入」を選択します．
2. パイプ内壁を選択します．
3. 流路を横切るセルの代表数を「10」，最大流路リファインレベルを「5」に変更します．

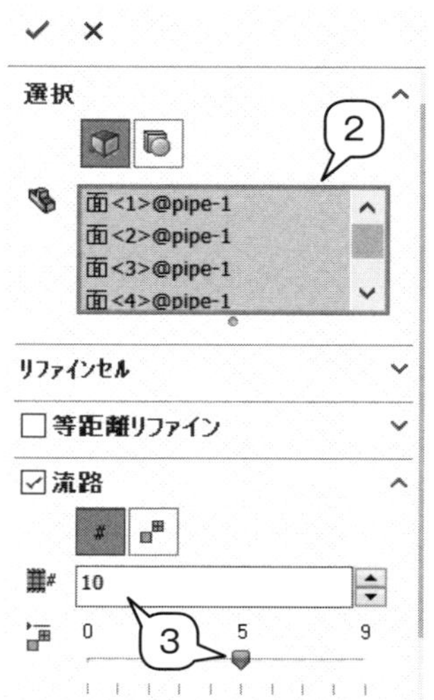

④ 各種設定

●流体２次領域の設定

パイプ内には温水を流す設定ですので，この領域を「流体２次領域」として追加します．

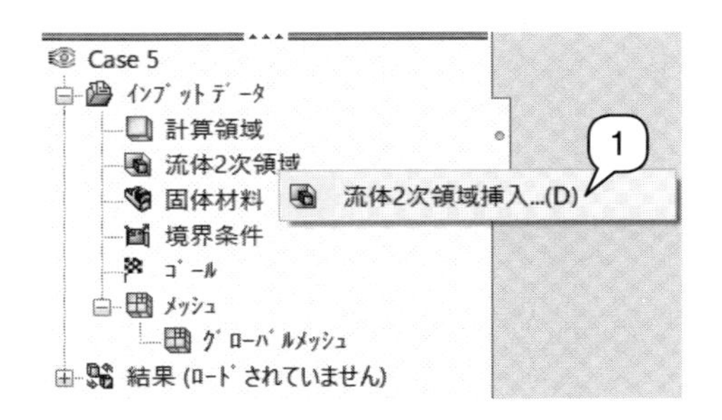

1. 「流体２次領域」を右クリックして，「流体２次領域挿入」を選択します．

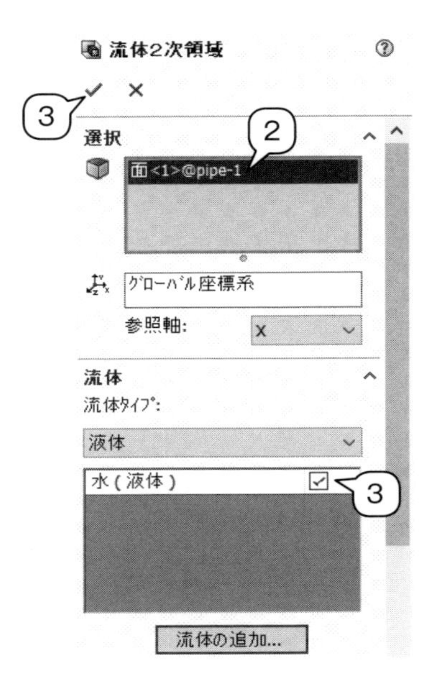

2. パイプ内壁を選択（２次流体の接する面を選択）すると，その領域が水色に変わります．
3. 「流体タイプ」は「液体」を選び,「流体の追加」→「液体」→「水」を追加して選択して ✓ を押します．
   ※それ以外はすべてデフォルトのままです．

●計算２次領域の境界条件の設定

温水パイプの入口・出口に境界条件を設定します（すでに「蓋」は作成済みです）．

1. パイプ入口の蓋内側表面
   タイプ：流入質量流れ，流れパラメーター：0.001 kg/s
   熱力学パラメーター：流入温度 350 K
2. パイプ出口の蓋内側表面
   タイプ：圧力開口部 / 環境圧力（101325 Pa）
3. パイプ内壁
   タイプ：壁面 / 実在壁（α = 100 W/m^2/K，T_f ＝補間，δ = 0.0001 m）

●固体材料の変更

解析ウィザードで「デフォルト固体」を「アルミニウム」としていますが，下部のパイプおよびヒートスプレッダは「銅」になりますので，以下のように個別に指定します．

1. 「固体材料」を右クリックして，「固体材料挿入」を選択します．

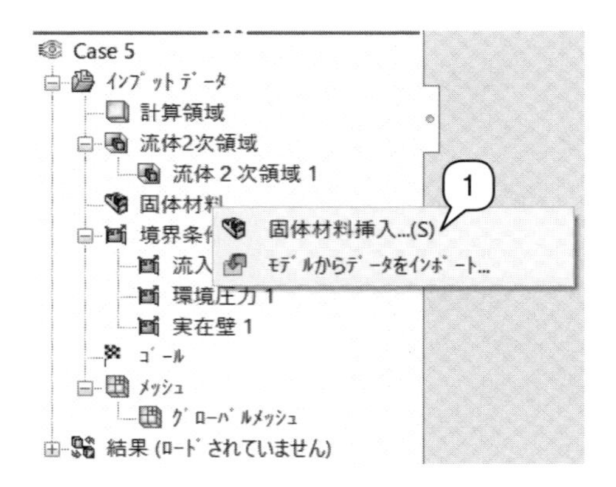

2. 「選択」でパイプとヒートスプレッダを指定します．
3. 「固体」で「金属」→「銅」を選択し，✓を押します．

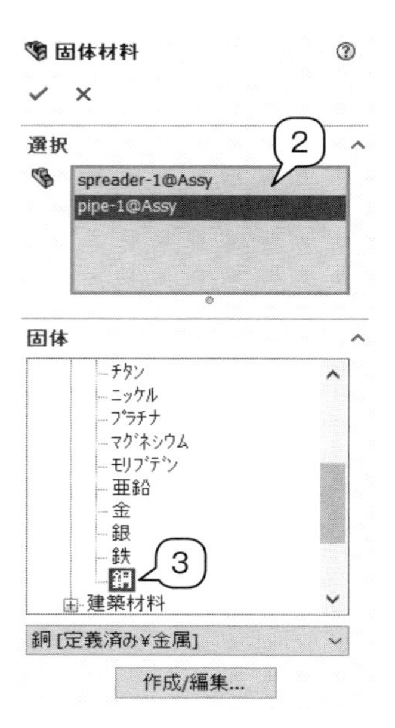

⑤　収束判定条件の設定（計算ゴールの設定）

●グローバルゴール・サーフェスゴールの設定

1. 計算領域全体に関わる設定として，「グローバルゴール」の中から「流体温度：最小値」「固体温度：最大値」，サーフェスゴールの中から，「流体温度（温水温度）@パイプ出口の蓋内側面」の３つを指定します．

⑥　解析実行

1. プロジェクト名「ex3-5」を右クリックし，解析を実行します．

⑦　結果の表示

図Ⅲ-5-2 に断面の温度表示と流跡線，図Ⅲ-5-3 にパイプの断面温度分布を示します．ヒートシンクから熱をもらった周囲空気に自然対流が発生して上昇していることがわかります．

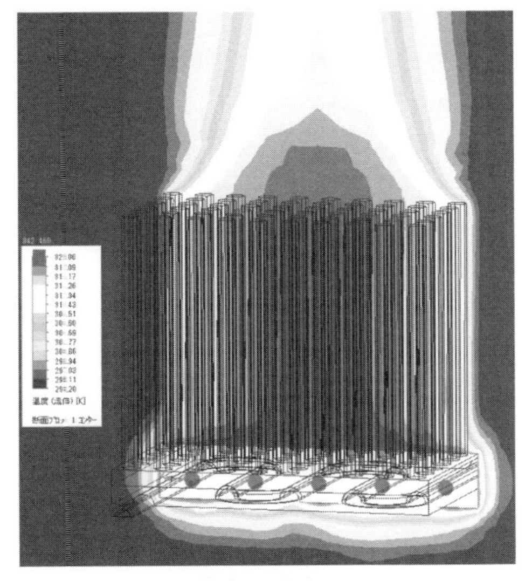

（a）温度表示

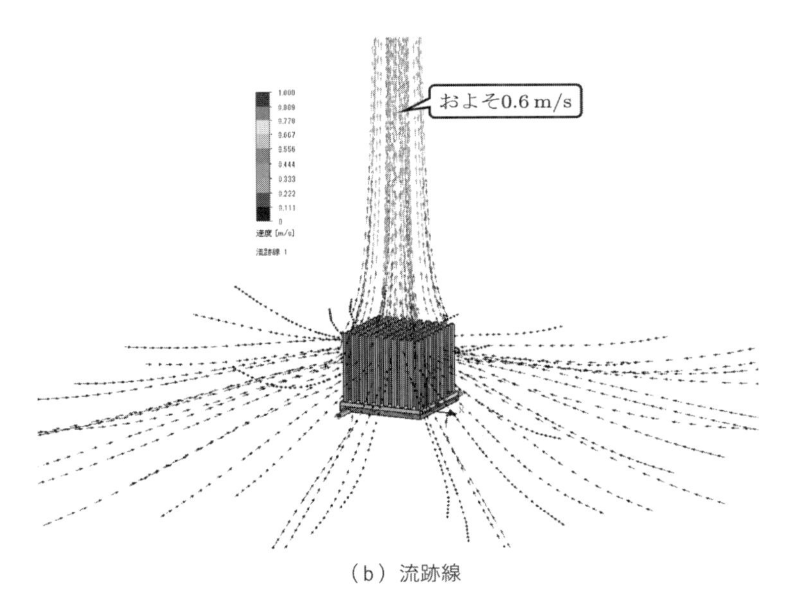

（b）流跡線

図Ⅲ-5-2　解析結果の表示 1

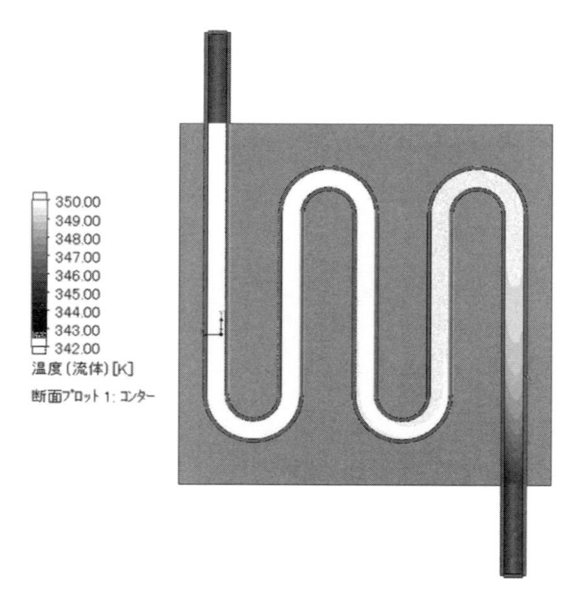

図Ⅲ-5-3　解析結果の表示２（パイプの断面温度分布）

４．結果の考察

Question

- どれくらい放熱ができ，どれくらいの上昇気流速度になるのか？

→ 350 K で流入してきた温水は，およそ 342 K になって冷却されて流出していることがわかります．また，空気側の上昇気流はおよそ 0.6 m/s くらいになっていることが予測されます．

設計では，ヒートシンクの取り付けの向き（あるいは重力の向き），ヒートシンクの太さや本数などを変えるとどうなるか調べてみることも重要ですので，ぜひチャレンジしてみましょう．

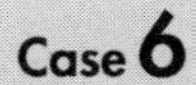

2次元解析および解析メッシュの細分化：凹凸のある円筒物体

SOLIDWORKS Flow Simulation では原則として3次元モデルを取り扱いますが，仮想的に2次元形状とみなして2次元計算を行うことで大幅に計算量を減らすことができます．また，物体形状の詳細や解析結果の変化を効率よく計算に反映して，さらに詳細に解像できるようにするためにいくつかの機能が存在しますので，それらについて説明します．

1. 解析モデル

SOLIDWORKS Flow Simulation は，とくに外部流れの場合に必要な計算領域を自動的に設定してくれますが，3D ⇔ 2D 計算の変更や，計算領域やその境界条件を設定変更することも可能です．さらに，たとえば図Ⅲ-6-1 のような円筒物体には表面に細かな凹凸があるので，その付近や流れ場の変化の大きいところのメッシュを自動細分化して計算することも可能です．ここではそれらの手順を解説します．

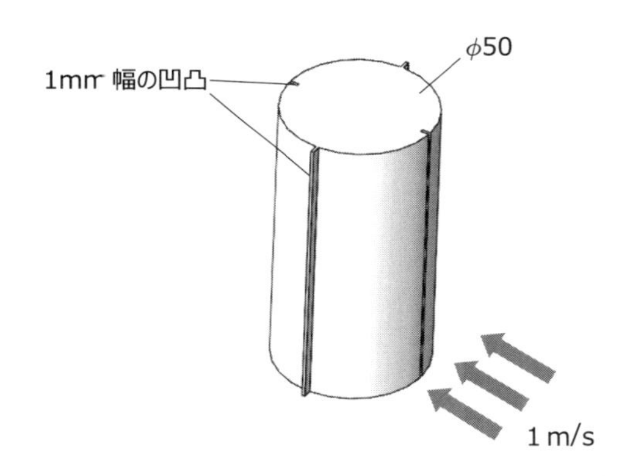

図Ⅲ-6-1　計算モデル

2. 解析条件

解析条件は表Ⅲ-6-1 のとおりです．

表Ⅲ-6-1　解析条件

流体	空気（密度 1.205 kg/m^3, 動粘性係数 1.5 × 10^{-5} m^2/s）
定常 / 非定常	定常解析
主流速度	1 m/s
メッシュレベル	3（デフォルト）

3. 操作の流れ

上記のモデルのファイル（「PartⅢ」→「Case6」フォルダにある「cylinder.SLDPRT」）を開きます．プロジェクト名を「ex3-6」として，通常の「外部流れ」条件での解析ウィザードを進めます．解析の手順は Case 1 と同様なので省略します．

●計算領域の２次元化（計算領域の設定変更）

手順「③解析メッシュの設定」の実施後，図Ⅲ-6-2 のような３Ｄの計算領域が設定されます．これをシリンダーの長手方向のある断面で切った２次元計算領域に変更します．

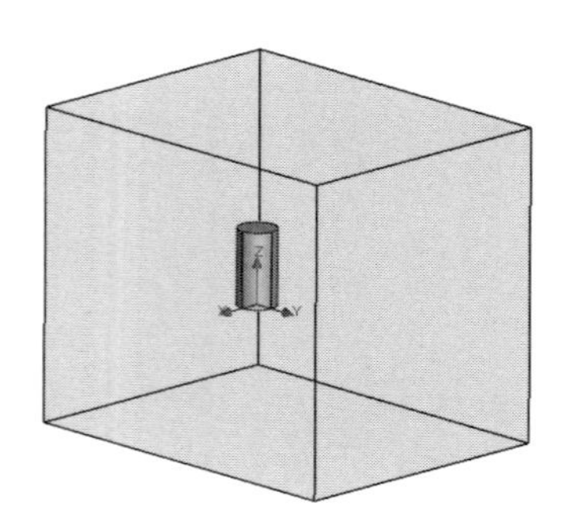

図Ⅲ-6-2　3D 計算領域

1. 「計算領域」を右クリックして，「定義編集」を選択します．
2. 「タイプ」→「2D シミュレーション」→「XY 平面」をチェックします．
3. 寸法と条件を以下のように指定します．
   X 方向：− 0.25 m ～ 2.5 m，境界条件デフォルト
   Y 方向：− 0.25 m ～ 0.25 m，境界条件デフォルト
   Z 方向：変更なし（デフォルト）

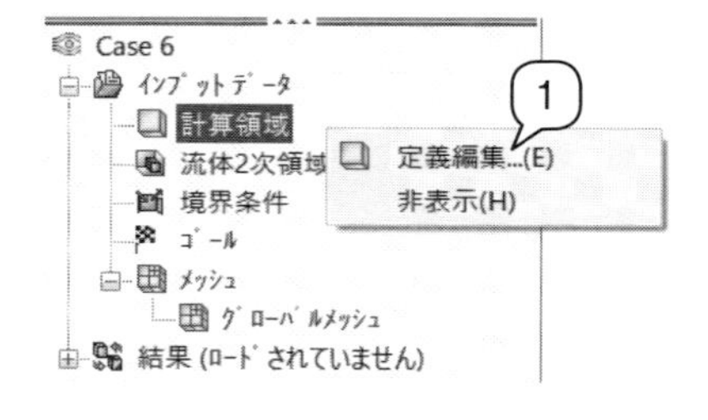

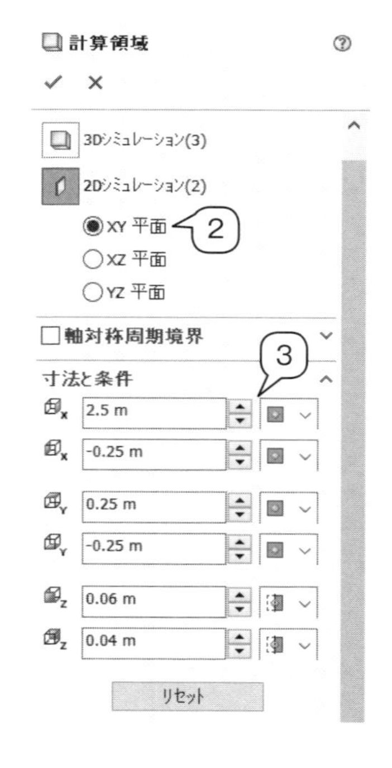

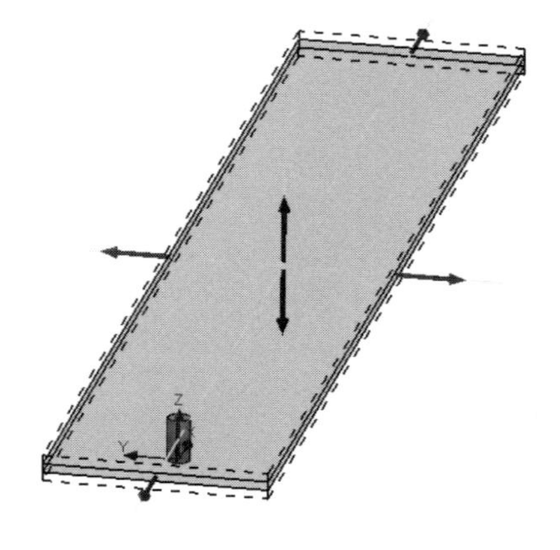

※計算領域の境界条件：計算領域の各境界条件を変更することで，「周期境界条件」や「対称境界条件」を設定することもできます．

⑤ 収束判定条件の設定（計算のゴールの設定）

1. プロジェクトツリーの「インプットデータ」→「ゴール」を右クリックし，「サーフェスゴール」を選択します．今回はシリンダーの側面をすべて指定し，力の平均値を指定します．
2. 設定を確認して ✓ を押します．

⑥ 解析実行

プロジェクト名「ex3-6」を右クリックして，「実行」を選択します．

周囲の凹凸の近傍はある程度メッシュが細かくなっていますが，高々２メッシュ程度の分解能ですので，さらなるメッシュの調整・細分化が必要です．

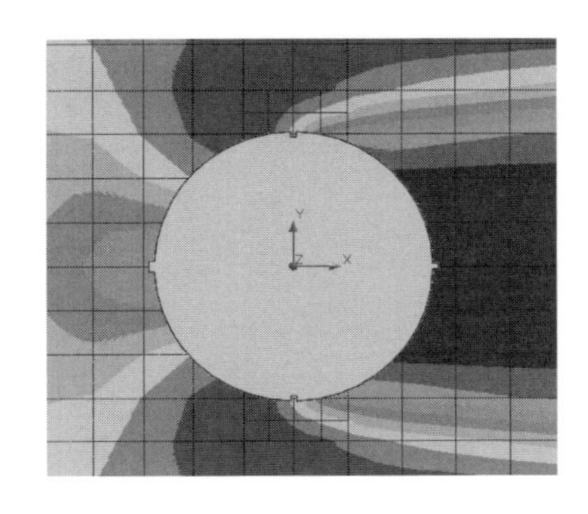

◉ベースメッシュの調整

1. グローバルメッシュを右クリックして，「定義編集」を選択します．このとき，「自動設定」にもチェックが入っていることを確認します．円柱周りのメッシュがかなり粗く，小さい凹凸も完全に解像できていないことがわかります（初期メッシュレベル３）．
2. このベースメッシュを細かくするには，２つの方法があります．
   （ア）自動：メッシュレベルを変え，自動的にメッシュを変更（1（粗）⇔７（細））
   （イ）手動：自動設定のチェックを外し，分割数や分布を直接指定

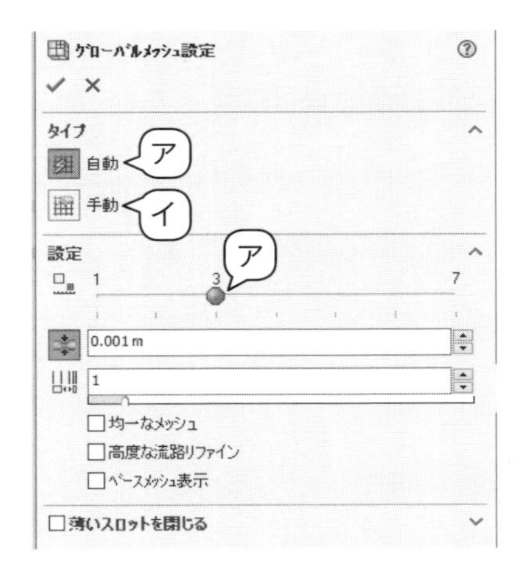

◉メッシュリファイン機能

●Flow Simulation のメッシュ生成

Flow Simulation は「8 分木法」とよばれる分割手法と,「カットセル」とよばれる手法を用い，計算メッシュ生成の自動化と形状再現性を両立しています（図Ⅲ-6-3）．

- １つのメッシュを８等分（２次元の場合４等分）にして細分化していきます．
- 隣り合ったメッシュのレベルは１以上異なることはできません．

これは，モデル形状や，計算結果に応じて自動的にレベルを調整しやすい方法です（解適合メッシュ，アダプティブメッシュ）．

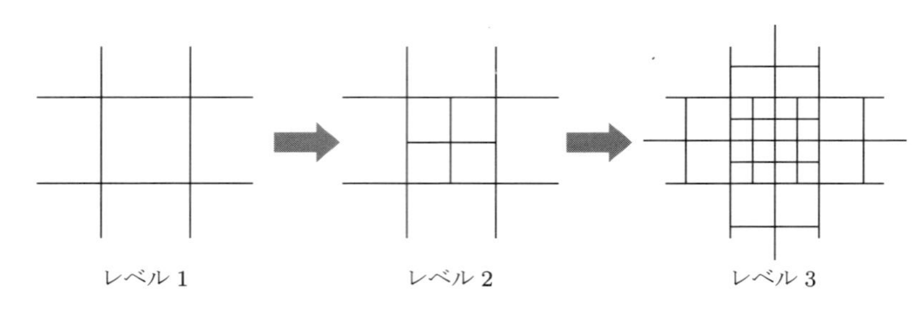

図Ⅲ-6-3　8 分木法によるメッシュ作成

シリンダー断面には 1 mm の幅の凹凸が付いていますので，これを考慮して計算できるか確認してみます．

ベースメッシュ表示では確認できません．最小ギャップサイズを 1 mm に設定し，「高度な流路リファイン」にチェックを入れてから再計算します．

断面プロットで実際のメッシュを表示させることができます．メッシュ単独表示も可能です†．

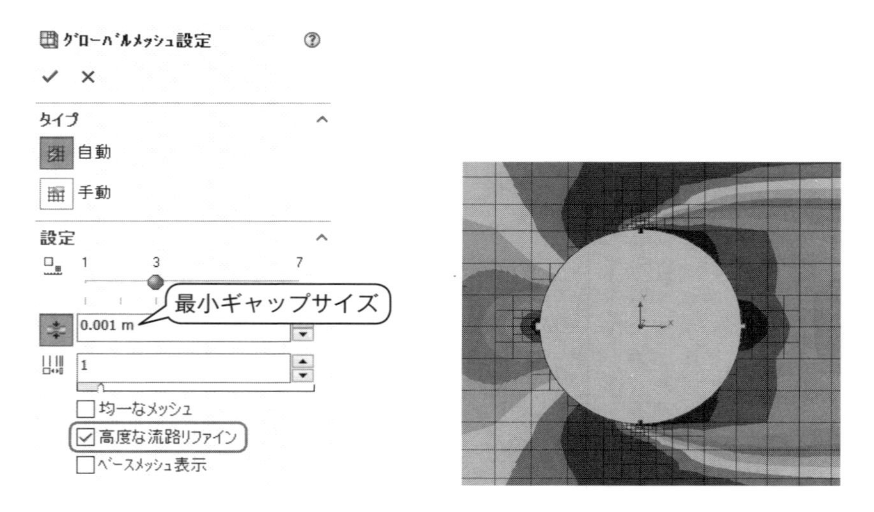

⦿ローカルメッシュの挿入

「メッシュ」→「ローカルメッシュの挿入」を行うと，特定の面近傍や，特定の領域に細かなメッシュを作成することが可能です．

図Ⅲ-6-4 は，モデル円筒面を選択し，ローカルメッシュを挿入した例です．流体 / 固体の境界セルのリファインレベルを「2」とすることで，この面近傍のメッシュをさらに細かくすることができました．

† ベースメッシュ非表示は，プロジェクト名を右クリック→「ベースメッシュ非表示」でも可能です．

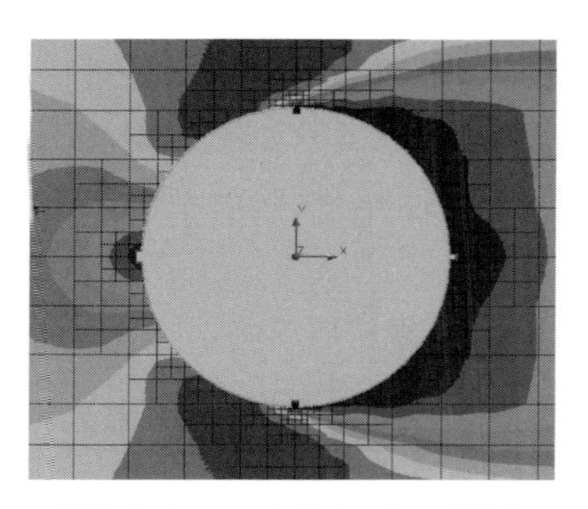

図Ⅲ-6-4　ローカルメッシュの挿入

◉アダプティブメッシュリファイン機能

計算結果を評価し，速度や圧力が急激に変わる部分を自動的に細かくしたり，変化がなくなった部分のメッシュサイズを大きくしたりすることが可能です．このようなメッシュを，解適合（アダプティブ）メッシュとよびます．

1. 「インプットデータ」→「計算コントロールオプション」→「リファイン」タブを選択します．

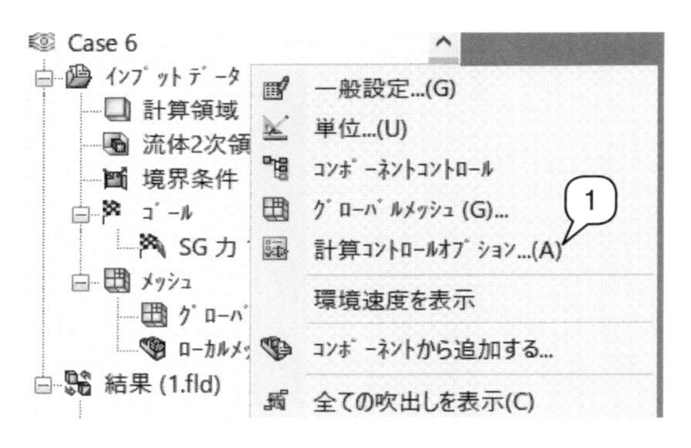

2. 「グローバル領域」ではリファインレベルを「2」とします（計算初期メッシュから，最大でメッシュレベルを2つまで増やすことになります）．「ローカル領域」が指定してあれば，単独でのメッシュリファインレベルも指定できますが，ここでは，グローバルの「レベル＝2」を同じく使用するとします．

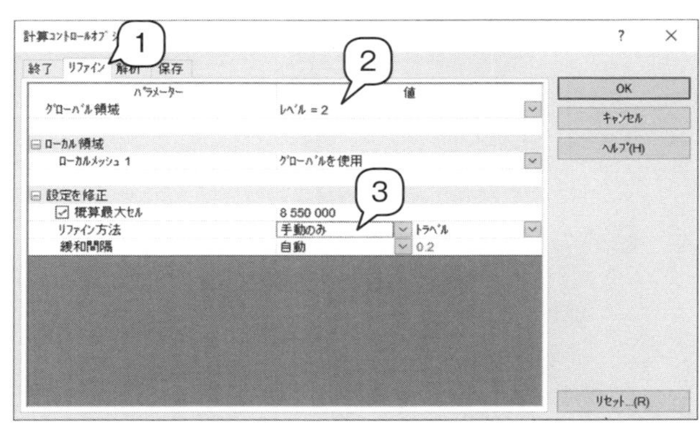

3. 「リファイン方法」では，リファインを行うタイミングを指定します．今回は「手動のみ」を選択します．

【補足】

「リファイン方法」としては下記のものが選べます.

- リファインの周期：反復回数やトラベルの間隔を指定し，周期的にリファインを実行
- リファインのテーブル：あらかじめリファインを実行する表を作成
- 手動のみ：計算ウィンドウのアイコンで，手動で実行

4. 設定が終わったら再計算します．計算が開始されたら，ソルバーウィンドウの左上にあるリファインアイコンを適当なタイミングで２回押します．そのときの流れ場などから，メッシュが再構築されます（図Ⅲ-6-5).

　手順２で指定したリファインレベルが最大（もっとも細かくできる）となります．「手動のみ」にしておくと，粗いメッシュである程度計算を進めておき，流れ場が落ち着いたらメッシュリファインを行って，細部を考慮した計算ができます．もちろん，テーブルや周期的メッシュリファインでもかまいません.

　一般に，リファインを行うと非常に計算時間が増えます（メッシュ増，レベル間の情報受け渡しの計算量増加を伴うため).

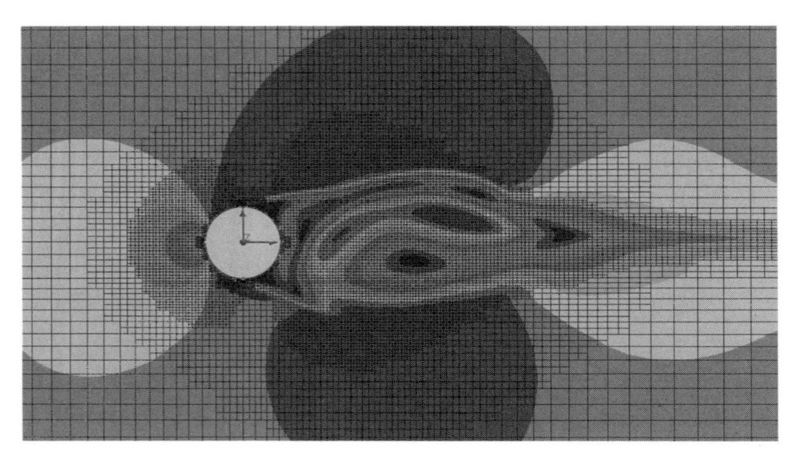

図Ⅲ-6-5　再構築されたメッシュ

4．結果の考察

このCaseでは，解析メッシュの細分化の方法について確認しました．ベースメッシュに対するメッシュリファイン機能，ローカルメッシュの挿入機能のほか，計算結果に応じたアダプティブメッシュのような機能を使うことで，計算結果が果たして物理現象を正しく捉えられているか検討することが可能です.

また，２次元解析により流れ場全体を解くのではなく，ある断面に着目して解析することで大幅な計算量低減が可能です．ただし，流れ場が２次元的に近似できることが前提です.

Case 7 応用解析例 1：強制対流熱伝達＋自然対流熱伝達 二重窓ガラス

現在，住宅では二重窓ガラスが比較的多く採用されています．そして多種多様な二重窓ガラスが考案されていますが，この二重窓ガラスの断熱性能評価についてはJIS（JIS A 4710「建具の断熱性試験方法」の校正熱箱法）で規定されていることから，試験方法が確立されています．

二重窓ガラスの性能試験においては，屋内，屋外を想定しているそれぞれの加熱，冷却側の箇所には空気の流れがあることを想定しています．つまり，空気の流れによりガラスに熱が伝わり，ガラスから内部の空気にと順に熱が伝わっていく状態を想定しています．

このような場合，伝熱の面から考えると，強制対流熱伝達の問題と，熱伝導ないしは自然対流の問題（二重窓ガラス内部）の複合的な問題として考える必要があり，複雑な伝熱形態となります．また，ふく射も考慮する必要があります．

実際の伝熱を考慮する場合には，このように伝熱の三形態が複合して作用する場合が多く見受けられます．そして，状況によってどれがもっとも支配的になるのか（影響力があるのか）が変化します．

以上のようなことから，ここでは強制対流熱伝達と熱伝導，自然対流熱伝達の複合問題の例として，二重窓ガラスの性能試験の状態を模したシミュレーションを解説していきます．

1．解析モデル

解析にあたってはJISの試験方法を確認したうえで，解析を容易にするためにモデル化を行いました．解析モデルを図Ⅲ-7-1 に示します．

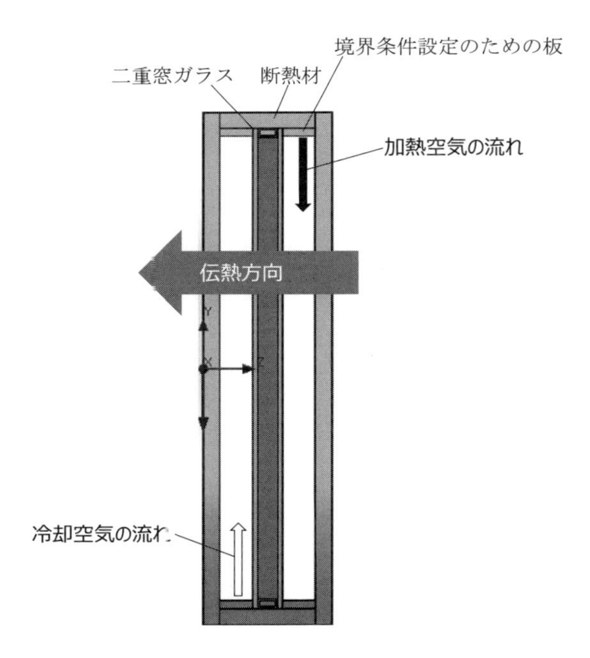

図Ⅲ-7-1　解析モデル（全体）

ある厚さをもった断熱材でつくられた箱の内部に，組み立てられた二重窓ガラスを設置します．断熱材の壁と二重窓ガラスとの間の空間に対して，片方は加熱された空気を流し，もう片方は冷却された空気を流します．このような状態の場合，二重窓ガラスに対しては図のような方向で熱が伝わることになります．

なお，後の境界条件の設定のため，加熱，冷却用の空気が流入，流出する箇所にはそれぞれ新たに板を作成してとり付けています．内部の二重窓ガラスの厚みを変化させる場合には，この板の幅も修正する必要性があります．

二重窓ガラス部のみを抽出した図を図Ⅲ-7-2 に示します．二重窓ガラス自体は厚さ 3 mm のフロートガラス（実際の窓ガラスに使用されているもの）2 枚を使用しています．ガラス間の空間をつくるためにスペーサーを用いています．スペーサー自体はアルミ製でパイプのような構造になっています．また，前後は蓋をしています．

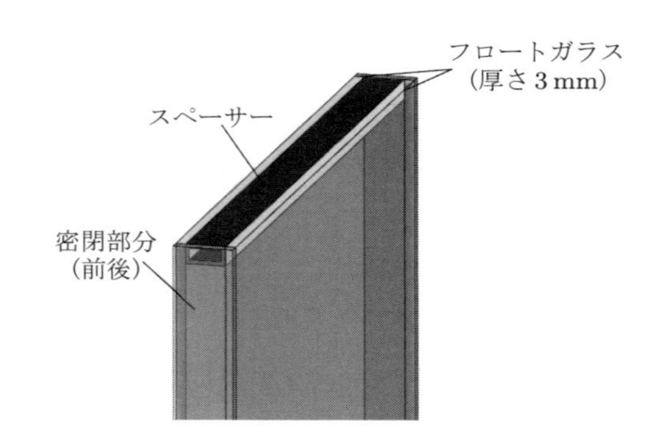

図Ⅲ-7-2　解析モデル（二重窓ガラス部）

このような構造は，実際に使用されている二重窓ガラスの構造などを参考に決定しました．また，二重窓ガラスの空気層の厚さは，このスペーサーの厚さを変更することで実現できます．ただし，実際の解析を行う場合にはこの厚さを変更すると固定箇所の寸法の変更する必要性があるため，図Ⅲ-7-1 側の寸法も変更する必要性があります（具体的には，先に示した境界条件設定用の板の幅）．

解析にあたっては，最初に図Ⅲ-7-2 の形でモデルをアセンブリし，その後，図Ⅲ-7-1 のような形で再度アセンブリを行いました．

図Ⅲ-7-2 で使用しているガラスの寸法は 200 mm × 300 mm としました．この寸法は実際に使用される窓ガラスのサンプル寸法がこの程度であることから採用しました．

図Ⅲ-7-1 において，加熱空気の温度や流速，冷却空気の温度や流速については，冬を想定して加熱側を室内，冷却側を屋外として温度設定しました．流速については JIS の規定で 1 m/s 以上必要となっています．

このようなモデルで解析を行う場合，パラメータとしては，二重窓ガラスにおける空気層の厚さ（物理的大きさの条件）を変更します．

なお，JIS の規定では加熱側と冷却側の温度差は 19 ～ 20℃程度と規定されていますので，その付近の温度差になるような温度設定が必要になります．

ここでは，以下のような疑問点を解析によって評価・考察してみます．

Question

- 二重窓ガラスの空気層の厚さを変化させた場合，どの厚さであっても自然対流は発生するのか？
- 自然対流が発生した場合，それによる伝熱促進効果がどの程度あるのか？

2．解析条件

表Ⅲ-7-1 のような条件で解析を進めてみます

表Ⅲ-7-1　解析条件

流体	空気（密度 1.205 kg/m^3，動粘性係数 1.5 × 10^{-5} m^2/s @101325 Pa，20℃）
定常 / 非定常	定常解析
加熱・冷却空気速度	2 m/s
加熱空気の温度	20℃
冷却空気の温度	0℃
メッシュレベル	5
重力	考慮
解析次元	3 次元
その他	二重窓ガラスの空気層の厚さは 6，9，12，15，18，21 mm の 6 種類

3. 操作の流れ

①　計算対象モデルの読み込み

SOLIDWORKS で作成したモデルを「PartⅢ」→「Case7」フォルダ内に用意していますので，それを使って解析を行います．

②　解析スタディの作成(解析ウィザード)

●ファイルを開く

1. 上記フォルダにあるアセンブリファイル「pairglass_assy_12mm.SLDASM」を開きます†．

●解析ウィザード開始（プロジェクト作成）

1. Flow Simulation のアドインが起動していること確認し，「ウィザード」アイコンをクリックします．
2. プロジェクト名を「ex3-7」とし，「次へ」を選択します．

●解析ウィザード ―単位系

1. SI 単位系を選択し，「次へ」を選択します．

† zip で圧縮しているため，解凍した後に指定ファイルを開いてください．

●解析ウィザード ─解析タイプ

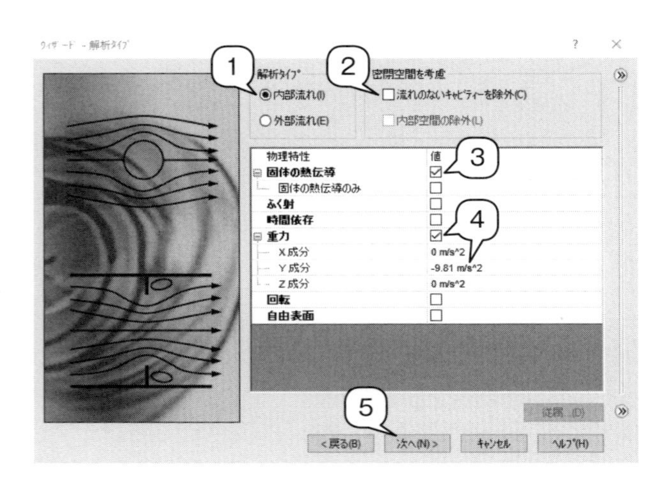

1. 「解析タイプ」は「内部流れ」を選択します.
2. 「密閉空間を考慮」の項目は，中空物体などの場合に選択します.「流れのないキャビティーを除外」をクリックしてチェックを外します.
3. ガラスの熱伝導などを考慮した解析を行うため，「固体の熱伝導」をチェックします．チェックを入れると図のようにプルダウンメニューが表示されますが，チェックは入れません.
4. 二重窓ガラス内部に自然対流が発生する場合もあるため,「物理特性」の「重力」にチェックを入れます．チェックを入れると図のようにプルダウンメニューが表示されます．図ではY 成分に－ 9.81 と表示されていますが，これはモデル作成時の Y 方向に重力を作用させるという意味になります．方向が合っているかどうかはモデルの左下に表示される 3 軸の矢印を見ればわかるようになっており，マイナスの場合には逆方向（下向き）に作用することになります.
5. 「次へ」を選択します.

●解析ウィザード ─デフォルト流体

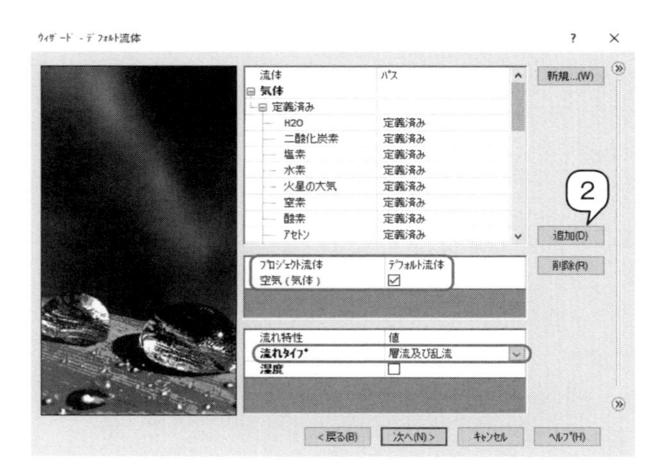

1. 「気体」の左側の田をクリックし，プルダウンメニューの一覧の中から「空気」を選択します.
2. 「追加」ボタンを押してプロジェクト流体に登録し,「次へ」を選択します.

   ※なお，下に「流れタイプ」が出てきます．通常は「層流及び乱流」になっているため，とくに変更する必要性はありません.

●解析ウィザード ─デフォルト固体

ここでは，装置全体の材質を指定します．実験の場合には内部の二重窓ガラス以外は断熱材を用いているため，それと同様に扱うためには，断熱材を指定する必要性があります.

1.「ガラスおよびミネラル」の左側の田をクリックします.
2. プルダウンメニューの一覧の中から「断熱材」を選択し,「次へ」を選択します.

●解析ウィザード ―壁面条件
1. デフォルトのまま，とくに何も変更せず「次へ」を押して進みます.

●解析ウィザード ―初期および境界条件
1. デフォルトのまま，とくに何も変更する必要性はありません.「終了」を選択します.

③　解析メッシュの設定

●解析開始前の確認
今後の作業のため，内部を見ることができるように断面表示にしておきます.

1. モデルの上に表示されている複数のアイコンのうち，断面を模しているアイコン をクリックします.

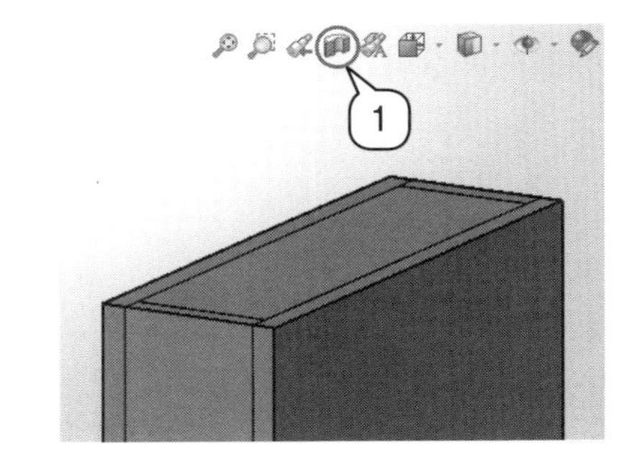

2. 左側に右図のようなウィンドウが表示されるため，希望する断面（正面，平面，右側面）を選択します．選択すると画面上でその断面が表示されますので，そちらで状態を確認します．
3. 確認後，これでよい場合には左上の ✓ をクリックします．

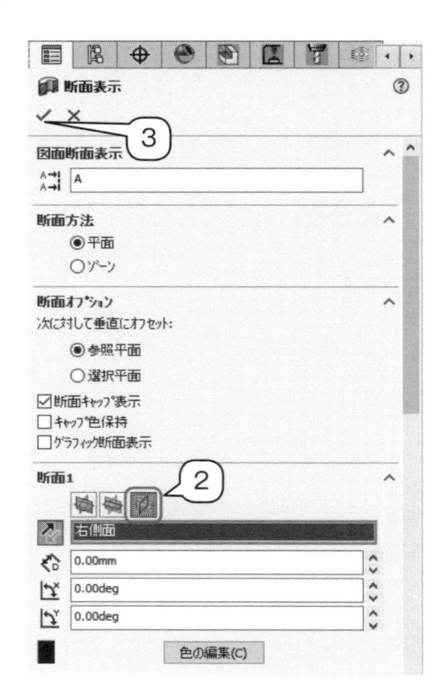

4. 断面表示を解除する場合には，1 でクリックしたアイコンを再度クリックすることで解除できます．

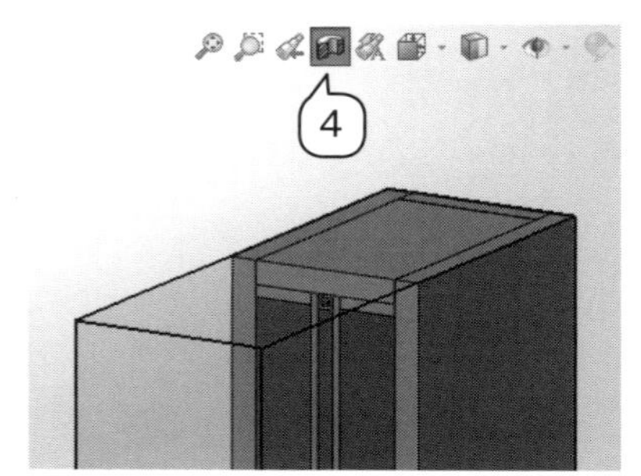

●メッシュの確認

1.「インプットデータ」→「メッシュ」→「グローバルメッシュ」を右クリックして，「ベースメッシュ表示」を選択します．

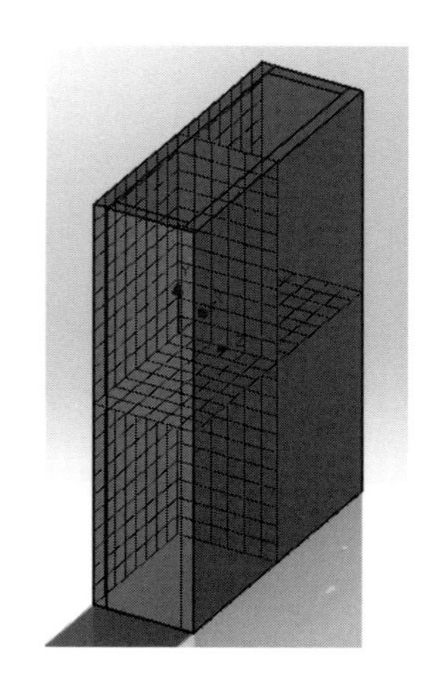

●メッシュレベルの変更による計算メッシュサイズの変更

1. 「グローバルメッシュ」を右クリックして，「定義編集」を選択します．
2. 「設定」の中のスライダを調整します．設定で「5」を選択します．
3. 右側のモデルにメッシュの状態が表示されます．メッシュの状態がこれでよければ，左上の ✓ をクリックします．

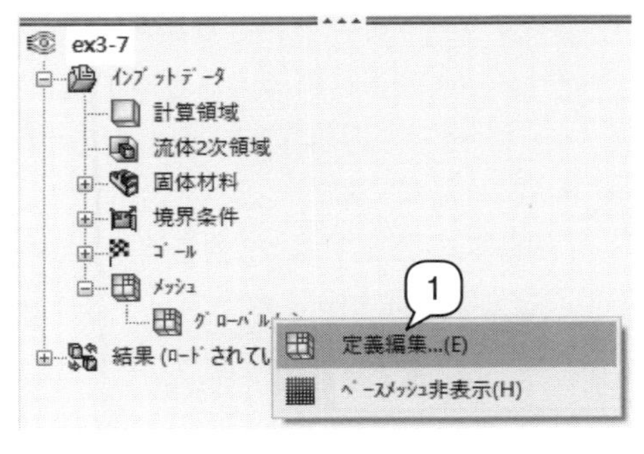

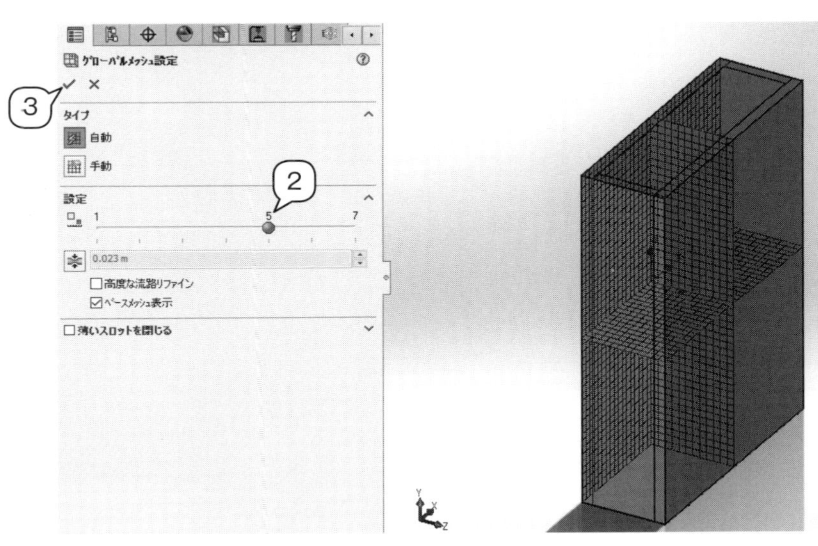

④　各種設定

⊙内部固体の材質指定

●準備

1. 後の作業のため，メッシュを「非表示」にし，断面モデルを表示しておきます．

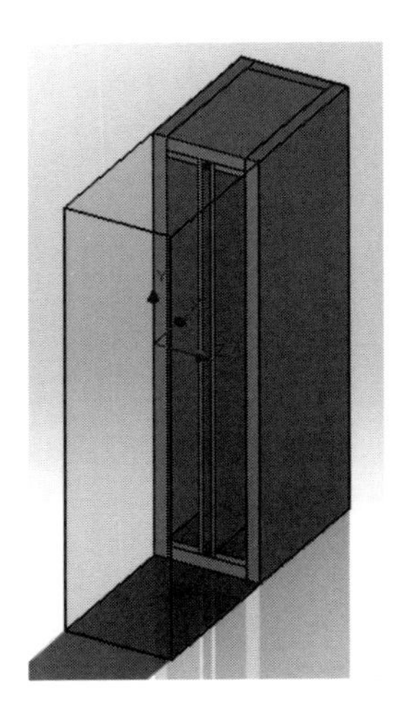

●固体材料の挿入（ガラス側）

1. 「インプットデータ」→「固体材料」を右クリックして，「固体材料挿入」を選択します．
2. モデル側で，ガラス板に相当する場所をそれぞれクリックします．
3. 「固体」の箇所では，「定義済み」→「ガラスおよびミネラル」→「ガラス」を順に選択します．
4. 左上の ✓ をクリックします．

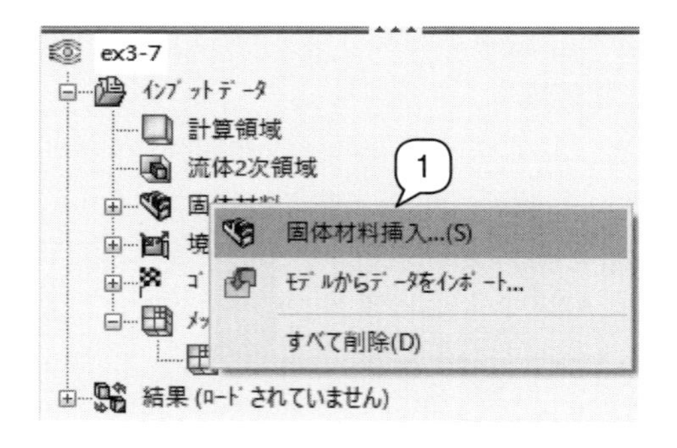

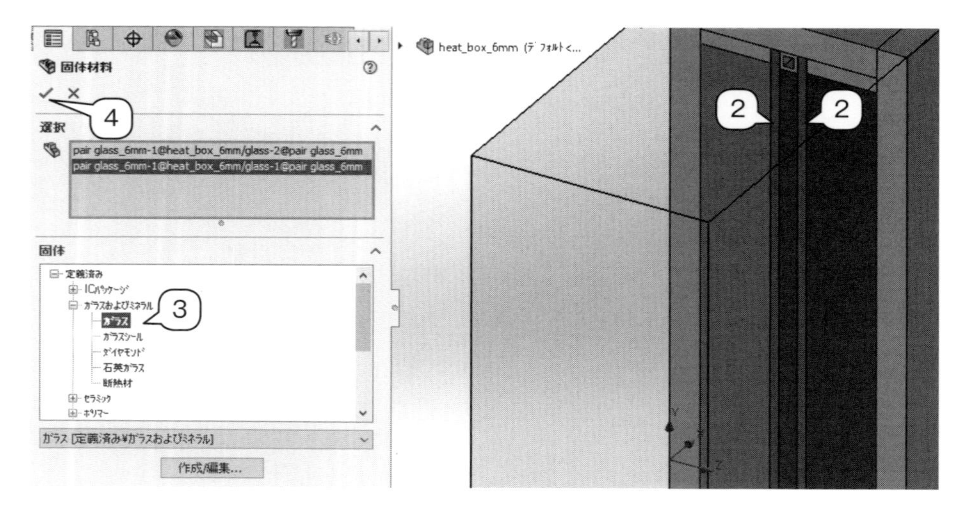

●固体材料の挿入（スペーサー側）

1. 先ほどと同様に「固体材料挿入」を選択し，モデル側で上下のスペーサーに相当する場所をそれぞれクリックします．
2. 「固体」の箇所では，「定義済み」→「金属」→「アルミニウム」を順に選択します．
3. 左上の ✓ をクリックします．

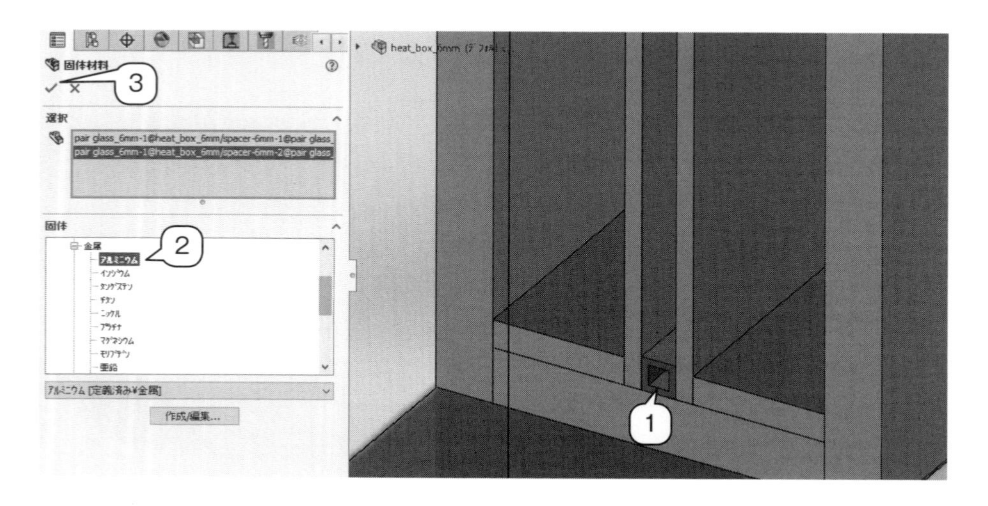

⊙境界条件の設定

●境界条件追加（加熱空気側，流入）

1. 「インプットデータ」→「境界条件」を右クリックして，「境界条件の挿入」を選択します．
2. モデル側で，右側の天井部分をクリックします．
3. 「タイプ」では，一番左側のアイコン（流れ開口部）を選択し，下のメニューでは「流入速度」を選択します．
4. 「流れパラメーター」では，一番左（面に垂直）を選択します．
5. 「*V*」の箇所では，数値（今回は 2 m/s）を入力し，下の「十分に発達した流れ」にチェックを入れます．
6. 左側のウィンドウをスクロールさせて下を表示させ，「熱力学パラメーター」の右にある矢印をクリックすると，プルダウンメニューが出てきます．「T」の箇所の数値を確認します（今回はこちら側は 20℃の設定のため，293.2 K になっていればよい）．
7. 左上の ✓ をクリックします．

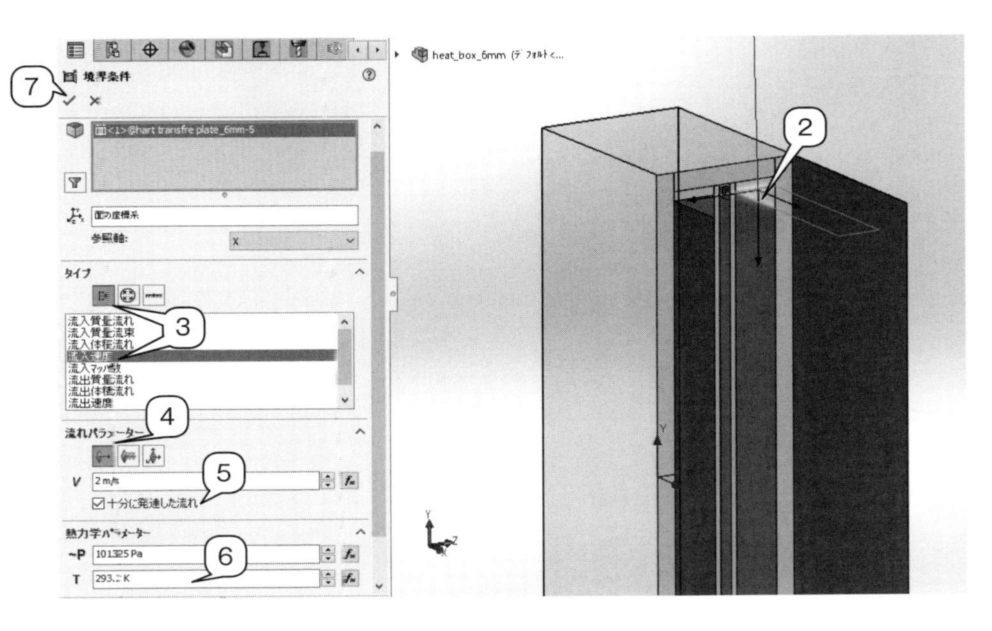

●境界条件追加（加熱空気側，流出）

1. 「インプットデータ」→「境界条件」を右クリックして，「境界条件の挿入」を選択します．
2. モデルで，右側の底面部分をクリックします．
3. 「タイプ」では，左から二番目（圧力開口部）を選択し，下のメニューでは「環境圧力」を選択します．
4. 「熱力学パラメーター」の「T」の箇所の数値を確認します（今回はこちら側は 20℃の設定のため，293.2 K になっていればよい）．
5. 左上の ✓ をクリックします．

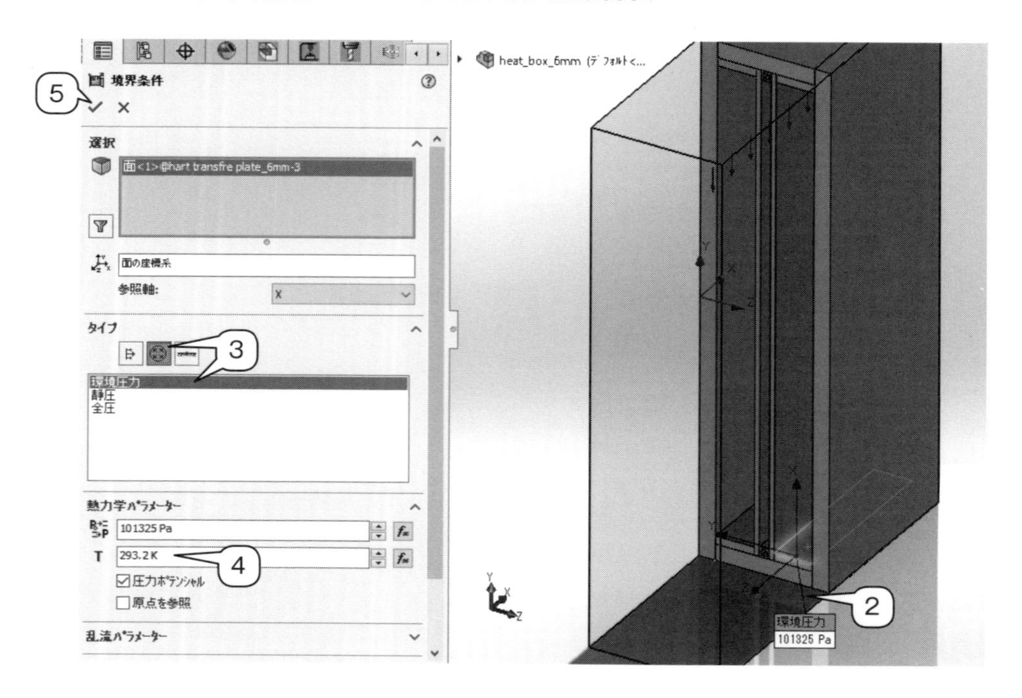

なお，冷却空気の場合も同様の操作となりますので，ここでは省略します．ただし，冷却空気の場合，底面から上面に向けて流れていることと，温度が 0℃（273 K）であることに注意します．

すべての設定が終了すると，下図のように表示されます．境界条件が４つ表示され，モデル側でも矢印がそれぞれ追加されています．

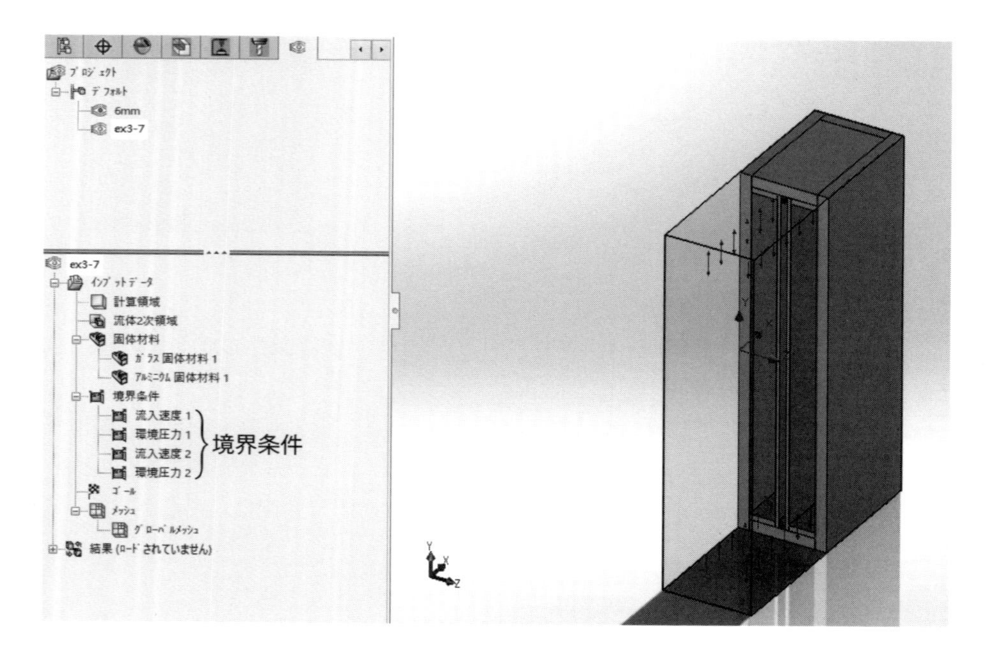

⑤　収束判定条件の設定（計算のゴールの設定）

●グローバルゴールの設定

1. 「インプットデータ」→「ゴール」を右クリックして，「グローバルゴールの挿入」を選択します．
2. 「温度（流体）」「速度」「熱流束」「伝熱率」「温度（固体）」それぞれの「平均」を選択します（右側のスクロールバーを操作して下の項目を表示します）．
3. 左上の ✓ をクリックします．

グローバルゴール

パラメーター

パラメーター	最小	平均	最大	質量	収束におい
静圧	☐	☐	☐	☐	☑
全圧	☐	☐	☐	☐	☑
動圧	☐	☐	☐	☐	☑
温度（流体）	☐	☑	☐	☐	☑
全温度	☐	☐	☐	☐	☑
平均放射温度	☐	☐	☐	☐	☑
作用温度	☐	☐	☐	☐	☑
通風速度	☐	☐	☐	☐	☑
密度（流体）	☐	☐	☐	☐	☑
質量（流体）			☐		☑
質量流量			☐		☑
速度	☐	☑	☐	☐	☑
速度 (X)	☐	☐	☐	☐	☑
速度 (Y)	☐	☐	☐	☐	☑
速度 (Z)	☐	☐	☐	☐	☑
円周速度	☐	☐	☐	☐	☑

●サーフェスゴールの設定

1. 「インプットデータ」→「ゴール」を右クリックして，「サーフェスゴールの挿入」を選択します．
2. 「選択」では，図のように右側のガラスの内面を選択します．
3. 「パラメーター」では，「熱流束」「サーフェス熱流束（熱伝達）」「サーフェス熱流束（熱伝導）」「伝熱率」「伝熱率（熱伝達）」「伝熱率（熱伝導）」それぞれの「平均」にチェックを入れます．
4. 左上の ✓ をクリックします．

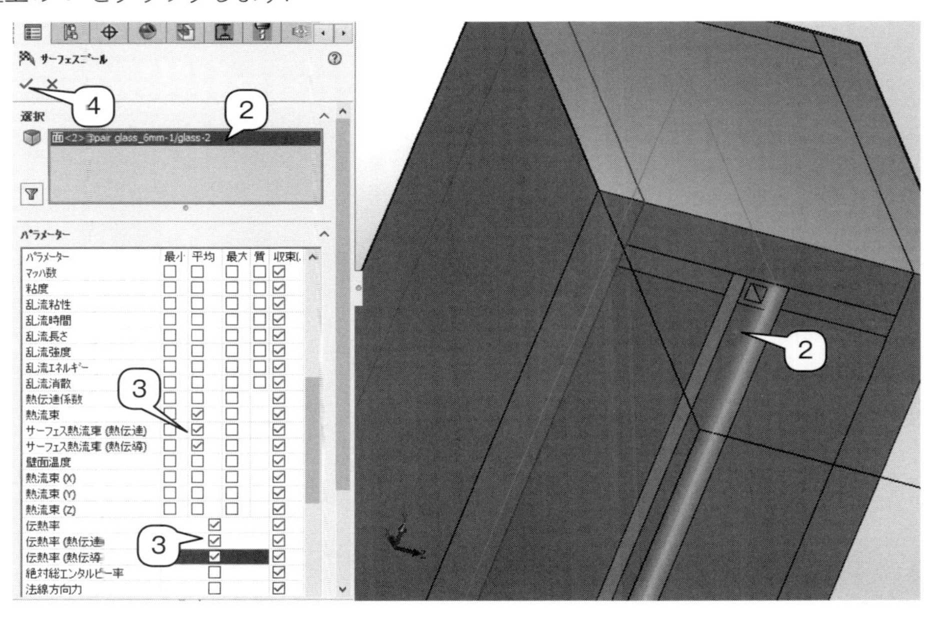

なお，サーフェスゴールは左側のガラスの内面にも同様に設定しておく必要性があります．手順は同じであるため，同様に設定します（説明は省略します）．

⑥　解析実行

以上で設定した条件に基づき，流体解析を実行してみましょう．

●解析の実行

1. プロジェクト名「ex3-7」を右クリックして,「実行」を選択します.
2. 実行設定画面が表示されます. そのまま「実行」を選択すると, ソルバーウィンドウが起動します. 計算が終了すれば（PCの性能にもよりますが, 今回は13分間程度で終わりました）, ソルバーウィンドウは閉じてかまいません.

⑦ 結果の表示

今回は, 温度場と流れ場を表示します.

●断面プロット（コンター）

任意の断面でのコンター（等温線）を表示します.

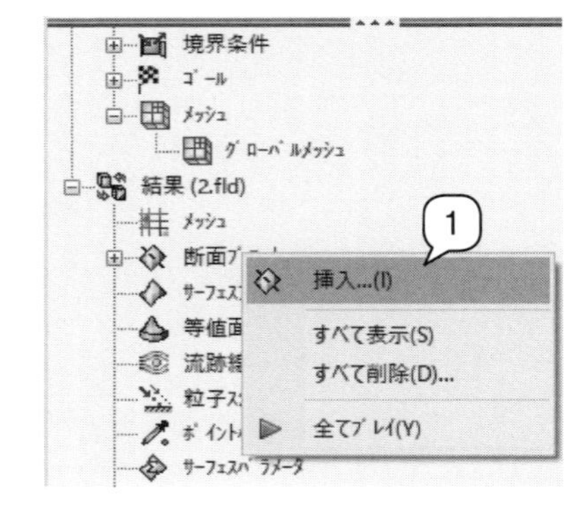

1. 「結果」の左側の田をクリックし,「断面プロット」を右クリックして「挿入」を選択します.
2. 「選択」では, 左から２番目のアイコンをクリックします. 図のようなプルダウンメニューが表示されるため,「YZ 平面」を選択します.
3. 「表示」で「コンター」を選択し,「コンター」で「温度」を選択します（右側の矢印をクリックするとプルダウンメニューが表示されます）.
4. 左上の ✓ をクリックします.

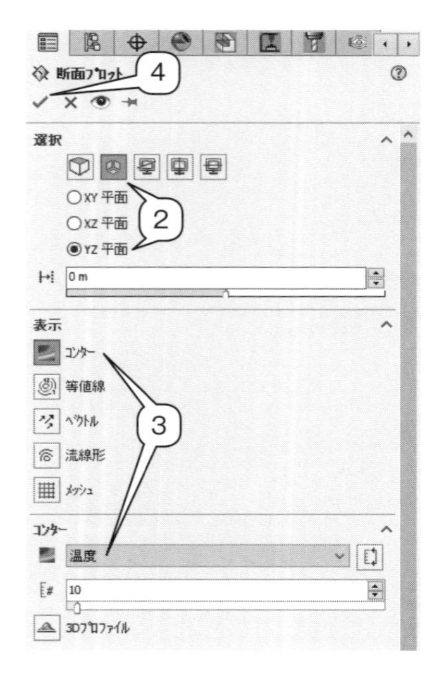

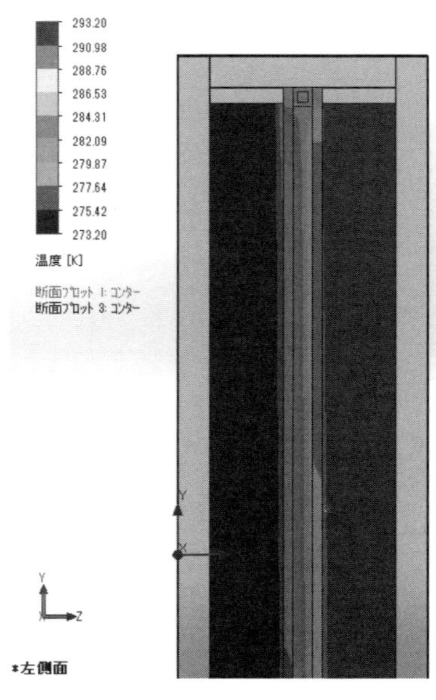

●断面プロット（流線）

任意の断面でのコンター（流線）を表示します．

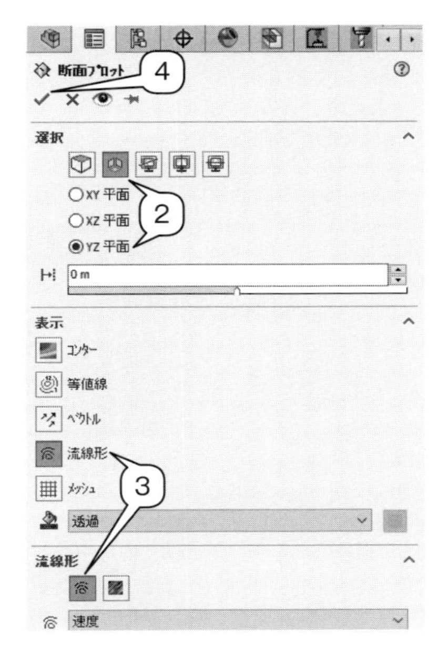

1. 「結果」の左側の田をクリックし，「断面プロット」を右クリックして「挿入」を選択します．
2. 「選択」では，左から 2 番目のアイコンをクリックします．プルダウンメニューから「YZ 平面」を選択します．
3. 「表示」で「流線形」を選択し，「流線形」で左側のアイコンをクリックします．
4. 左上の ✓ をクリックします．

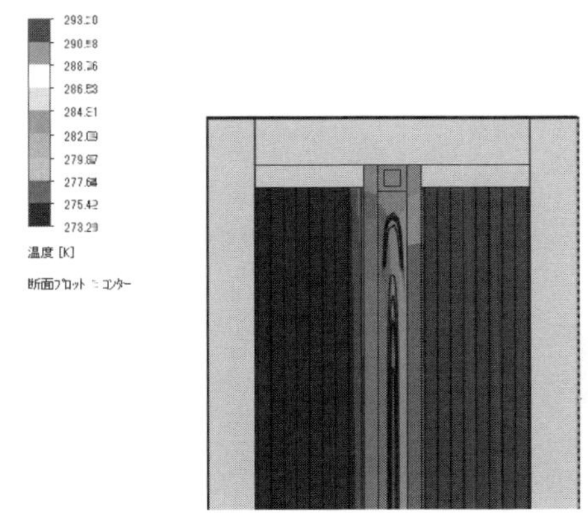

【補足】

上図のように，コンター（温度）と流線は重ねて表示することができます．逆に，一方のみの表示も可能です．「断面プロット」の下に挿入したものがいくつか表示されていますので，表示を切り替えたいプロットの箇所で右クリックするとプルダウンメニューが表示されます．その中に「表示」「非表示」がありますので，順次切り替えが可能です．

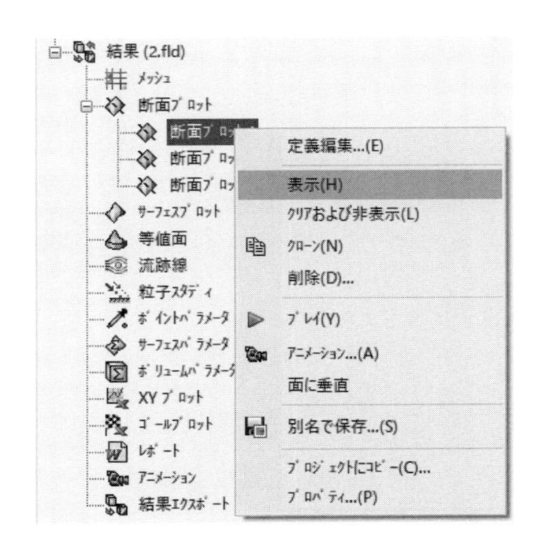

4. 結果の考察

同様の解析を，空気層の厚さを変化させたモデルに対しても行いました．解析結果の一覧を図Ⅲ-7-3 に示します．

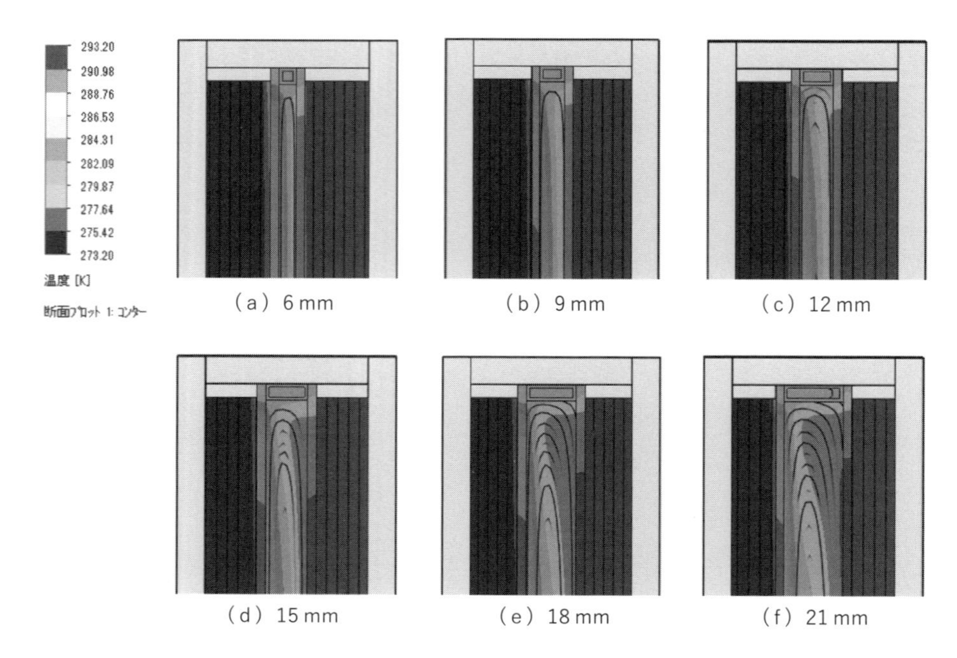

図Ⅲ-7-3　解析結果一覧

冒頭で示した疑問点については，解析結果から，以下のようになります．

Question

- 二重窓ガラスの空気層の厚さを変化させた場合，どの厚さであっても自然対流は発生するのか？

→図Ⅲ-7-3 を見ると，どの厚さであっても内部に自然対流が発生しているように見えます．ただし，厚さが厚くなるほど，発生する自然対流はよりその勢力を強めていることがわかります．

Question

- 自然対流が発生した場合，それによる伝熱促進効果がどの程度あるのか？

→とくに 15 mm 以上の上部に着目すると，自然対流によって伝熱が促進された結果として，温度場が変化している（空気層側の温度がより上がっている）ことがわかります．今回の構造は密閉容器内の自然対流として捉えることができます．従来の研究から，層厚さが 6 ～ 7 mm 以下であれば自然対流は発生せず，伝熱形態は熱伝導が支配的になるといわれています．そのため，初期の二重窓ガラスではその層厚さは 5 mm 程度でした．

近年の二重窓ガラスでは，層厚さは 12 mm 程度になっています．この場合，自然対流が発生することは自明の理でもあるため，なぜこのような寸法にしているのかという疑問が生じます．

自然対流が発生するといっても，発生した自然対流は非常に弱いものになります．そのため，自然対流による伝熱促進効果は少なく，限定的なものになると想定できます．

一方，断熱の面から考慮すると，層厚さが大きいほうが断熱効果が高くなることが知られています．そのため，自然対流による伝熱促進よりも層が厚くなることによる断熱効果の向上のほうが大きいと判断し，層厚さを 12 mm にしているのではないかと推察できます．

なお，今回 3 次元計算を行ったのは，発生した自然対流が 3 次元構造を有する場合があるためです．もっとも厚い 21 mm を確認してみると，図Ⅲ-7-4 のようになりました．

ベクトルで表示してもほぼ点になっていることから，発生した流れは単純に上昇流と下降流の 2 種類のみで，3 次元的な構造になっていないことがわかります．したがって，今回の場合は 2 次元計算でもうまく捉えることができます．

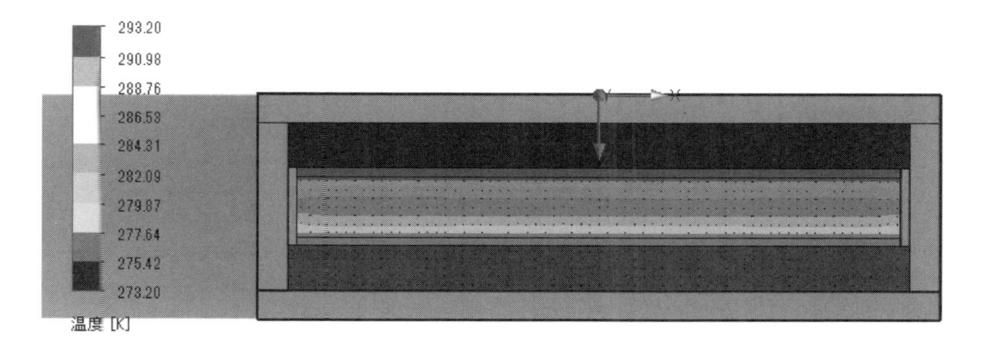

図Ⅲ-7-4　解析結果（21 mm，XZ 平面，ベクトル表示）

Tips 5　重力方向の変更

Case 7 は二重窓ガラスを模したため，縦長の空間になりましたが，これを横にした場合，どうなるでしょうか．これについては下部加熱，上部冷却という熱的不安定状態における実験が古くから行われており，条件によってはベナールセルという対流が発生することが知られています．

縦のものを横にする場合，重力方向が変化することになりますが，解析の場合は，最初の重力の設定を変更して再計算するだけで簡単に行うことができます．

図Ⅲ-7-4 と同じ条件で，重力方向のみを変更した結果を以下に示します．

下図より，どちらの面を見ても渦が発生していることから，発生した渦は 3 次元的な構造をもっていることがわかります．また，左右非対称になっていることから，自然対流としては比較的強い流れになっていると考えることもできます．

このように同じ容器内流れであっても，条件などにより流れが 3 次元化することがあるということがわかります．

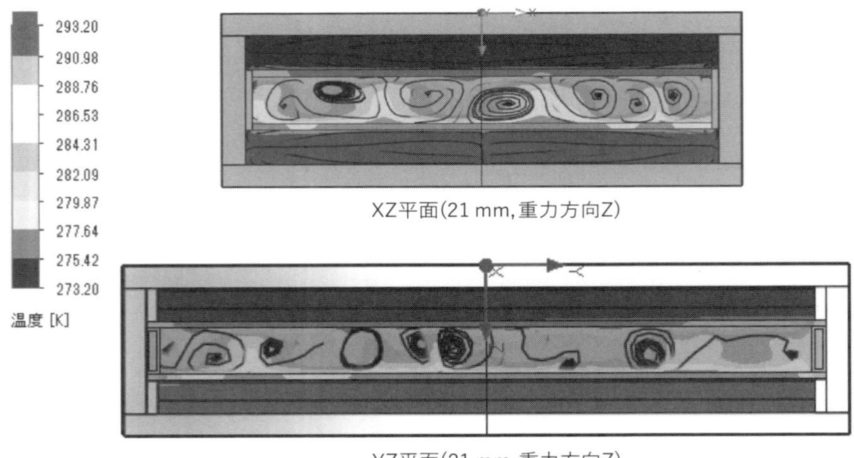

XZ平面(21 mm, 重力方向Z)

YZ平面(21 mm, 重力方向Z)

●ベナールセルの解析

前述したベナールセルを解析で再現できるかどうか確認してみました．条件は下表のようになります．

解析条件

層厚さ	9 mm
内部空間	198 mm 四方の四角形
底面温度	293.3 K（壁面境界条件として与えた）
上面温度	283.3 K（　　〃　　）
周囲	断熱条件
ゴール設定	グローバルゴール：「温度（流体）」「速度」「熱流束」「伝熱率」の「平均」 サーフェスゴール：上面および底面それぞれに対して「熱流束」「サーフェス熱流束（熱伝達）」「伝熱率」「伝熱率（熱伝達）」それぞれの「平均」
メッシュレベル	5

解析結果を以下に示します．図から，ほぼ規則的に渦が発生していることがわかります．また上面（XZ 平面）からみると一部つながっている箇所が確認できますが，円形に独立した形の渦も確認できますので，ベナールセルに近い状況になっていることがわかります．そのため，解析においても複雑な流れを表現できていると考えられます．

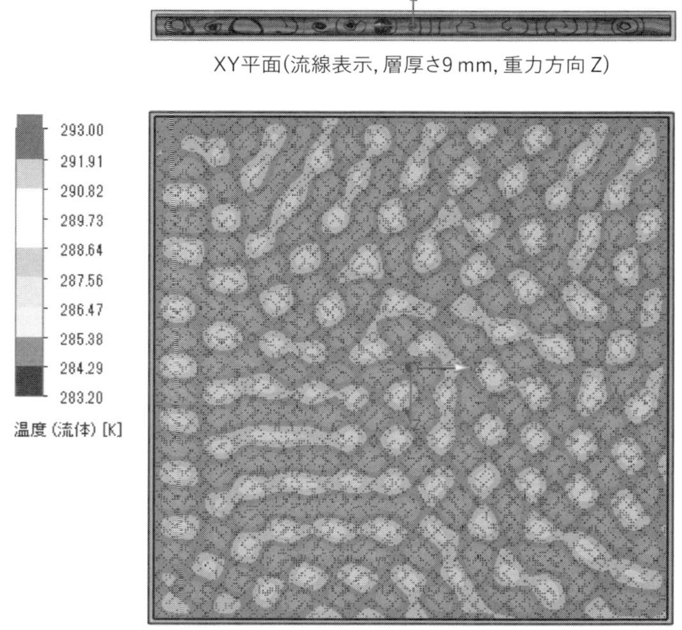

XY平面(流線表示, 層厚さ9 mm, 重力方向 Z)

XZ平面(ベクトル表示, 層厚さ9 mm, 重力方向 Z)

Tips 6　ふく射の設定

一般設定には「ふく射」という項目があります．この項目は外部からのふく射がある場合を想定しています．ここにチェックを入れると，ふく射がどのように作用するかを視覚的に確認できます．

すべての設定が終了した後，左側のウィンドウの「インプットデータ」を右クリックすると「一般設定」が出てくるため，それをクリックします．ここで「ふく射」にチェックを入れた後,「OK」をクリックします．その後，再度「インプットデータ」を右クリックすると「環境ふく射表示」という項目があるため，そちらをクリックします．そうすると，右側のモデルでふく射の状況が矢印で表示されることになります．図を見てわかるように，この設定のふく射はモデル周囲からふく射熱を受けるような場合を想定していることがわかります．

Case 7 のような二重窓ガラスの場合，ふく射は二重窓ガラス内部で考慮する必要性があります．しかしながら，Flow Simulation では現状その設定ができないことから，ふく射を考慮した解析を行うことができません．

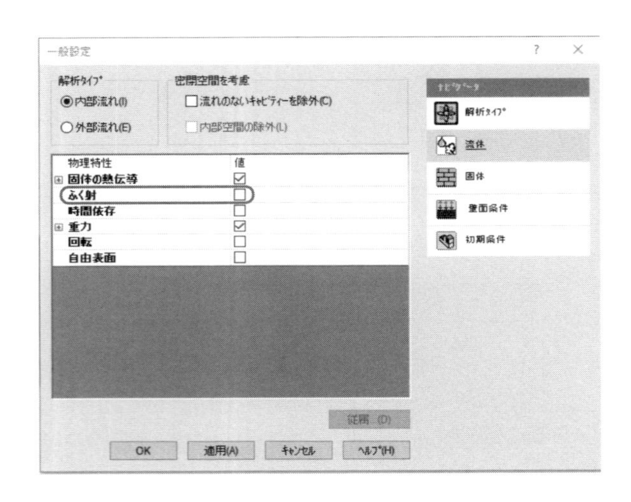

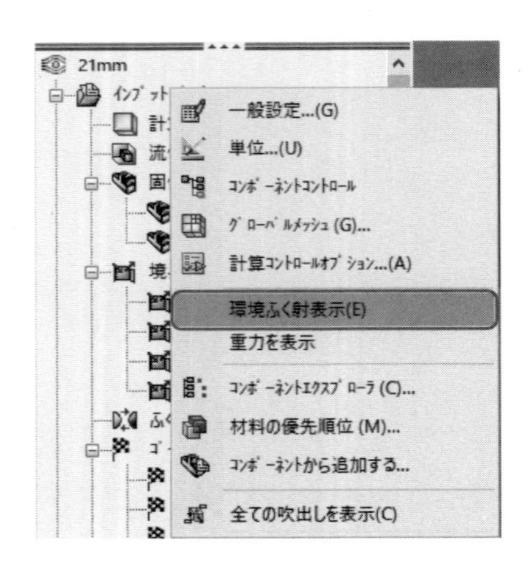

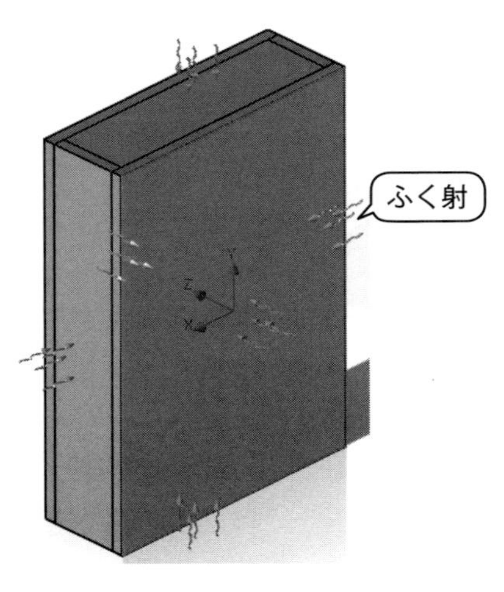

Case 8　応用解析例 2：ディフューザー型水車のケーシング流れ

これまではどちらかといえば流体の教科書で扱うような流れなど，基本的な部分を多く紹介してきました．これにより，基本的な操作などは理解できたと思います．

一方，研究として取り組む，製品開発に役立てる場合などには，それらを踏まえたより応用的な事例が多数を占めることになります．その場合，これまでの説明例とは異なることから実際の操作や考え方に不明な点が多く，結果的にうまく使うことができないという状況に陥ってしまうかと思います．

以上のような考えから，より実践的な事例として水車を取り上げ，それについて解析していくことにします．また，解析結果の確認のために実験結果との比較も行うことにします．

1．解析モデル

現在，小水力発電が活発化しています．小水力発電とはダムなどで行われる大規模な水力発電ではなく，小川や農業用水路，工場排水などの小規模な形で発電する場合を指します．

小水力発電の中でも比較的新しい方式として，ディフューザー型水車があげられます．これは，風力発電における風レンズ風車を模して考案されたものです．

ディフューザー型水車は図Ⅲ-8-1 に示すように，流れが流入する側が狭く，流出する側が広くなっている円筒形になっています．

図Ⅲ-8-1　ディフューザー型水車のケーシング（モデル図）

本来であれば流速が大きい箇所に水車羽を設置するのですが，SOLIDWORKS Flow Simulation は流体の力により回転させるという計算に対応していないこと，流れの特徴を見るためには水車羽を設置していないほうが見やすいことから，ここではあくまで形状の変化による流れの変化について考えていきます．

本来の形であれば，水路に設置することを想定しているため，水路幅や水路底面の影響を受ける可能性が十分あります．そのため，厳密な想定で考えると図Ⅲ-8-2 のようなモデルが必要になります．その場合，水面も規定する必要性があるのですが，そうなると水面より上の空間の状況（空気）も考慮する必要性があり，自由界面問題が生じます．厳密な意味では，流れがある際にはわずかではありますが水面自体も波打ったりして動いているためです．

SOLIDWORKS Flow Simulation ではこれまで自由界面の解析が行えませんでしたが，2018-2019 から可能になりました．ただし，自由界面も含めた空間を解析する場合，計算量が比較的増加します．その結果，解析時間が非常に多くかかります．それらのことを考慮して，今回は外部流れとして扱いました．

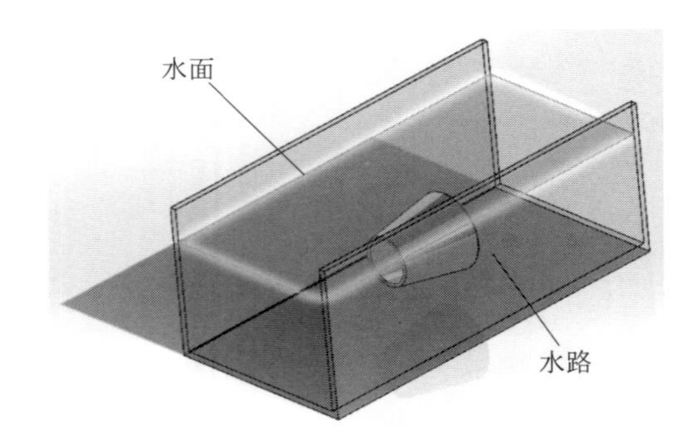

図Ⅲ-8-2　水路設置のイメージ（モデル図）

ここでは，以下のような疑問点を解析によって評価・考察してみます．

Question

- なぜ，図Ⅲ-8-1 のような形状のほうがよいのか？（逆向きのほうがよいのでは？）
- 水路や水面を考慮しない解析で，実際の実験結果とどの程度結果が合致するのか？

2. 解析条件

解析条件を表Ⅲ-8-1 に示します．

表Ⅲ-8-1　解析条件

流体	水（密度 1000 kg/m^3，動粘性係数 1.0×10^{-6} m^2/s）
定常・非定常	定常解析
主流速度	0.5 m/s
メッシュレベル	7
初期条件	重力を考慮

3. 操作の流れ

①　計算対象モデルの読み込み

SOLIDWORKS で作成したモデルを「PartⅢ」→「Case8」に用意していますので，それを使って解析を行います．なお，寸法としては出口側の内径 80 mm，肉厚 5 mm，全長 80 mm，角度 10° として造形しています．

②　解析スタディの作成（解析ウィザード）

●ファイルを開く

1. 上記フォルダにある部品ファイル「diffuser.SLDPRT」を開きます．

●解析スタディの作成（解析ウィザード）

1. Flow Simulation のアドインが起動していること確認し，「ウィザード」アイコンをクリックします．
2. プロジェクト名を「ex3-8」とし，「次へ」を選択します．

●解析ウィザード —単位系

1. SI 単位系を選択し，「次へ」を選択します．

●解析ウィザード —解析タイプ

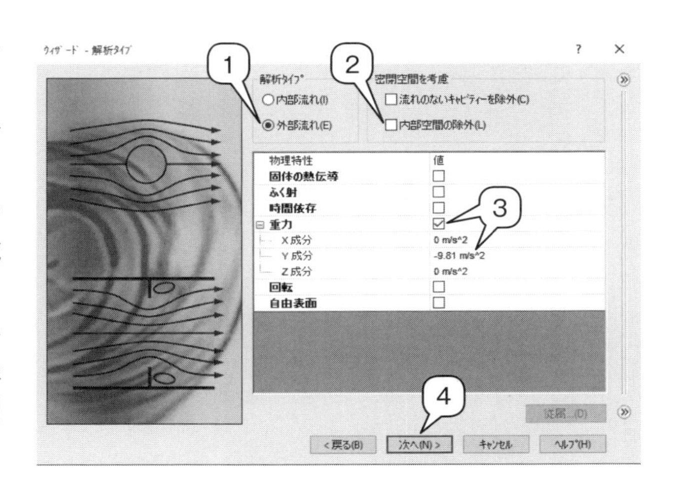

1. 「解析タイプ」は，「外部流れ」を選択します．
2. 「密閉空間を考慮」の項目は，今回はチェックしません．
3. 通常，強制対流の場合には重力の影響を考慮しませんが，自然対流を扱う場合には重要になります．今回の場合でも流れが非常に弱いときは重力の影響を受ける可能性があるため，「物理特性」の「重力」にチェックを入れます．
4. 「次へ」を選択します．

●解析ウィザード —デフォルト流体

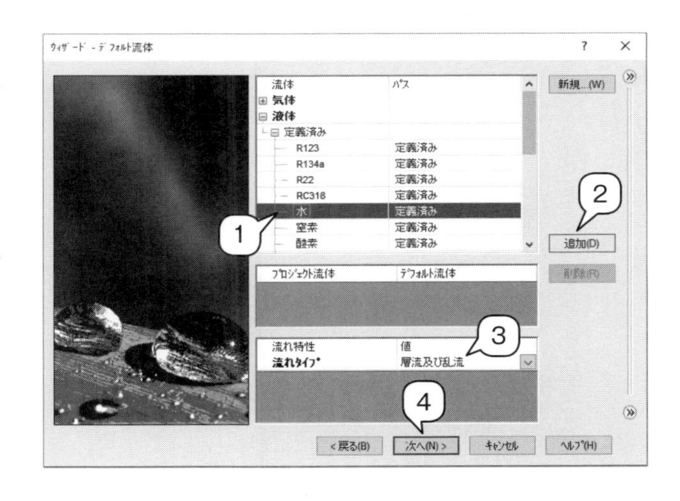

1. 「液体」の左側の 田 をクリックし，プルダウンメニューの一覧の中から「水」を選択します．
2. 「追加」ボタンを押してプロジェクト流体に登録します．
3. 「流れタイプ」は通常は「層流及び乱流」になっているため，とくに変更しません．
4. 「次へ」を選択します．

●解析ウィザード —壁面条件

1. 今回は熱的条件は考慮しないのでデフォルトのまま，とくに何も変更せず「次へ」を押して進みます．

●解析ウィザード ―初期および境界条件

1. 「熱力学パラメーター」はデフォルトのままとします．
2. 「速度パラメーター」は初期流れ場を指定します．今回は図の左側から 0.5 m/s で水が流れている場合を想定しているので，Z 軸の方向に「－0.5」を指定します．
3. 「乱流パラメーター」はデフォルトのままとします．
4. 「終了」を選択します．

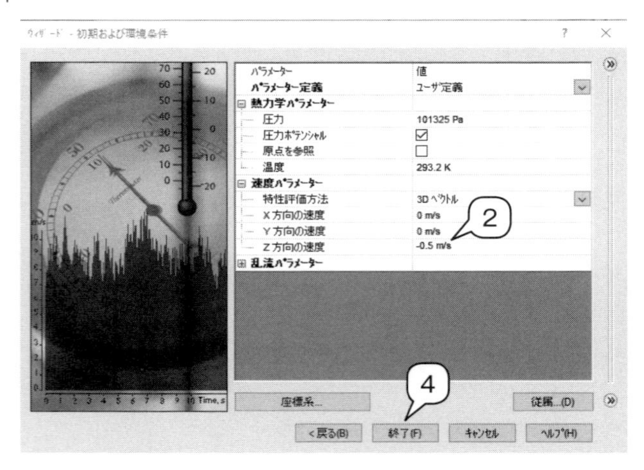

③　解析メッシュの設定

●解析開始前の確認

ここまでの設定後，右図のような形になります．

図において計算対象物の周囲に黒い四角の枠が表示さていますが，これは計算領域を示しています．（この範囲内で計算が実行されます）

本来はこの領域の境界において「境界条件」が必要になりますが，それらの条件は内部的に処理されているため，改めて設定する必要性はありません．

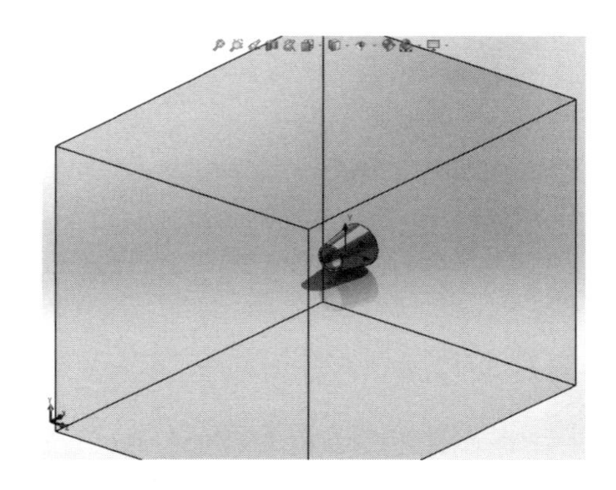

●メッシュの確認

1. 「インプットデータ」→「メッシュ」→「グローバルメッシュ」を右クリックして，「ベースメッシュ表示」を選択します．

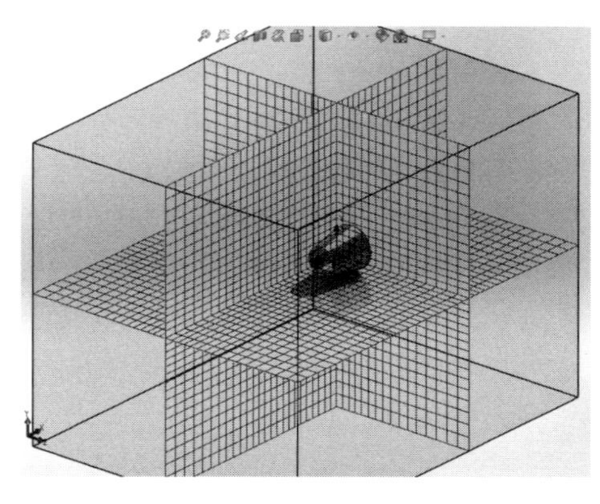

●メッシュレベルの変更による計算メッシュサイズの変更

1. 「グローバルメッシュ」を右クリックして，「定義編集」を選択します．
2. 「設定」の中のスライダを調整します．設定で「7」を選択します．
3. 右側のモデルにメッシュの状態が表示されます．メッシュの状態がこれでよければ，左上の ∨ をクリックします．

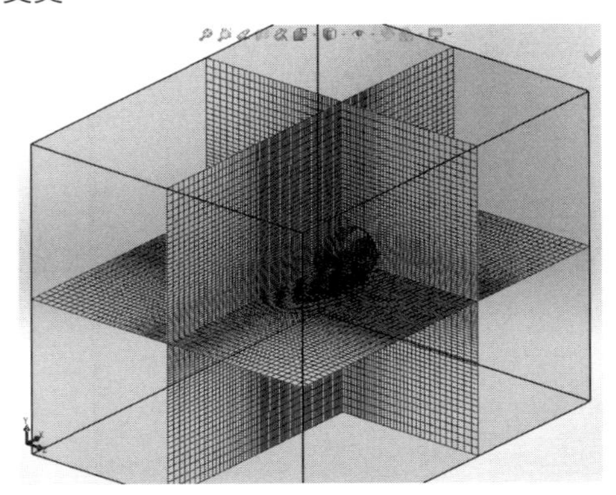

④ 各種設定

今回の解析では設定する必要はありません．

⑤ 収束判定条件の設定（計算のゴールの設定）

●ゴールの作成（グローバルゴールの作成）

1. 「インプットデータ」→「ゴール」を右クリックして，「グローバルゴールの挿入」を選択します．
2. 今回はとくに流速の差に着目したいことから，X，Y，Z すべての方向の速度にチェックを付けます．その際は平均を選択します．
3. 設定を確認して ∨ をクリックします．

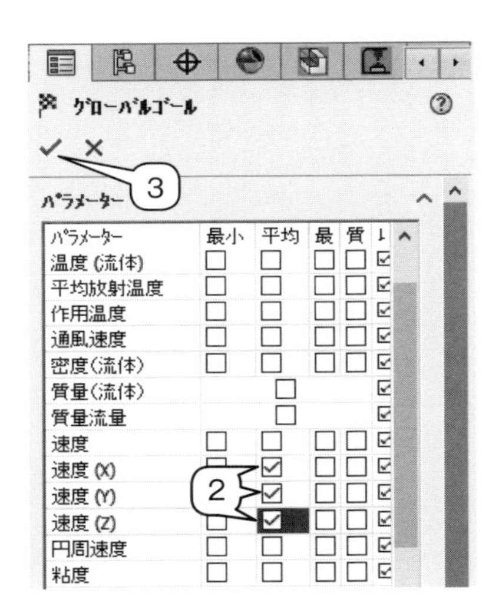

⑥ 解析実行

以上で設定した条件に基づき，流体解析を実行してみましょう．

●解析の実行

1. プロジェクト名「ex3-8」を右クリックして，「実行」を選択します．
2. 実行設定画面が表示されます．そのまま「実行」を選択すると，ソルバーウィンドウが起動します．
3. 計算が終了（PC の性能にもよりますが，今回は 1 時間程度で終わりました）すれば，ソルバーウィンドウは閉じてかまいません．

⑦　結果の表示

基本的な操作は Case 7 と同様のため，省略します．

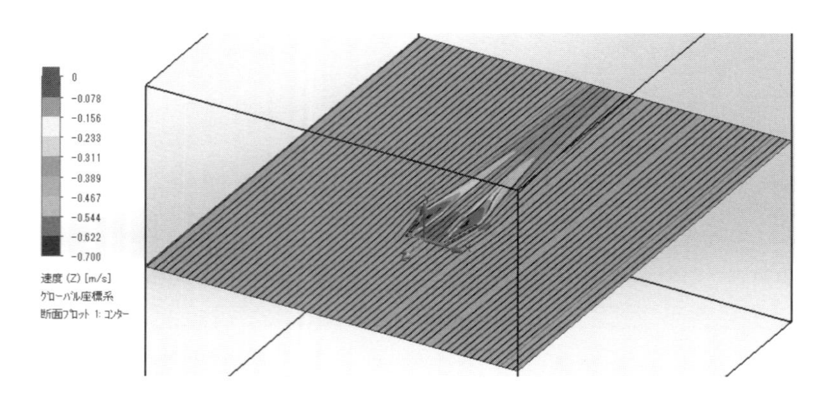

4．解析結果の数値取得

流れの可視化は定性的な状況を確認するためにはよいのですが，最終的な評価は定量的に行う必要があります．つまり，数値が必要になってきます．そのため，ここではその数値の取得について説明します．

流れの可視化の図から，比較的速度が大きくなっていると考えられる箇所を拡大していくと，図Ⅲ-8-3 の太線で示したラインが比較的速度が大きくなっていると予想できます．そのため，このライン上の Z 方向の流速を取得できれば，数値として速度分布がどのようになっているのかを把握できます．

ここでは，そのような数値の取得方法について説明していきます．

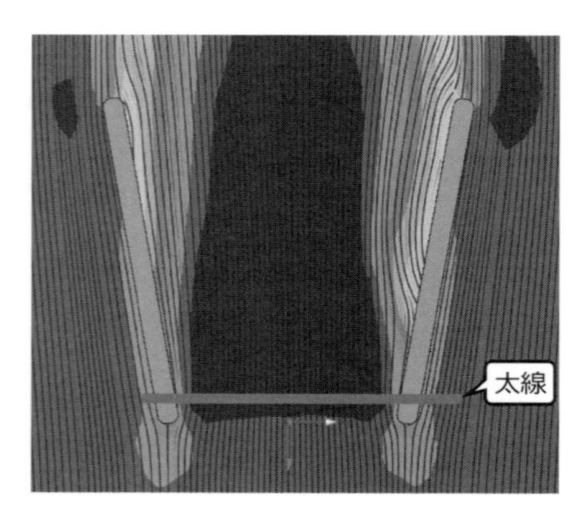

図Ⅲ-8-3　流速が大きくなっている箇所

●スケッチの追加

まずは，図Ⅲ-8-3 の太線の箇所にスケッチを追加する必要性があります．

1. 通常のモデル作成と同様に，実線をスケッチします．その際，先端からの距離を入れます（今回は 5 mm としました）．
2. スケッチの両端の●をドラックして長さを調整します．この場合，図のように端が内部の壁面付近になるようにします．

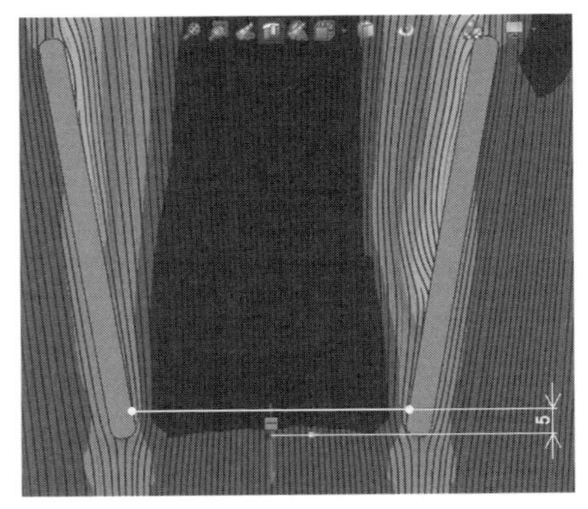

●スケッチ上の流速の取得（流れ方向である Z 方向）

1. 「結果」の下にある「ポイントパラメータ」を右クリックし，「挿入」を選択します．
2. 「ポイント」の下にある左から 2 つ目のアイコンをクリックしたうえで，スケッチした線を選択します．
3. 上記の下の数値は測定点数を示しています．必要に応じて変更してください（今回の例では 20 点）．
4. 「パラメーター」では「速度（Z）」にチェックします．
5. 画面をスクロールすると下に「表示」ボタンが出ますので，それをクリックします．
6. 下に新しいウィンドが表示され，各座標値での流速（Z）が表示されます．なお，図では上部に「ポイントは有効な領域の外です」と表示されていますが，これはその箇所が物体（水車本体）であるためです．

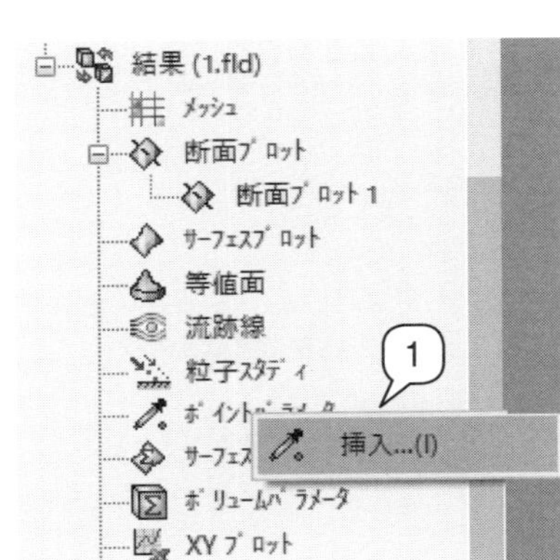

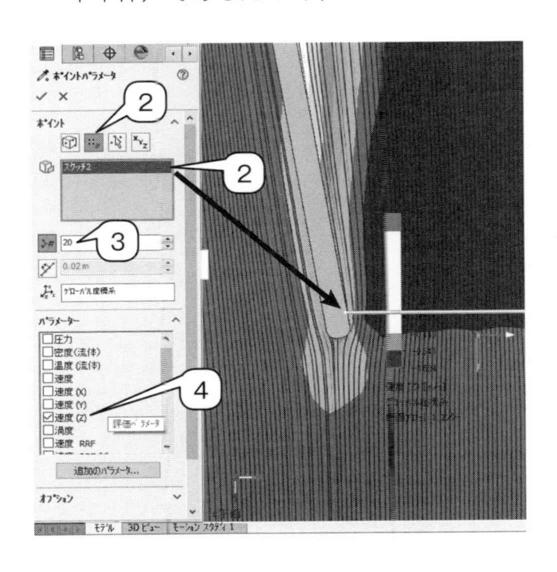

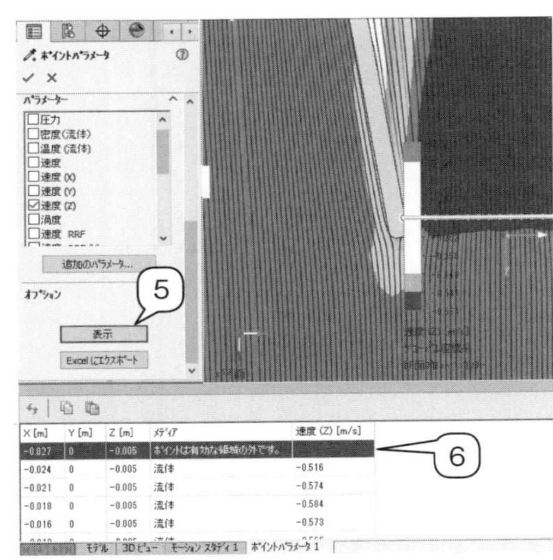

●Excel へのデータのエクスポート

上記では単に値を示しただけですが，結果を整理するためにはその数値を出力する必要があります．

1. 先の最後の画面において「オプション」の下の「Excel にエクスポート」をクリックします．
2. Excel が起動して一覧が表示されますので，保存します．

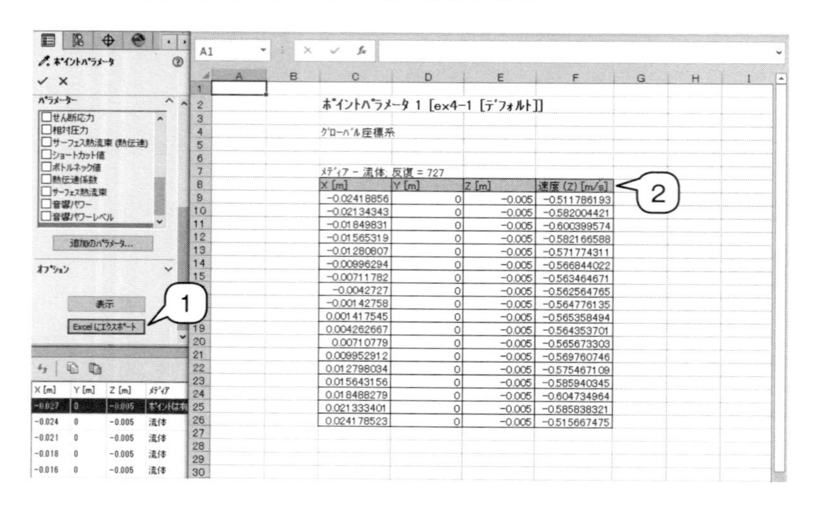

ﾎﾟｲﾝﾄﾊﾟﾗﾒｰﾀ 1 [ex4-1 [ﾃﾞﾌｫﾙﾄ]]

ｸﾞﾛｰﾊﾞﾙ座標系

ﾒﾃﾞｨｱ – 流体; 反復 = 727

X [m]	Y [m]	Z [m]	速度 (Z) [m/s]
−0.02418856	0	−0.005	−0.511786193
−0.02134343	0	−0.005	−0.582004421
−0.01849831	0	−0.005	−0.600399574
−0.01565319	0	−0.005	−0.582166588
−0.01280807	0	−0.005	−0.571774311
−0.00996294	0	−0.005	−0.566844022
−0.00711782	0	−0.005	−0.563464671
−0.0042727	0	−0.005	−0.562564765
−0.00142758	0	−0.005	−0.564776135
0.001417545	0	−0.005	−0.565358494
0.004262667	0	−0.005	−0.564353701
0.00710779	0	−0.005	−0.565673303
0.009952912	0	−0.005	−0.569760746
0.012798034	0	−0.005	−0.575467109
0.015643156	0	−0.005	−0.585940345
0.018488279	0	−0.005	−0.604734964
0.021333401	0	−0.005	−0.585838321
0.024178523	0	−0.005	−0.515667475

このように，実際の数値を取得することで定量的な評価が可能となります．

出力した表を確認すると，流速は最大 0.6 m/s 程度まで増加している箇所がいくつかありました．流入している速度は 0.5 m/s であることから，20% 程度増速できていることがわかります．また，Excel の数値を処理し，各場所での平均流速を求めて比較したうえで，もっとも平均流速が高くなる場合の形状を探すという方法も考えられます．

5.　結果の考察

可視化の結果および取得した数値双方の確認の結果，ディフューザー型水車を利用することで増速効果が見込めることがわかりました．ただし，この結果だけでは，冒頭で述べた疑問（なぜ，図Ⅲ-8-1 のような形状のほうがよいのか？）に答えることはできません．

そのため，その疑問に答えるためにも，以下では流れの向きを逆にした場合について解析してみます．

6.　流れの向きを変更した場合について

ここでは流れの向きを逆にした場合（図Ⅲ-8-4(b)）の解析を行い，先ほどの結果と比較してみます．

（a）ディフューザー型

（b）ノズル型

図Ⅲ-8-4　流れに対するモデルの向き

なお，解析は非常に単純で，流れの向きの設定を逆にするだけです．具体的には「②解析スタディの作成（解析ウィザード）」の「初期および境界条件」の箇所において，Z 方向の流れを変更するだけです．先の例では「－ 0.5」と指定しましたが，これを「0.5」に変更します．

●初期および境界条件の変更

1. 左側の画面の「インプットデータ」を右クリックした後，「一般設定」を選択します．
2. 新しく表示されたウィンドウの右側の「初期および境界条件」を選択します．
3. 画面上の「Z 方向の速度」を「0.5」に変更し，「OK」を選択します．

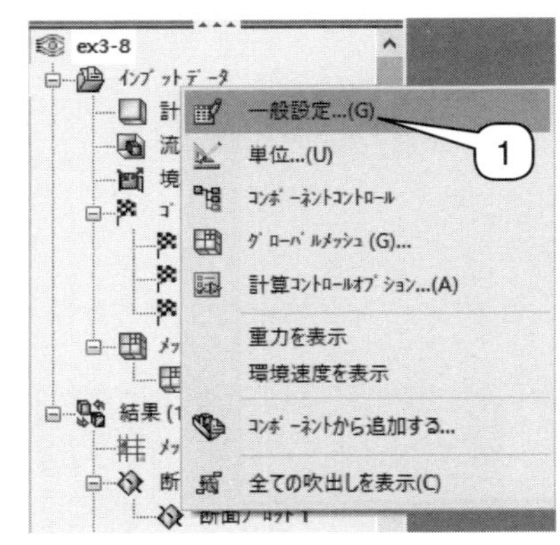

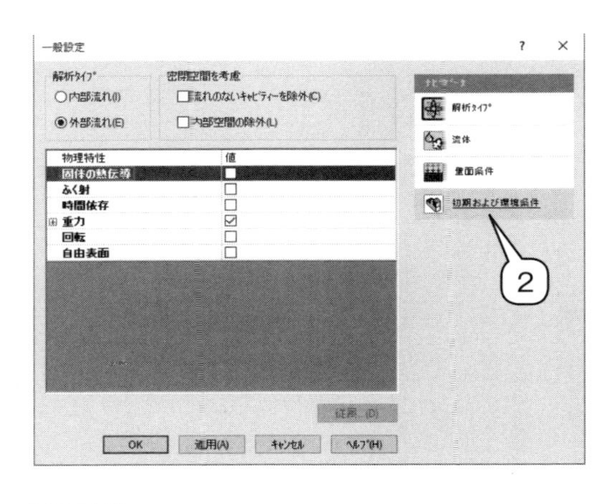

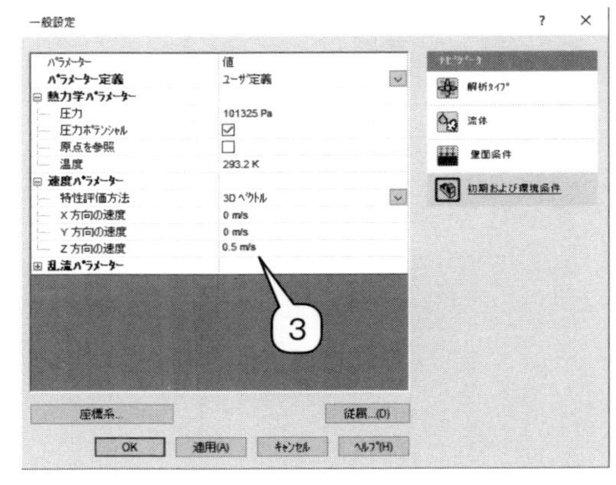

●再計算

条件を変更したため，再計算する必要性があります．

1.「プロジェクト」下の「ex3-8」を右クリックして,「プロパティ」を選択します.

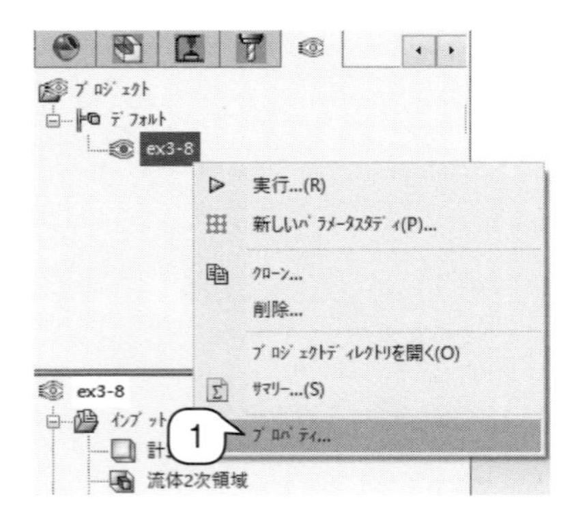

2. 名前を「ex3-8-2」に変更した後,「OK」を選択します.
3. プロジェクト名「ex3-8-2」を右クリックして,「実行」を選択します. これ以降は先に示した方法と同様になります. ただし, 計算実行のウィンドウでは「計算継続」ではなく「新規計算」を選択することに注意してください.
　※プロジェクト名を変更したのは, 先ほどの計算結果と区別するためです.

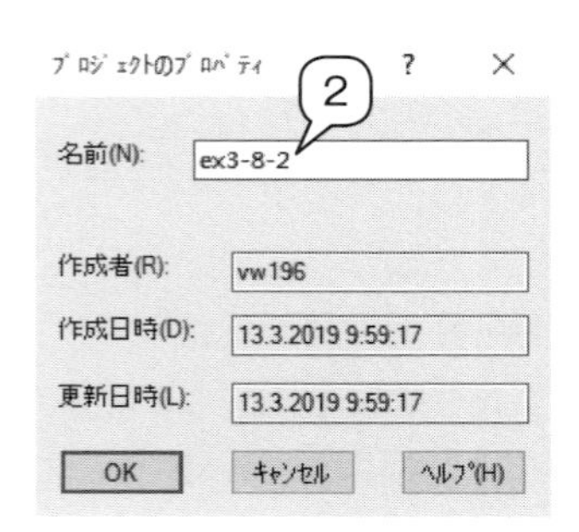

●結果の可視化

解析結果を可視化したものを図Ⅲ-8-5に並べて比較します.

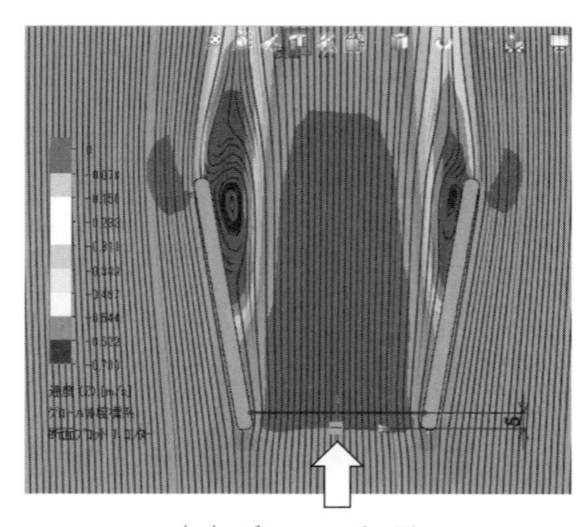

(a) ディフューザー型

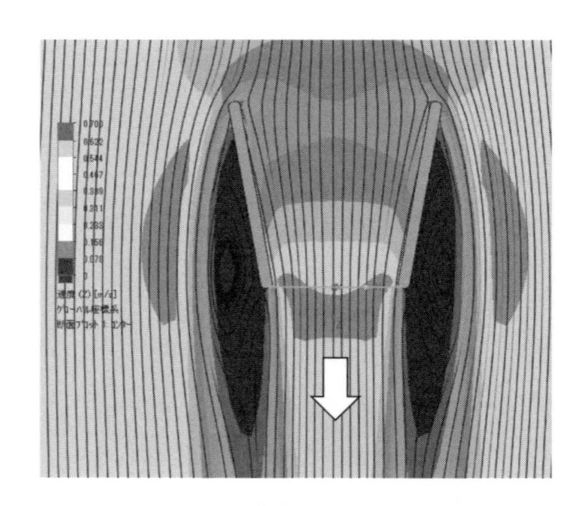

(b) ノズル型

図Ⅲ-8-5　流れ方向の違いによる結果比較

図においては, 表示色の範囲を意図的に変更しています. (a)ディフューザー型の場合, 0～－0.7 m/sに, (b)ノズル型の場合, 0～0.7 m/sとしており, 範囲としては同じになるようにしています.

図から, 明らかに流れが異なっていることがわかります. ディフューザー型の場合, 内部に渦が発生しているのに対し，ノズル型の場合では外部に渦が発生していることがわかります．このように渦の発生位置の違いから，明らかに内部の流れが異なっていることがわかります．またその関係もあり，比較的速度が大きくなっている範囲について見ると，ディフューザー型の場合には比較的広い範囲で増速されていることがわかりますが，ノズル型の場合，それよりも狭い範囲でのみ増速されていることもわかります．

次に，比較的流速が速くなっていると考えられる位置での実際の速度を確認してみます．ノズル型の場合，出口付近（座標原点付近）で考えてみました．その結果，数値的には最大でも 0.55 m/s 程度でした．ディフューザー型の場合 0.6 m/s 程度でしたので，数値的に比較してもディフューザー型のほうが優れていることがわかります．

7．2 次元解析

解析をするにあたり，計算対象物が 3 次元でも流れが 2 次元になるのであれば，2 次元で計算したほうが有利になります．2 次元にするだけで計算に必要な点数が圧倒的に少なくなるため，計算負荷が減り，結果的に計算時間が短縮されます．その結果，さまざまなパラメータを順次変更して解析するような場合には，全体の解析時間の大幅な短縮が見込まれます．

そのため，ここでは「Case 6　2 次元解析および解析メッシュの細分化」（☞ p.135）と同様にして 2 次元解析を行います．

途中までの手順はこれまでと同じになりますので，それ以降の手順を示します．

●計算領域の再定義

実際に計算する領域を再定義します．

1. プロジェクトツリーの「インプットデータ」→「計算領域」を右クリックし，「定義編集」を選択します．

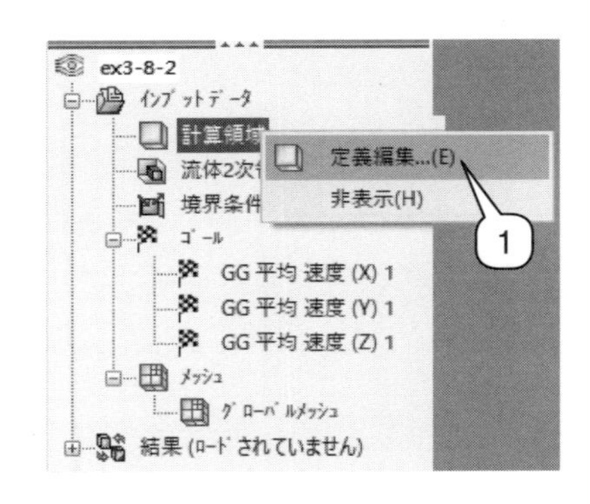

2. 「タイプ」で「2D シミュレーション」のアイコンをクリックした後，下の平面を選択（今回は XZ 平面）します．
3. 設定を確認して ✓ をクリックします．
   ※計算領域を再定義したことから，計算自体も再度実行する必要性があります．

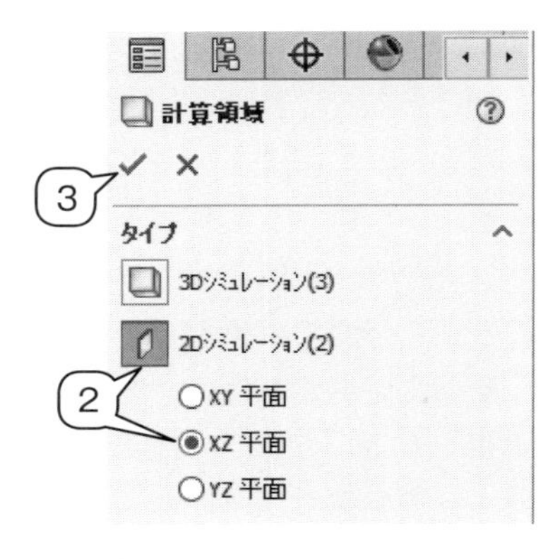

上記設定後は，これまでどおりゴール設定やメッシュなどを確認したうえで解析を実行します．

図Ⅲ-8-6 に流れの比較図を示します．図から，全体的に 3 次元解析結果のほうが発生している渦が大きくなっていることがわかります．また，3 次元解析結果では左右の流れの非対称性が見られますが，2 次元解析結果ではそれは非常に小さくなっており，ほぼ左右対称のように見えます．

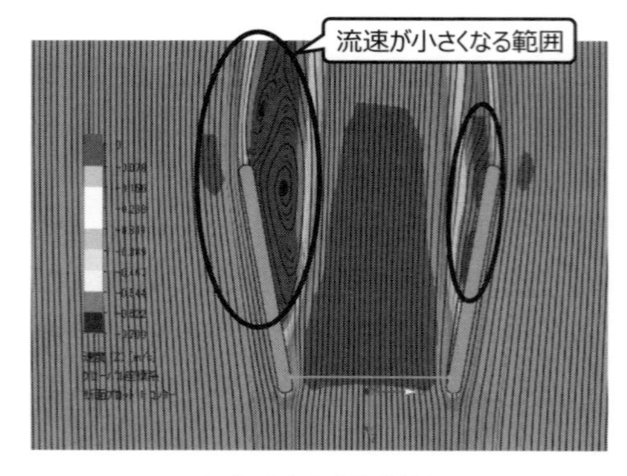

（a）3次元解析結果

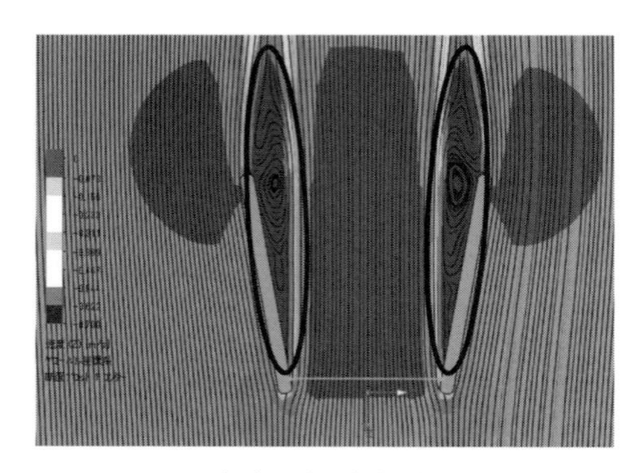

（b）2次元解析結果

図Ⅲ-8-6　次元の違いによる流れの比較

全体的には色の分布でみるとほぼ同じようになっていますが，3 次元解析のほうが発生している渦が大きいことから，速度がもっとも小さくなる範囲が広くなっています．また，中心部に着目すると，発生する渦の状況が異なるために若干影響を受けていることもわかります．

流線に着目してみると，中心部付近に関しては渦が発生している箇所でわずかにその幅が異なるだけで，全体的にはまっすぐでほぼ同じような流れになっていることもわかります．

これまでと同様，先端（座標原点）から 15 mm の位置での Z 方向の速度について比較します．平均，最大，最小値で比較したものを表Ⅲ-8-2 に示します．

表Ⅲ-8-2　Z 方向速度の比較（次元の違い）

	平均（m/s）	最大（m/s）	最小（m/s）
3 次元解析（図(a)）	− 0.559	− 0.509	− 0.585
2 次元解析（図(b)）	− 0.553	− 0.389	− 0.597

表の数値を比較すると，数値的にはかなり異なっているようにも見えます．ただし，今回はどちらかといえば流速が加速される程度を重要視するため，最小値に着目すると，大きな違いは見られないということがわかります．一方，最大値の違いは大きく感じますが，平均値の違いは小さいことから，速度分布自体に違いが見られることになります．ただ，その程度はそれほど大きくないと予測できます．

数値の厳密さで考えた場合，3 次元解析のほうがよくなることは自明の理ですが，逆に，この程度しか違いがないのであれば，パラメータが多い場合は，基本的な解析は 2 次元で行ったうえで，有意義な条件や着目した条件の場合のみ 3 次元解析も行って結果を検討するという方法でもよいと考えることができます．数値で比較すると違いばかりが目につきますが，そもそも数値解析自体が近似であり，誤差を含んでいること，最終的には実験などで検証したほうがよいことなどを考慮すると，先に示したように，基本的には 2 次元解析を行って全体の作業効率を上げるほうが得策ではないかと考えられます．

8. モデル実験

実験との比較については最初に指摘しました．また，疑問点として，「水路や水面を考慮しない解析で，実際の実験結果とどの程度結果が合致するのか？」をあげています．そのため，ここでは流れの可視化実験の結果と解析結果とを比較していきます．

解析としては，重力を考慮した 2 次元解析で行います．解析を 2 次元で行うことから，実験側もそれに合わせ，2 次元で実験することにします．これは，3 次元のモデルで実験を行っても内部の流れの可視化が難しい（透明なモデルを製作することが難しい）ためです．

まず，実験について説明します．図Ⅲ-8-7 に実験装置の図を示します．

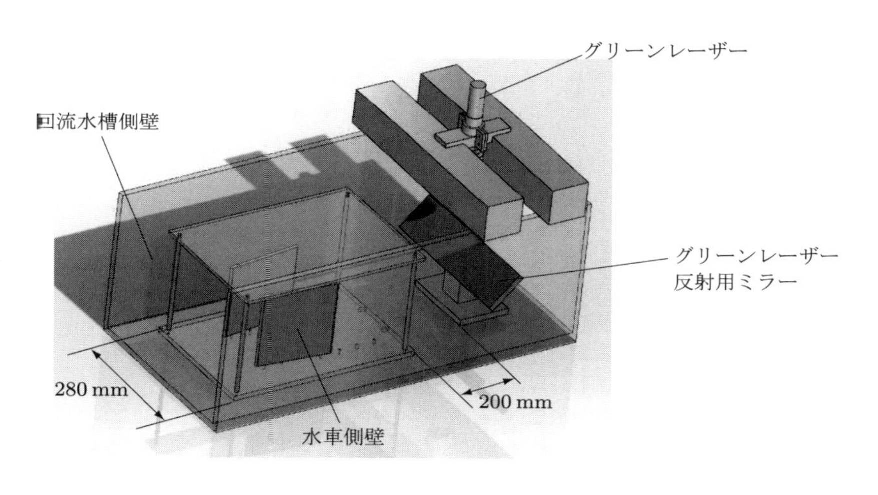

図Ⅲ-8-7　可視化実験モデル図

実験においては 2 枚のアクリル板（厚さ 5 mm）で側壁を作成しました．また，上下のアクリル板には円弧状に溝を作成し，任意に角度変更を可能としました．モデルの側壁の角度を設定する場合にはあらかじめ 3D プリンタで台形状の治具を製作しておき，それを当てて角度を決定したうえでねじを締め，固定しました．また，側壁の固定の問題もあり，上下にアクリル板（厚さ 5 mm）を設置しました．

可視化光源としては，半導体グリーンレーザーを使用しました．光源の前に φ5 mm のパイレックスガラス棒を設置することによりスリット状にしました．そして，試験体後方約 200 mm の位置に設置したミラーにより反射させて観測部に照射しました．その際，高さ方向としては試験体のほぼ中央になるようにあらかじめ調整しました．

実験においてはモデルの角度を決定した後，数分経過した後に流れの可視化を実施しました．

流れの可視化においては，トレーサーとしてアルミ粉末を用いました．また，撮影はデジタルカメラで実施し，流れの軌跡がわかるよう，シャッタースピードを手動で設定しました（条件により多少変更しましましたが，おおむね 1/15～1/60 秒程度）.

水面の高さは，蓋として利用したアクリル板とほぼ同じになるように設定しました．この理由としては，写真撮影の問題がありました．液面が自由表面の場合，流れにより液面が波立ちますが，それにより光の乱反射が発生し，撮影に支障が生じたためです.

実験で使用したモデルはなるべく見やすくするために，流出側の直径（内径）を 110 mm とし，長さを 120 mm としました.

次に，解析結果と実験結果との比較を図Ⅲ-8-8 に示します．流速の条件はいずれも 0.28 m/s です.

図から，解析結果と実験結果は定性的な一致を示していることがわかります．とくに，囲みの箇所は渦が発生していますが，解析では渦の発生箇所およびその大きさ（規模）をほぼ正確に再現していることもわかります．また，これらの結果から，角度が大きすぎると内部に大きな渦が発生して流れが曲げられるため，増速効果は望めないだろうということがわかります．一方で，角度が小さい場合でも壁面側に渦が発生しますが，その渦の存在により流入してきた流れは壁面に沿って拡大せず，ほぼまっすぐに進んでいくことから，流れがあまり減速されないということもわかります．角度が大きくなれば発生する渦も大きくなりますが，これらの結果から考えると，最適な角度は 5 ～ 10° の範囲内にあるのではないかと予想できます.

上記の予想から，実際に解析をした結果，角度としては 7° ないしは 8° が最適であるということがわかりました.

ここまでは定性的な確認をしましたが，その後，定量的な確認も行いました．手法としては，可視化写真から場所ごとの流速を算出し，解析結果と比較する方法です.

実験側の可視化写真から比較的判別しやすい箇所を選別し，その長さを確認しました．実験時にはあらかじめこのようにして流速を算出することを想定していましたので，まず金属製のスケールを撮影しておき，それと同じ倍率で可視化写真を撮影しました．そのため，スケールと可視化写真とを比較することで軌跡の長さを決定することができます．その後は撮影時の時間（シャッタースピード）を参照してその地点における速度を算出しました.

図Ⅲ-8-9 に流速の比較場所を示します．また，表Ⅲ-8-3 にそれぞれの地点における流速の比較を示します．比較の際には角度 5°，流速 0.28 m/s の結果を用いました.

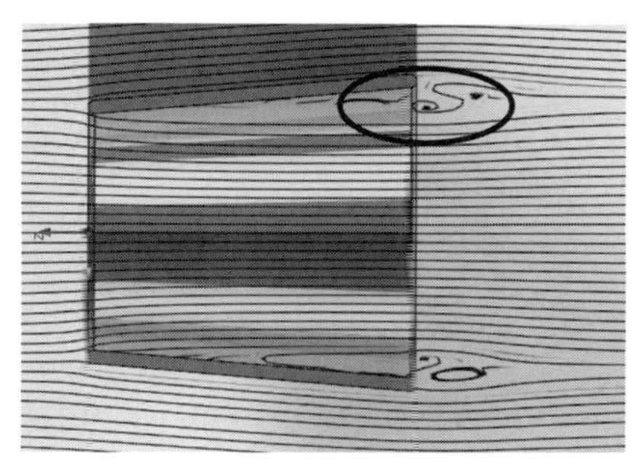

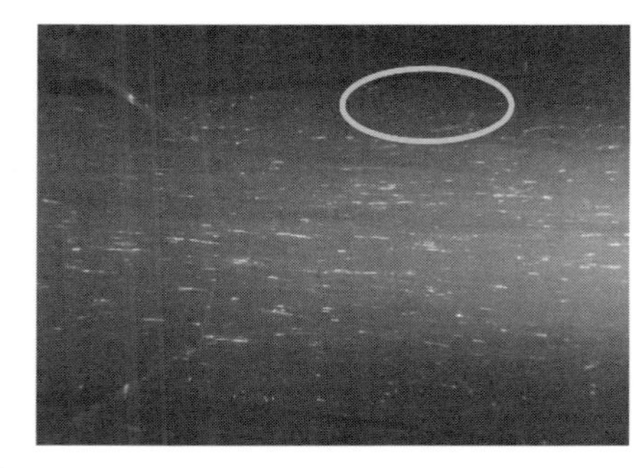

（a）角度5°

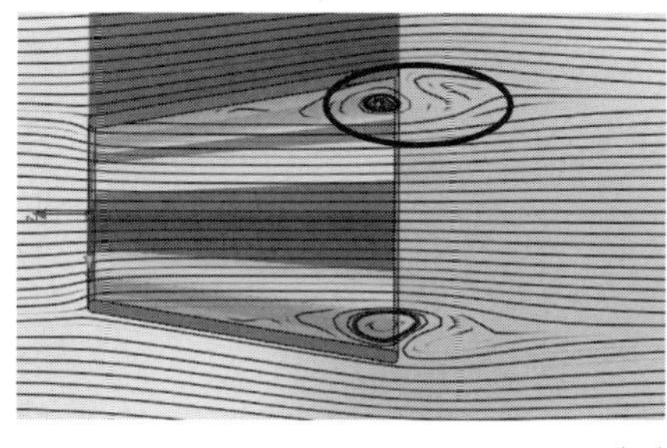

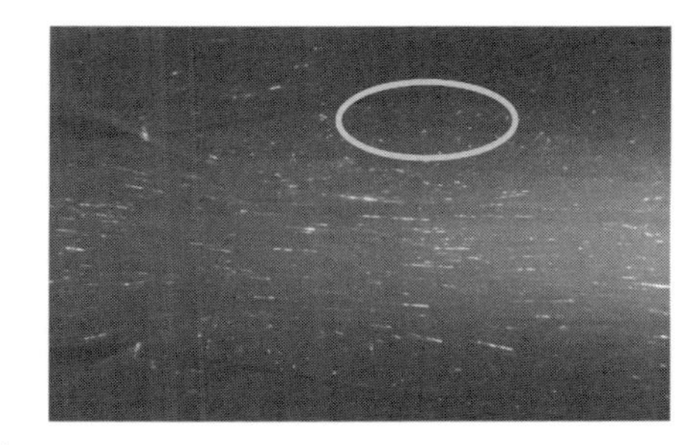

（b）角度10°

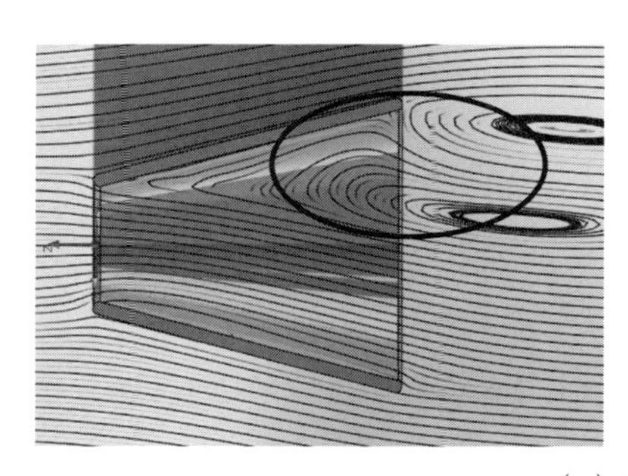

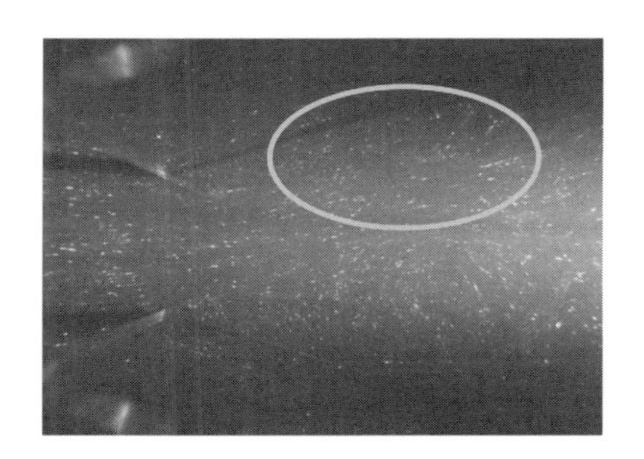

（c）角度15°

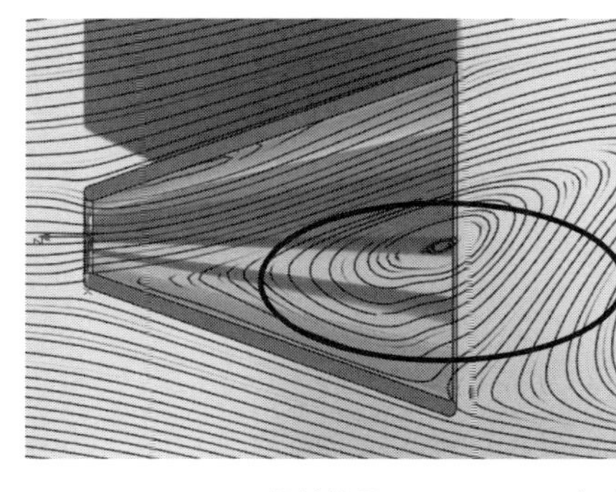

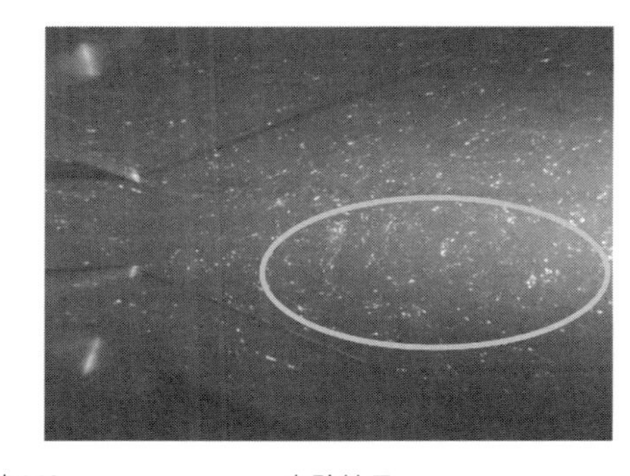

解析結果　（d）角度20°　実験結果

図Ⅲ-8-8　解析結果と実験結果の比較

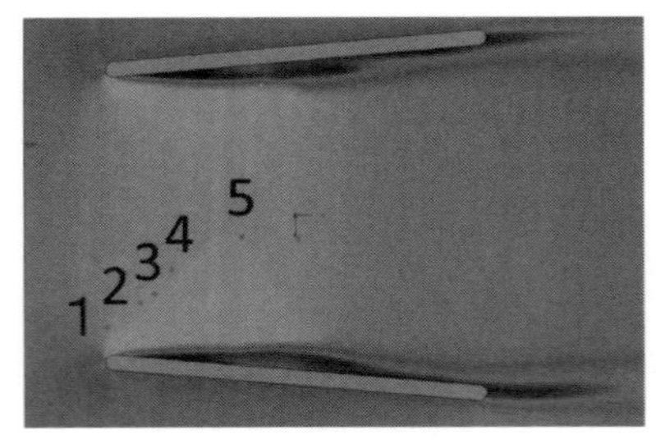

（a）解析結果

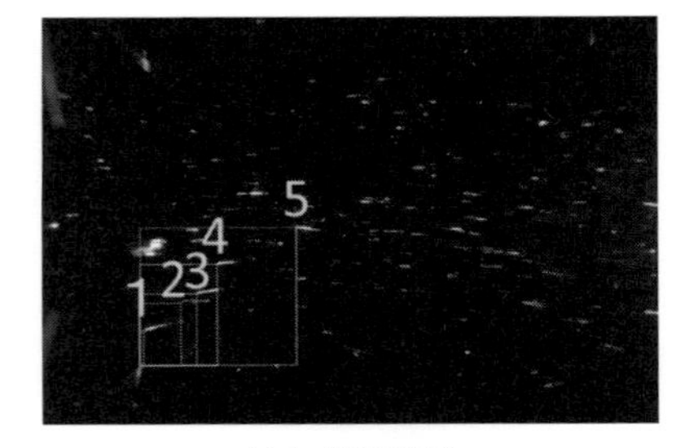

（b）実験結果

図Ⅲ-8-9　解析結果と実験結果の比較（同一場所における流速の比較）

表Ⅲ-8-3　特定箇所における流速の比較

測定箇所	数値解析 V_S [m/s]	可視化実験 V_V [m/s]	誤差 $\lvert V_S - V_V \rvert / V_V$
1	0.32	0.273	17.2
2	0.333	0.148	124.9
3	0.335	0.312	7.4
4	0.335	0.327	2.4
5	0.337	0.327	3.1

表より，5点中3点は誤差の割合が10%以下になっています．さらに，2点は5%以下になっています．このような手法の場合，写真撮影の関係で条件によっては誤差が大きくなる可能性が考えられましたが，比較的よく一致している箇所も存在したため，解析結果との定量的な比較という意味ではほぼ成功したのではないかと考えています．

このように，実験によって得られた結果とシミュレーション結果を比較することは，シミュレーションがどの程度実際の物理現象を再現しているか確認するという点で非常に重要です．さらに，シミュレーションの際に設定した初期条件や境界条件，その他の条件が適切かどうかということも同時に評価できます．

また，流れの2次元性に着目して2次元で実施するということは，実験側では流れの可視化が容易であるという利点があり，シミュレーション側では圧倒的に解析時間を短縮できるという利点があります．今回のようなモデルで3次元実験を行おうとした場合，実験モデルの準備や流れの可視化が困難になることが予想できます．そのため，シミュレーションで2次元解析と3次元解析の結果を比較し，確認したうえで実験も2次元で実施したほうがより効率的であるといえます．ただし，すべての場合において流れの2次元性が確保されるかどうかは難しい問題でもあるため，順次結果を見て判断する必要性もあります．実際の物理現象でも多くの条件では流れの2次元性を保ちますが，ある特定の条件では3次元性を有するという場合もあります．

冒頭で示した疑問点については，解析結果から以下のようになります．

Question

- なぜ，図Ⅲ-8-1 のような形状のほうがよいのか？（逆向きのほうがよいのでは？）

→「6．流れの向きを変更した場合について」で結果について紹介していますが，全体的な流れの傾向が異なります．ディフューザー型の場合，入口が狭まっていることからその箇所で縮流のような形になり，流れが加速されます．また，ディフューザー内壁側に渦が発生しますが，それにより入口から入ってきた流れはほぼまっすぐに流れていくことになります．つまり，入口で加速された流れはそれほど減速されずに流れていくことになります．一方，ノズル型に関しては内壁に沿って流れることから，出口に向かって流れが加速されていくような印象を受けますが，流れが遅い場合にはむしろ水の粘性により減速されていきます．さらに，ノズルの外部に発生する大きな渦により，出口付近で流れが阻害されることになります．このように，途中で減速され，さらに出口で阻害されることから，全体的に流れが遅くなることになります．

Question

- 水路や水面を考慮しない解析で，実際の実験結果とどの程度結果が合致するのか？

→定性的な一致および定量的な一致もある程度確認されたことから，このような簡易モデルによるシミュレーションでも実際の現象をほぼ正しく捉えることができると考えられます．ただし，今回のモデルは水路幅に対して 1/3 程度の大きさのモデルであったことから，極端に水路壁の影響を受けなかったと考えられます．大きいモデルを使用する場合には，水路壁の影響も考慮する必要性があると推察できます．また，水面に関しては，今回のように流速が遅い場合にはその影響力が少なく，考慮する必要性はあまり感じられないということもわかります．

Tips 7　重力の有無による違い

Case 8 の解析では重力が作用するように指定してきました．ただし，最初のところで「強制対流の場合は重力の影響を無視する場合が多い」と指摘しています．そのため，ここでは重力設定の有無で今回の流れがどの程度変化してくるのか確認していきます．

Case 8 の「6.　流れの向きを変更した場合について」の手順と同様にして設定の変更を行い，「重力」のチェックを外してから再計算します．

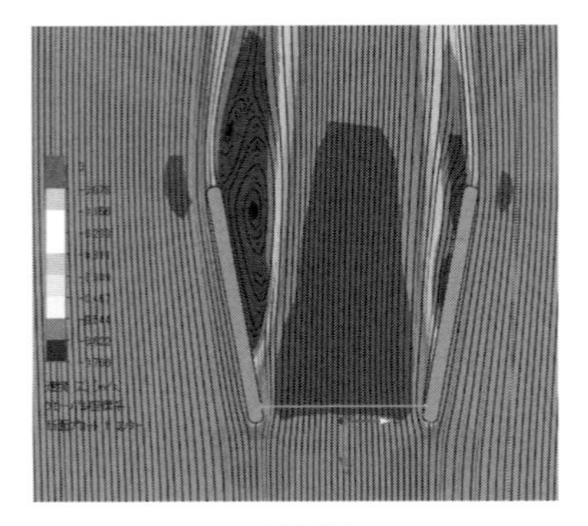

XZ平面

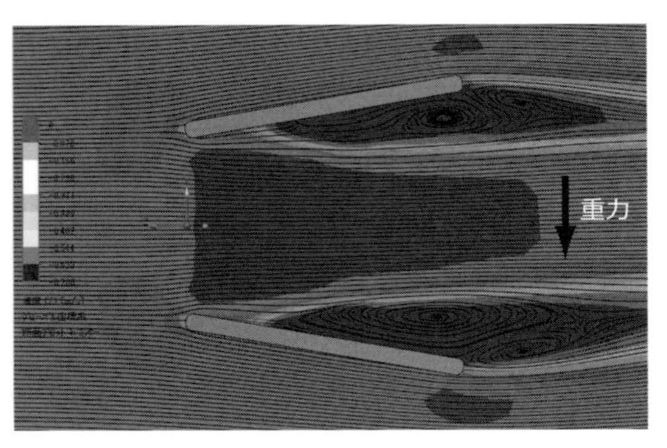

YZ平面

重力が作用する場合の流れ

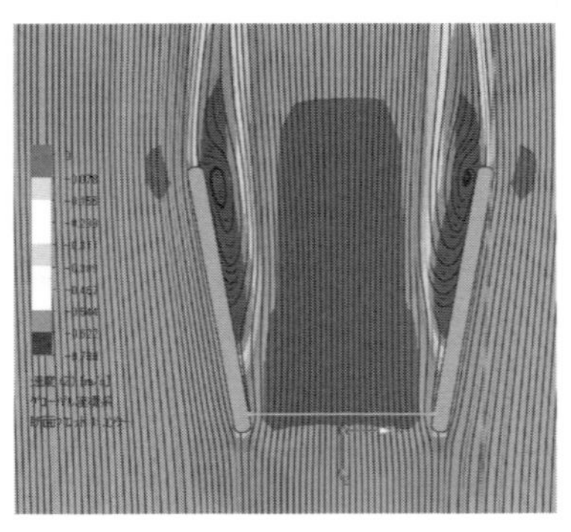

XZ平面

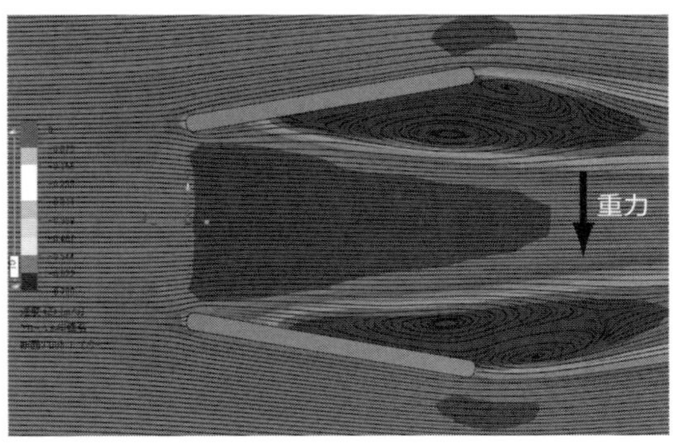

YZ平面

重力が作用しない場合の流れ

重力が作用する場合と作用しない場合の流れの結果を比較していきます．まず，XZ 平面どうしを比較すると明らかな違いが見られます．作用する場合のほうが流れの非対称性が強くなり，発生している渦も大きくなっています．一方，YZ 平面どうしを比較すると，若干ながらの違いは見て取れますが，その違いは XZ 平面ほど大きくないことがわかります．

重力が作用する場合の結果において，XZ 平面と YZ 平面とを比較すると，流れの違いは確かにありますが，その違いは少ないことがわかります．これは流れの 2 次元性が比較的強いということになります．その関係もあり，とくに YZ 平面では重力の影響による流れの非対称性（上下方向）が小さいということもできます．

次に，XZ 平面において，Case 8 の「4. 解析結果の数値取得」で行ったように，先端から 5 mm の位置での Z 方向の速度について比較します．平均値，最大値，最小値の比較について下表にまとめました．

Z 方向速度の比較（重力の有無）

	平均	最大	最小
重力あり	− 0.559	− 0.509	− 0.585
重力なし	− 0.561	− 0.512	− 0.583

表から，数値で比較すると，平均，最大，最小それぞれの差は出ていますが非常に小さいことがわかります．

両者の図を比較した場合に大きく異なっているのは，この位置よりもより後方の位置（渦が発生している箇所付近）であり，流速が比較的速くなる先端部分においてはその差は非常に小さくなるといえます．

以上のことから，重力の有無による違いは解析上でもきちんと表現されていることがわかります．そのためパラメータなどを設定する場合，設定を 1 か所間違えただけで結果に影響を及ぼすということも同時にわかったと思います．

なお，今回よりもより流速を遅くした場合にはこれ以上の差が生じる可能性もあります．そのため，気になるような場合には最初にこのような比較をしておいたほうがよいでしょう．

Tips 8　ゴール設定の違い

Case 8 の「3. 操作の流れ」の「⑤収束判定条件の設定（計算のゴールの設定）」において，ゴール設定を 3 種類選択していました．このゴールの設定は収束判定に用いられますので，この設定を変更することで収束判定の条件が変化することになります．

より詳細に解析したい場合，ゴールの設定を多くすればよいように感じますが，多くすればそれだけ収束判定の条件が厳しくなることから，解析時間がかかることが予想できます．逆に，少なければ正確に現象を再現できない可能性があります．そのため，本来であればゴール設定を複数変更していき，それらの結果比較と計算時間との兼ね合いからどの設定が最終的にもっとも効率的なのかを判断したうえで，順次パラメータを変更して解析していくといった方法が理想的であると考えられます．その際にはもちろん，後に示すように実験結果との比較も交えたほうがよいことになります．

このような考えは，本来であればメッシュ数の設定にもいえることです．メッシュ数が多くなればより現象を細かく再現できる可能性は高くなりますが，そのぶん解析時間もかかってしまいます．ただし，現状のコンピュータの性能であればこの問題はそれほど大きくはならない可能性もあります．

以上のように，本格的にパラメータを変更して順次解析する前にこれらのことについて考慮することで，最初の段階で検討しておいたほうがより効率的でかつ信頼性が高いデータを取得することができます．

以下から，実際にゴール設定を変化させた場合の結果を示し，比較してみます．具体的には以下のような 3 つの条件で実施し，比較します．

(1) 平均速度（X，Y，Z の 3 方向）に加えてモデル表面にかかる力（サーフェスゴール）を追加
(2) モデル表面にかかる力（サーフェスゴール）のみ
(3) Z 方向方向の平均速度のみ

●ゴール設定の変更（サーフェスゴールの追加）

1. 左側の画面の「ゴール」を右クリックした後，「サーフェスゴールの挿入」を選択します．
2. 左側の画面の「選択」の箇所において，モデルの表面をクリックして適用する面をすべて選択します（今回はすべての面を選択）．また，その下の「各サーフェスにゴール作成」のチェックを入れます．
3. 「パラメーター」の箇所で追加するゴールにチェックを入れます（今回は「力」にチェック）．
4. 確認した後，左上の ✓ をクリックします．
5. プロジェクト名「ex3-8」を右クリックして，「実行」を選択します．

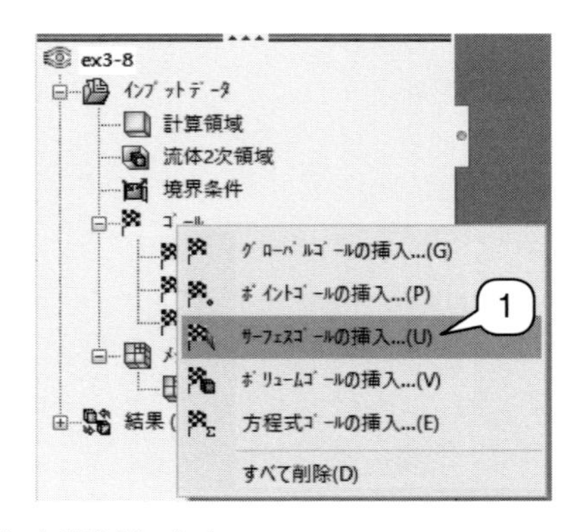

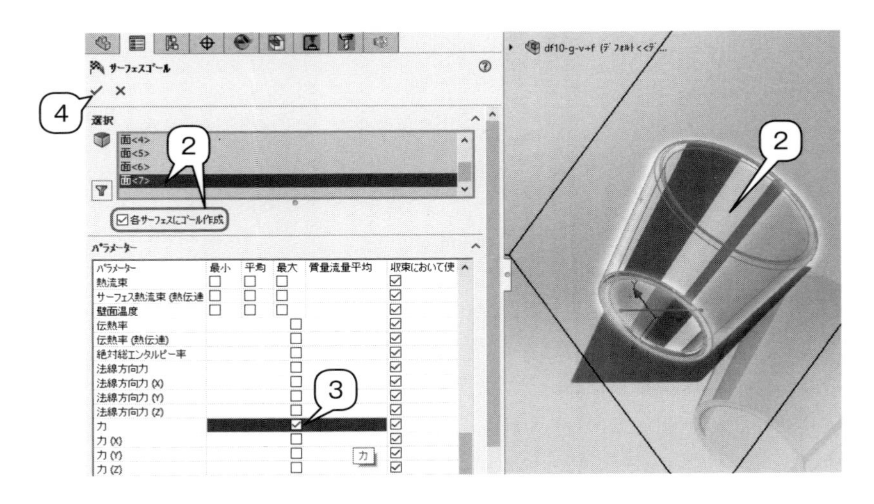

●ゴール設定の変更（グローバルゴールの追加）

1. 左側の画面の「ゴール」を右クリックした後,「グローバルゴールの挿入」を選択します.

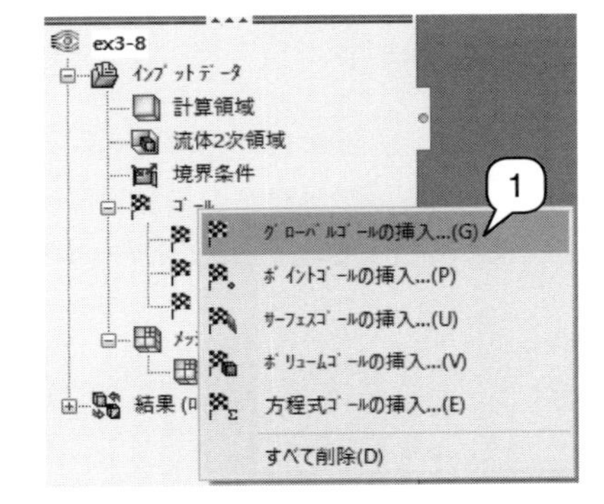

2. 「パラメーター」の箇所で追加するゴールにチェックを入れます（図では「力」を選択）.
3. 確認した後，左上の ∨ をクリックします.
4. プロジェクト名「ex3-8」を右クリックして,「実行」を選択します.

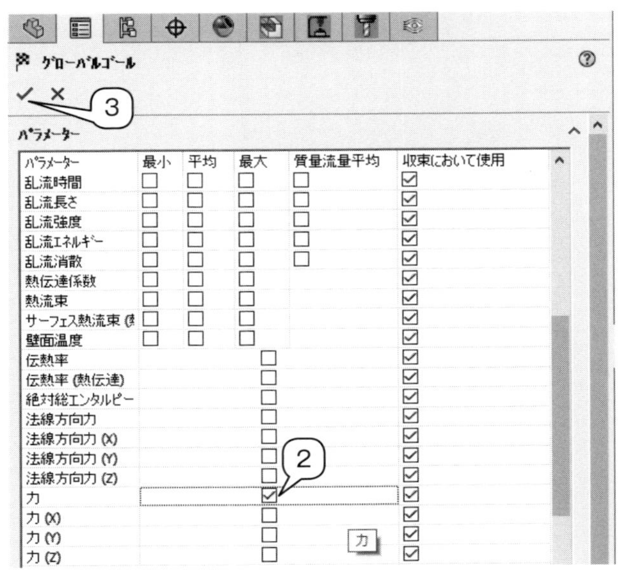

●ゴール設定の変更（グローバルゴールの削除）

1. 左側の画面の「ゴール」下に表示されている，削除したいゴールのところ（図では「平均速度（Y）」）へマウスカーソルを移動したうえで右クリックします．
2. 表示されるプルダウンメニューで「削除」を選択します．
3. 確認のためのウィンドウが開かれるので，「はい」を選択します．

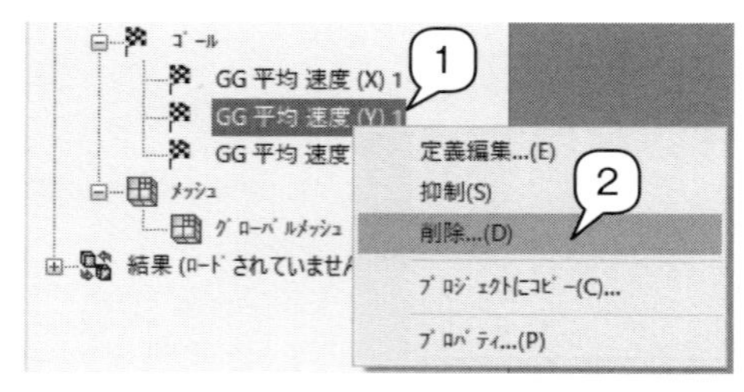

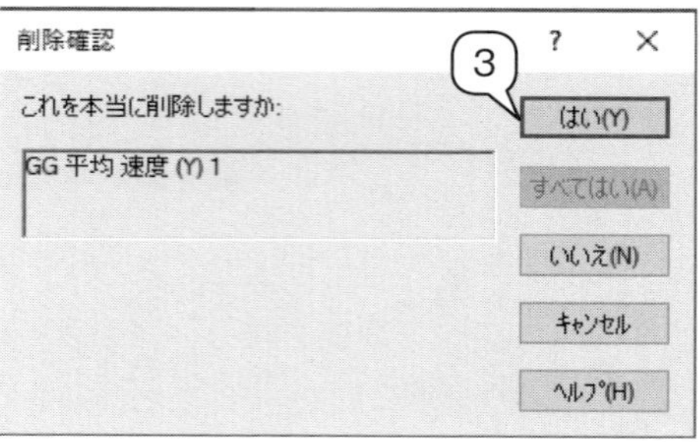

なお，解析としての条件は，Case 8 と同様（表Ⅲ-8-1 参照）で進めていきます．また，モデル表面にかかる力を設定するためには，「サーフェスゴールの挿入」を用います．

以下で，先に示した3つの条件ごとの違いについて解析結果を検討してみましょう．まずは流れの可視化で比較していきます．

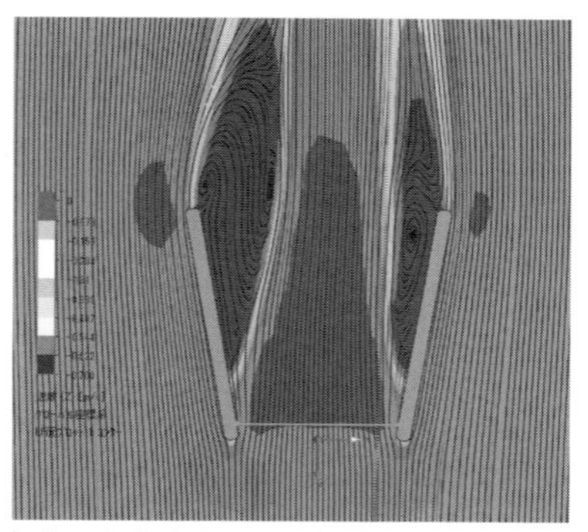

（1）3方向速度 + モデル表面にかかる力

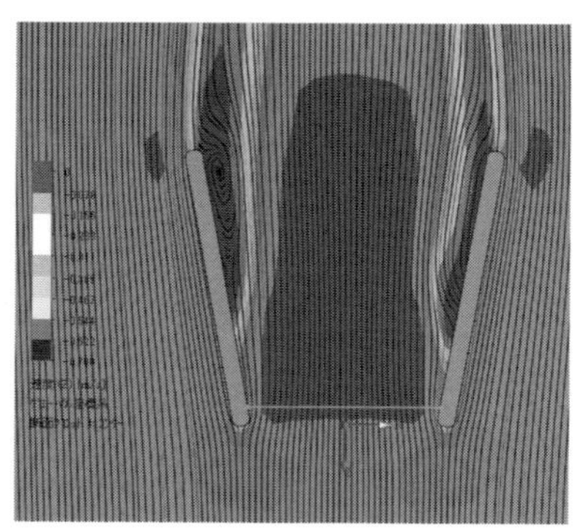

（2）モデル表面にかかる力のみ

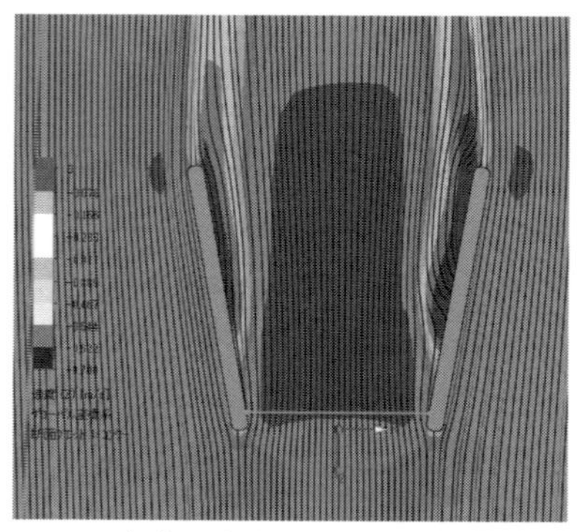

（3）Z方向の平均速度のみ

また，解析時間ですが，結果的に，新たに解析した際に必要になった計算時間はどれもそれほど大きな違いはありませんでした．さらに，Case 8 と比較しても同様でしたので，今回のゴール設定の違いによる計算時間の違いは明確には現れませんでした．

それぞれの状態を見ると，一目でわかる程度の差異が生じています．具体的には，壁面に発生する渦の大きさが異なります．ただし，流速がもっとも大きくなる先端部分のみ着目すると，見た目ではそれほど違いがないようにも見えます．

次に，Case 8 でも行ったように，先端から 5 mm の位置における Z 方向の速度を抽出し，比較してみます．比較の結果を下表に示します．Case 8 における 3 方向の速度のみをゴールとして設定した結果もあわせて掲載し，比較します．

Z 方向速度の比較（ゴール設定の違い）

	平均	最大	最小
図Ⅲ-8-8 (b) 平均速度（X, Y, Z の 3 方向）	− 0.559	− 0.509	− 0.585
(1) 平均速度（X，Y，Z の 3 方向）＋力	− 0.549	− 0.498	− 0.569
(2) 力のみ	− 0.561	− 0.505	− 0.583
(3) Z 方向の平均速度のみ	− 0.555	− 0.506	− 0.580

表から，数値のみを比較した場合，差は生じていますが，それほど大きいものではないことがわかります．その一方，Case 8 の図Ⅲ-8-8(b)，上記の (1)～(3) の結果をそれぞれ比較すると，流れ全体としてみた場合には差が生じていることがわかります．とくに，上記(1)の場合には，(2)，(3)との差が大きく感じます．また図Ⅲ-8-8(b)と上記(1)の結果とを比較しても，その違いがわかる程度の差が生じています．

このような流れの差としては，下流側において発生する渦の大きさが異なっているという特徴があります．下流側の渦の状況が先端の流速に影響を及ぼす可能性があることはわかりますが，今回の結果を見る限りでは，その影響は少ないということがわかります．では，どれがもっとも正しそうかという判断になった場合，通常であれば条件が厳しいものである上記(1)になると考えられますが，条件が厳しいことと物理現象を正確に再現しているかどうかということは必ずしも一致しません．

この例では，流れを比較した場合には設定の違いが明確に出たため，ゴール設定の違いが結果にどの程度影響を与えるかということが理解できたかと思います．そのため，このように明確な差が生じた場合にはやはり実験などを行って比較することがもっともよいと考えられます．ただし，必要としている箇所の値（今回では入り口の流速）における差がそれほど大きくなく，下流の流れの違いに関しては問題視しないというのであれば，もっとも簡単な条件（Z 方向の平均速度のみ）を採用してもよいといえます．

索　引

著 者 略 歴

八戸　俊貴（はちのへ・としたか）
1991 年　八戸工業高等専門学校機械工学科 卒業
1992 年　岩手大学工学部機械工学第二学科 編入学
1999 年　岩手大学大学院工学研究科 博士課程修了
1999 年　鳥羽商船高等専門学校電子機械工学科 助手
2012 年　一関工業高等専門学校制御情報工学科 准教授（高専間人事交流）
2013 年　一関工業高等専門学校機械工学科 准教授（採用）
現在に至る．博士（工学）

若嶋　振一郎（わかしま・しんいちろう）
2001 年　東北大学大学院工学研究科 博士後期課程 単位修得退学
2001 年　東北大学大学院工学研究科 助手
2006 年　富山大学 VBL 非常勤研究員
2007 年　一関工業高等専門学校機械工学科 助教
2008 年　一関工業高等専門学校機械工学科 講師
2010 年　一関工業高等専門学校機械工学科 准教授
2017 年　一関工業高等専門学校機械工学科 教授
現在に至る．博士（工学）

伊藤　一也（いとう・かずや）
1999 年　電気通信大学大学院電気通信学研究科 博士前期課程 修了
1999 年　日産自動車(株) 商品開発本部
2017 年　一関工業高等専門学校未来創造工学科 准教授
2017 年　電気通信大学大学院情報システム学研究科博士後期課程 修了
2021 年　大阪産業大学工学部交通機械工学科 准教授
現在に至る．博士（工学）

編集担当　藤原祐介（森北出版）
編集責任　富井　晃（森北出版）
組　　版　ディグ
印　　刷　　同
製　　本　ブックアート

SOLIDWORKS ではじめる 応力・熱・流体シミュレーション

2019 年 10 月 31 日　第 1 版第 1 刷発行
2021 年 3 月 31 日　第 1 版第 2 刷発行

著　　者　八戸俊貴・若嶋振一郎・伊藤一也
発 行 者　森北博巳
発 行 所　**森北出版株式会社**
東京都千代田区富士見 1-4-11（〒 102-0071）
電話 03-3265-8341 ／ FAX 03-3264-8709
http://www.morikita.co.jp/
日本書籍出版協会・自然科学書協会　会員
JCOPY 〈(社) 出版者著作権管理機構 委託出版物〉

落丁・乱丁本はお取替えいたします．

Printed in Japan ／ ISBN978-4-627-69151-3

MEMO

MEMO

MEMO